压水堆核电厂操纵人员基础理论培训系列教材

核电厂辐射防护

Radiation Protection of Nuclear Power Plants

赵郁森 编著

中国原子能出版社

图书在版编目(CIP)数据

核电厂辐射防护 / 赵郁森编著 . —北京：原子能出版社，
2010.12（2025.7 重印）
（压水堆核电厂操纵人员基础理论培训系列教材）
ISBN 978-7-5022-4795-9

Ⅰ. ①核… Ⅱ. 赵… Ⅲ. 核电厂—辐射防护 Ⅳ. TM623 TL7

中国版本图书馆 CIP 数据核字(2010)第 012620 号

内容简介

本书介绍了压水堆核电厂辐射防护的基本知识。全书共分六章，包括基本概念、辐射探测基础、辐射防护基础、核电厂辐射与防护、辐射监测和核电厂废物管理等内容。由于核电厂辐射防护是一门实用性课程，本书在介绍理论基础知识同时，也叙述了核电厂辐射防护的实际问题。

本书是压水堆核电厂操纵人员基础理论培训教材之一，也可供从事核电工程的相关技术人员及高等院校核工程专业的师生参考。

核电厂辐射防护

策　　划 刘 朔 张 琳
出版发行 中国原子能出版社(北京市海淀区阜成路 43 号　100048)
责任编辑 刘 朔
技术编辑 冯莲凤
责任印制 赵 明
印　　刷 北京天恒嘉业印刷有限公司
经　　销 全国新华书店
开　　本 787 mm×1092 mm　1/16
印　　张 13.25　　**字　　数** 328 千字
版　　次 2010 年 12 月第 1 版　2025 年 7 月第 4 次印刷
书　　号 ISBN 978-7-5022-4795-9
定　　价 **65.00 元**

网址：http://www.aep.com.cn　　**E-mail：atomep123@126.com**
发行电话：010-68452845

《压水堆核电厂操纵人员基础理论培训系列教材》

编　委　会

《压水堆核电厂操纵人员基础理论培训系列教材》

校审专家

（按姓氏拼音顺序排列）

一审专家：

高秀清　高永春　李文埮　李永章　刘耕国
罗璋琳　彭木彰　浦胜娣　吴炳祥　夏益华
张培升　赵兆颐

二审专家：

陈　跃　付卫彬　黄志军　蒋祖跃　李守平
马明泽　毛正宥　潘泽飞　唐锡文　王瑞正
魏　挺　薛峻峰　杨　炜　朱晓斌

统审专家：

曹述栋　丁卫东　丁云峰　宫广臣　苟　峰
顾颖宾　郭利民　何小剑　黄世强　廖伟明
刘志勇　马明泽　毛正宥　缪亚民　戚屯锋
苏圣兵　孙光弟　王晓航　魏国良　吴　放
吴　岗　杨昭刚　俞卓平　张福宝　张志雄
周卫红

前 言

核电厂操纵人员的素质关系到核电厂的安全运营，而培训工作是保证人员素质的基本环节之一。为适应当前我国大力发展核电的形势，保证核电厂操纵人员的培训质量，使基础理论培训满足国家核安全法规与行业规定的要求，便于对培训过程实施统一规范的管理，国家主管部门决定编写一套适用于核电厂操纵人员的基础理论培训教材——《压水堆核电厂操纵人员基础理论培训系列教材》。鉴于核工业研究生部在近20年的核电基础理论培训中，积累了丰富的教学及管理经验，具有稳定的师资队伍和较完整的教材体系，故由核工业研究生部具体承担教材编写的组织工作。

为了编好操纵人员培训教材，核工业研究生部牵头组织长期从事核电培训的专家、教授进行认真分析和讨论，根据我国现有堆型的特点，从压水堆核电厂入手，由核电厂、核动力运行研究所、操纵人员资格审查委员会等单位的专家共同参与编写。这套教材共十二册，包括《核反应堆物理》、《核反应堆热工水力学》、《核电厂辐射防护》、《核电厂材料》、《核电厂通用机械设备》、《核电厂水化学》、《核电厂电气原理与设备》、《核电厂核蒸汽供应系统》、《核电厂蒸汽动力转换系统》、《核电厂仪表与控制》、《核电厂核安全》、《核电厂运行概论》。这套教材内容以核电厂相关专业的基本概念、基本原理及基础知识为主，可为操纵人员下一步培训打下良好的理论基础。

本套教材是经过充分准备、精心组织而完成的。首先，根据核电厂操纵人员的培训目标，按照《核电厂操纵人员的执照考核标准》(EJ/T 1043—2004)的相关内容和要求进行课程设置、制定教材编写原则、明确每种教材应涵盖的内容；在总结以往教学经验的基础上，充分征求各核电厂专家的意见，形成了内容完整、要求明确的教材编写大纲。其次，聘请既有较高的专业水平又有较强的实际工作能力和丰富的教学经验的专家担任本套教材的编者，并为编者提供教材编写技巧、《著作权法》等相关知识的讲座和模拟机现场观摩学习；编者根据教材编写原则和大纲编写具体内容，力求做到既符合学员的认知规律又贴近核电厂的实际。再次，请理论功底扎实、教学经验丰富的教授、专家根据教学原则对教材内容的准确性、系统性等进行审查，并广泛征求任课教师的意见；同时请实践经验丰富的核电厂专家结合实际进行审查。编者根据上述意见对教材进行认真修改后，再征求各方意见，最终由操纵人员资格审查委员会审定。

本套教材中《核电厂电气原理与设备》由江苏核电有限公司具有丰富实际工作经验的专家编写。其余的各分册由核工业研究生部多年从事核电培训教学工作、教学及实践经验丰富的教授、专家编写。

在本套教材的编审过程中，核工业研究生部的任课教师们认真参与教材的编审和研讨；江苏核电有限公司专门成立"电气教材编写专项组"，精心组织编审；各核电厂积极推荐审稿专家，提供编写教材所需资料；核电秦山联营有限公司组织一线人员与编者进行对口交流，创造条件为编者提供模拟机现场演示与讲解；各核电厂、核动力运行研究所、操纵人员资格审查委员会等单位的专家们认真审稿，提出许多宝贵意见；原子能出版社自始至终给予通力合作，提前介入指导，缩短了出版周期。

本套教材的编制出版，凝聚着编、审、校、印及组织管理人员的大量心血，同时得到各相关单位的大力支持和热情帮助，在此深表谢意！

编委会
2010 年 11 月

编者的话

《核电厂辐射防护》是根据核电基础理论培训教材编写大纲要求，在广泛听取核电专家意见的基础上编写的，是《压水堆核电厂操纵人员基础理论培训系列教材》之一，也可供核电厂相关人员参考使用。

本书根据《核动力厂运行安全规定》(HAF103)和《核电厂人员的配备、招聘、培训和授权》(HAD103/05)的要求，内容以基础理论知识、基本概念和基本原理为主，涵盖了《核电厂操纵人员的执照考核》标准(EJ/T1043-2004)附录A的有关内容。

本书以核工业研究生部核电厂操纵人员培训讲义《核电厂辐射防护》为基础，结合任课老师的教学实践作了修改和补充。在编写上，尽量从原理上着重讲清楚基本概念，并注意联系实际，将这些基本概念与核电厂的运行实际相结合。在内容选择和安排上，为便于读者理解，力求做到由浅入深，尽量避免艰深的理论和繁杂的公式推导，做到既突出重点，又具有一定的全面性、系统性。

全书共分6章。第1章介绍了与辐射防护相关的核物理学基本知识，以及电离辐射防护中经常使用的量和单位。第2章介绍了辐射探测和辐射测量统计学的基本知识。第3章介绍了辐射防护的基础知识。第4～6章分别介绍了压水堆核电厂的辐射与防护、辐射监测和放射性废物管理。

在编写过程中，夏益华和李守平等专家对本教材进行了仔细的审校，并提出了许多宝贵意见，李守平专家还提供了一些素材和插图，在此表示诚挚的谢意。

书中如有不妥之处，恳请读者批评指正。

编者

2010年11月

目　录

第1章 基本概念

1.1 原子结构

1.1.1 原子和原子结构

自然界中，所有物质都是由分子组成的，分子又是由更小的微粒原子组成的。原子的半径只有 10^{-8} cm 左右。其质量也很小，一个氢原子的质量只有 $1.673\ 559\times10^{-24}$ g，自然界中最重的铀原子也只有 3.915×10^{-22} g。

原子由电子和原子核组成。电子在原子核周围按直径不同的轨道分层绕核运动，最多只能有两个电子在同一个轨道上运动。电子带负电荷，电子的电荷量用 e 表示，1 e=$(1.602\ 189\pm0.000\ 004\ 6)\times10^{-19}$ C。电子的质量 $m_e=9.109\ 5\times10^{-28}$ g。

原子中存在原子核的概念首先是由卢瑟福于 1911 年提出的。原子核几乎集中了原子的全部质量，且带有正电荷。原子核的半径约为原子半径的 10^{-4}。

原子核是由更小的粒子组成的，它们是质子和中子。质子的质量 $m_p=1.672\ 65\times10^{-24}$ g，中子的质量 $m_n=1.674\ 9\times10^{-24}$ g。质子带有一个单位的正电荷，而中子不带电。

原子是电中性的。原子核中质子所带的电量等于核外轨道上所有电子的总电量，而两者的电性相反。

虽然原子核几乎集中了原子的全部质量，但它的质量还是非常小的。为方便起见，通常用一个特殊单位来度量原子和原子核的质量。1960 年的国际物理学会议和 1961 年的化学会议分别通过决议，确定以一个 ^{12}C 原子质量的十二分之一作为原子质量单位，记为 u (unit 的缩写)，这个原子质量单位又称作碳单位，即 1 u$=1.992\ 67\times10^{-26}$ kg/12$=1.660\ 56\times10^{-27}$ kg。用碳单位表示的电子、质子、中子和氢原子的静止质量见表 1-1。

表 1-1 碳单位表示的几种粒子和氢原子的静止质量

粒子名称	符号	质量/kg	原子质量/u
电子	e	$9.109\ 5\times10^{-31}$	0.000 548 6
质子	p	$1.672\ 65\times10^{-27}$	1.007 277
中子	n	$1.674\ 954\times10^{-27}$	1.008 665 2
氢	$^1_1$H	$1.673\ 559\times10^{-27}$	1.007 825

电子质量为 $5.485\ 8\times10^{-4}$ u。^{238}U 的原子质量为 238.050 786 u，它的 92 个电子的质量为 $5.046\ 9\times10^{-2}$ u，占 ^{238}U 原子质量的 2.12×10^{-4}。

一般的原子核数据表中只注明原子质量。如果忽略电子的结合能，原子核的质量近似为

$$m_N = m - Zm_e \tag{1-1}$$

式中，m_N——原子核质量；m——原子的质量；m_e——电子的质量；Z——原子核外轨道上的电子数目。

1.1.2 原子序数和原子质量数

通常用符号^A_ZX表示不同元素的原子核，其中X为元素符号，Z为原子序数，A为原子质量数。

1.1.2.1 原子序数

原子核中质子的数目称为原子序数，用符号Z表示。原子序数确定了原子的化学特性，也确定了元素。氦的化学符号是He，^4He的原子可以用^4_2H表示，同样^{12}C原子用$^{12}_6C$表示。科学家发现了各种元素排列的规律性，这就是元素周期表。

1.1.2.2 原子质量数

如果忽略原子中电子的质量，原子的质量，可用原子核的质量表示，即可以用原子核所含的质子数和中子数目确定。原子核中质子数和中子数之和称为原子质量数，也称质量数，用符号A表示。

不同元素的原子，其原子核是不相同的。根本区别就在于组成原子核的质子数和中子数不同。中子和质子统称为核子。

1.1.3 同位素和核素

一种元素的原子核包含有相同的质子，但是，该元素的原子核可能包含不同的中子，这就是说一种元素可以有不同类型的原子核。元素磷(P)的原子序数为15，也就是说，每个磷原子核中含有15个质子，但是各个磷原子核含有不同数量的中子。这种含有相同质子数、不同中子数的原子称为同位素，它们在元素周期表上占有相同的位置。表1-2列出了元素磷的部分同位素。

表1-2 元素磷的部分同位素

磷同位素	中子数	质量数
$^{28}_{15}P$	13	28
$^{29}_{15}P$	14	29
$^{30}_{15}P$	15	30
$^{31}_{15}P$	16	31
$^{32}_{15}P$	17	32
$^{33}_{15}P$	18	33
$^{34}_{15}P$	19	34

通常把具有相同质子数Z、中子数N的一类原子(核)称为一种核素，即核素是指任一种元素的任一种同位素，也就是说原子核构成(核内中子数和质子数)完全相同的物质就是一种核素。某一种元素有多少种同位素就有多少种核素。核素分为稳定的和不稳定的两

种，不稳定的核素称为放射性核素。例如氢元素有^1_1H、^2_1H和^3_1H三种同位素，三者之中任何一种都称为核素。其中^1_1H和^2_1H是稳定的核素，^3_1H是不稳定的核素，即放射性核素。

天然存在的元素大多是同位素的混合物，例如，天然铀是三种同位素的混合物。这三种天然同位素是^{234}U、^{235}U和^{238}U。对于天然存在的元素，一种核素在它所属的天然元素中所占的原子分数称为该核素的天然丰度。例如，^{238}U核素的天然丰度为 99.27%，也就是说在天然铀中有 99.27%的^{238}U。

用粒子(反应堆中的中子)轰击天然同位素，可得到 700 多种人工同位素，人工产生的同位素都是不稳定的同位素，最终将发生衰变放出粒子或 γ 射线变成稳定的元素。近几十年来，有若干种高原子序数的元素由人工制造出来，但这些元素都是不稳定的。

1.1.4　原子核的结合能

1.1.4.1　能量单位

核物理学或反应堆物理学的能量单位一般使用电子伏特(eV)表示。1 eV 为一个电子在真空中通过电位差为 1 V 的电场时所获得的能量，它与国家标准所规定的能量单位焦耳(J)之间的关系为 1 eV＝$1.602\,2\times10^{-19}$ J。除 eV 外，有时也用千电子伏特(keV)、兆电子伏特(MeV)和吉电子伏特(GeV)等单位，它们与 eV 的关系分别为：1 keV＝10^3 eV；1 MeV＝10^6 eV；1 GeV＝10^9 eV。

1.1.4.2　质量和能量的相互关系

按照爱因斯坦的质能关系式，质量和能量的相互关系为

$$E = mc^2 \tag{1-2}$$

式中，E—— 物体的总能量；

c—— 光在真空中的传播速度；

m—— 运动物体的质量，称为动质量。

式(1-2)说明，物体的总能量与它的质量成正比，比例常数为 c^2。

考夫曼(W Kaufmann)于 1902 年通过实验证明，运动物体的质量随其运动的速度变化而变化，即

$$m = m_0/\sqrt{1-\beta^2} \tag{1-3}$$

式中，$\beta = v/c$；

m_0—— 物体静止时具有的质量，称作静止质量；

v—— 物体的运动速度；

c—— 光在真空中传播的速度。

物体静止时具有的能量称为静止质量能。这就是说，任何一定质量的物体都具有相应的能量，即使它的运动速度为零，其总能量也不为零。根据质能关系式，1 g 物质的静止质量能为

$$E = 0.001\ \text{kg}\times(2.997\,9\times10^8\ \text{m}\cdot\text{s}^{-1})^2 = 8.897\,4\times10^{13}\ \text{J}$$

同理，一个原子质量单位的物质所相应的静止质量能为

$$E = 1.660\,6\times10^{-27}\ \text{kg}\times(2.997\,9\times10^8\ \text{m}\cdot\text{s}^{-1})^2/(1.602\,2\times10^{-13}\ \text{J/MeV}) = 931.5\ \text{MeV}$$

为了以后使用方便，将电子、质子和中子的静止质量和静止质量能列于表 1-3。

光子(γ 射线)没有静止质量,它的动质量表示为

$$m_\gamma = E/c^2 = \hbar\upsilon/c^2 = \hbar/c\lambda \tag{1-4}$$

式中,$\hbar = 6.626\,2 \times 10^{-34}$ J·s,称普朗克常数;

ν、λ 分别为光子的频率和波长。

表 1-3 几种粒子的静止质量和静止质量能

粒子名称	符号	静止质量/u	静止质量能/MeV
电子	e	0.000 548 8	0.511
质子	p	1.007 276 5	938.279 7
中子	n	1.008 665 0	939.573 1

当物体以速度 v 运动时,考虑相对论效应,其动能 T 为

$$T = E - m_0c^2 = mc^2 - m_0c^2 = m_0c^2(1/\sqrt{1-\beta^2} - 1) \tag{1-5}$$

如果 $v \ll c$,即 $\beta \ll 1, 1/\sqrt{1-\beta^2} = 1 + \beta^2/2$,则式(1-5)变为

$$T = m_0c^2(1 + \beta^2/2 - 1) = m_0v^2/2 \tag{1-6}$$

这就是经典力学的动能公式。

1.1.4.3 质量亏损

计算表明,原子核的质量总是小于组成它的所有核子的质量总和。如^{2}H 核由一个质子和一个中子组成,两个核子的质量和为 $m_p + m_n$,^{2}H 原子核的质量为 $m_N(^2\text{H})$,两者差值为

$$\Delta m = m_p + m_n - m_N(^2\text{H}) \tag{1-7}$$

如果用^{1}H 的原子质量代替 m_p,用^{2}H 的原子质量代替 $m_N(^2\text{H})$,多出的电子质量正好相减掉,所以具体计算中可以用原子质量代替核质量,即

$$\begin{aligned}\Delta m &= m(^1\text{H}) + m_n - m(^2\text{H}) \\ &= 1.007\,825\ \text{u} + 1.008\,665\ \text{u} - 2.014\,102\ \text{u} = 0.002\,388\ \text{u}\end{aligned}$$

对于^{4}He,则有

$$\begin{aligned}\Delta m &= 2m(^1\text{H}) + 2m_n - m(^4\text{He}) \\ &= 2 \times 1.007\,825\ \text{u} + 2 \times 1.008\,665\ \text{u} - 4.002\,603\ \text{u} = 0.030\,337\,7\ \text{u}\end{aligned}$$

组成原子核的 Z 个质子和$A-Z$ 个中子的质量之和与该原子核的质量之差称为原子核的质量亏损。所有原子核的质量亏损都是正值,即

$$\Delta m(Z,A) = Zm(^1\text{H}) + (A-Z)m_n - m(Z,A) > 0 \tag{1-8}$$

式中,$m(^1\text{H})$为^{1}H 的原子质量;

$m(Z,A)$是原子序数为 Z、原子质量数为 A 的原子的质量。

在原子核的质量亏损计算中,使用的是原子质量 $m(^1\text{H})$和 $m(Z,A)$。因为在计算 Δm 时,Z 个^{1}H 原子中的电子质量正好为^A_ZX 原子中 Z 个电子的质量所抵消。严格地说这是一种近似,因为在多电子的原子中 Z 个电子的结合能,不等于 Z 个^{1}H 原子中电子的结合能之和,不过其差别极小。

1.1.4.4 结合能

按照质能关系式,既然核子结合成原子核时质量减小了 Δm,那么相应能量的减小就是

$\Delta E=\Delta mc^2$。这说明，核子结合成原子核时会释放出能量，这个能量称为原子核的结合能，结合能用符号 E_b 表示。相反，把原子核分为组成它的各个核子时必须消耗相同的能量。

依据上述解释，^{2}H 的结合能为

$$E_b = \Delta mc^2 = 1.6606 \times 10^{-27} \times 0.002388 \times \frac{(2.9979 \times 10^8)^2}{1.6022 \times 10^{-13}} = 2.224 \text{ MeV}$$

对于任何原子核，其结合能为

$$E_b = [Zm(^1\text{H}) + (A-Z)m_n - m(Z,A)]c^2 \tag{1-9}$$

由于 1 u 质量对应的能量为 931.5 MeV，所以原子核的结合能也可以表示为

$$E_b = [Zm(^1\text{H}) + (A-Z)m_n - m(Z,A)] \times 931.5 \text{ MeV} \tag{1-10}$$

式中，E_b 的单位为 MeV，质量的单位为 u。

任何两个相互吸引的物体，当它们的相对位置靠近时，总是要放出能量。核子间的作用力是短程强引力，其作用范围约为 2×10^{-15} m。当两个核子之间的距离小于这个数值时，就发生强吸引，并释放出很大的能量。实验证明，能量为 0.025 eV 的中子被 H_2O 分子中的 ^{1}H原子核吸收时，生成^{2}H 并放出 2.224 MeV 的能量。这就是说，束缚于^{2}H 核中的一个质子和一个中子的能量比它们处于自由状态时少 2.224 MeV。反之，若用能量为 2.224 MeV 的光子照射^{2}H 原子核时，它就可能被拆开，生成一个质子和一个中子，产生的这类中子就是反应堆中光致中子的来源。若光子的能量小于 2.224 MeV，这个过程就不能发生。

1.1.4.5 平均结合能

原子核的结合能除以该原子的质量数 A 所得的商，称为平均结合能，以 ε 表示，即

$$\varepsilon = E_b/A \tag{1-11}$$

它表示原子核拆散成核子时，外界对每个核子所做功的最小平均值。或者说，表示核子结合成原子核时，平均一个核子所释放的能量。原子核的平均结合能越大，原子核内的核子结合得越紧。

以各原子核的平均结合能为纵坐标、质量数为横坐标对所有核素作图，得到图 1-1 所示的曲线。

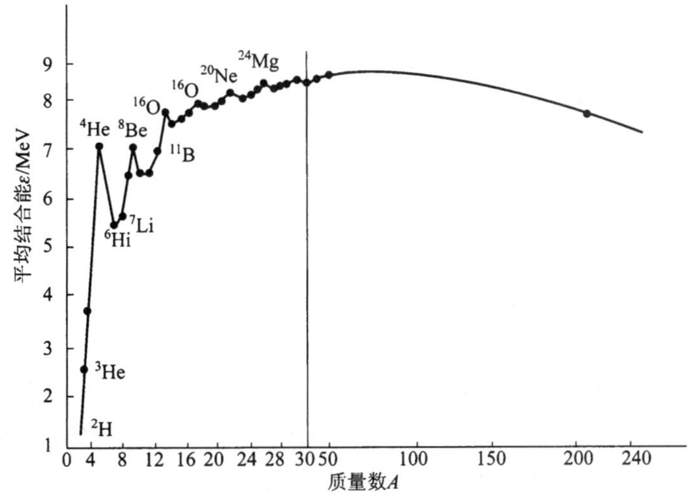

图 1-1　核子平均结合能与质量数的关系

由图 1-1 可得出如下结论：

(1) 轻核区

若将平均结合能小的原子核结合成平均结合能大的原子核时，会伴随能量释放。例如，^{2}H 原子核的平均结合能为 1.112 MeV，^{4}He 原子核的平均结合能为 7.074 MeV，将两个^{2}H 原子核聚变为一个^{4}He 核时会释放出很大的能量。同理，将一个^{2}H 原子核与一个^{3}H 原子核聚变成一个^{4}He 原子核并放出一个中子时，也会释放出能量。这正是聚变堆的物理基础。

(2) 质量数 $A=40\sim120$ 的中等原子核区

其平均结合能大，且几乎接近一个常数，$\varepsilon=8.6$ MeV。

(3) 重核区

平均结合能比中等核小，例如铀核的平均结合能为 7.6 MeV。当重核裂变成两个中等核时，伴随很大的能量释放。若将 $A=236$ 的重原子核分裂成两个质量数为 $A=118$ 的原子核时，则每个核子的结合能可由 7.6 MeV 增至 8.6 MeV，即一个具有 236 个核子的原子核，分裂成两个具有 118 个核子的原子核，要释放出 236 MeV 的能量。这正是裂变反应堆的物理基础。

1.2 放射性及其衰变规律

1.2.1 放射性

100 多年前，法国物理学家贝可勒尔发现铀的化合物能使放在附近的照相底片感光。后来认识到这个现象是由于铀发射出来某种肉眼看不见的、穿透力极强的光线所致。此后的十多年里，科学家通过实验证实了某些天然核素的原子是不稳定的，它们能自发地转变成另一种核素的原子，并伴随着发射出某种粒子和能量。这种物理现象称为放射性，这种不稳定的核素称为放射性核素，这个转变过程称为放射性衰变。原子序数大于等于 84 的所有元素都是不稳定的，具有所谓的天然放射性；而原子序数小于 84 的元素主要以稳定的同位素形式存在，仅有少量的同位素是不稳定的。

1.2.2 原子核的衰变规律

放射性核素的衰变都有自己固有的衰变速度。衰变后产生的子体核素，有的是稳定的，有的仍是不稳定的。

一定数量的某种放射性核素并不是在某一时刻突然全部衰变完，而是随时间的增加而逐渐地减少。放射性核素在时间间隔 t 到 $t+\Delta t$ 内衰变的原子核数目 ΔN，与 Δt 的大小及在 t 时刻没有衰变的原子核数目 N 成正比，即

$$\Delta N(t) = -\lambda N(t)\Delta t \tag{1-12}$$

$\Delta N(t)$ 代表原子核数目 $N(t)$ 的变化，由于 $N(t)$ 是随 t 的增加而减少，所以 $\Delta N(t)$ 应为负值，式(1-12) 右边有负号。式中 λ 是一个比例常数，称为衰变常数。如果将式(1-12) 变为下式

$$\lambda = -\Delta N(t)/[N(t)\Delta t] \tag{1-13}$$

则可知 λ 的物理意义为单位时间内、一个核素衰变的概率,单位为 s^{-1}。

由式(1-12)出发,可得到 t 时刻仍没有衰变的原子核数目的表示式

$$N(t) = N_0 e^{-\lambda t} \tag{1-14}$$

N_0 为 $t=0$ 时刻放射性原子核的总数。上式说明 $N(t)$ 值是按照指数规律衰减的。

当 $N(t)$ 衰变到初始值 N_0 一半时所需的时间称为半衰期,记作 $T_{1/2}$,它与衰变常数 λ 的关系可表示为

$$T_{1/2} = \ln 2/\lambda = 0.693/\lambda \tag{1-15}$$

半衰期 $T_{1/2}$ 是放射性核素的特征值,单位为 s。不同的放射性核素有不同的半衰期,如 ${}^{60}_{27}Co$ 的 $T_{1/2}=5.26$ a,${}^{210}_{84}Po$ 的 $T_{1/2}=140$ d。

如果母核 A 发生衰变变为第一代子核 B,而 B 继续发生衰变变为第二代子核 C,则第一代子核在 t 时刻的数目 $N_2(t)$ 为

$$N_2(t) = \frac{\lambda_1}{\lambda_2 - \lambda_1} N_1^0 (e^{-\lambda_1 t} - e^{-\lambda_2 t}) + N_2^0 e^{-\lambda_2 t} \tag{1-16}$$

N_1^0 和 N_2^0 分别为 $t=0$ 时刻母核 A 和子核 B 的数目。如果将母核中所有的第一代子核分离出去,开始计数,因 $t=0$ 时 $N_2(0)=0$,则

$$N_2(t) = \frac{\lambda_1}{\lambda_2 - \lambda_1} N_1^0 (e^{-\lambda_1 t} - e^{-\lambda_2 t}) \tag{1-17}$$

如果母核的半衰期很长,而子核的半衰期相对而言很短时,即 $\lambda_2 - \lambda_1 = \lambda_2$,$e^{-\lambda t_1} = 1$,则有

$$N_2(t) = (\lambda_1/\lambda_2) N_1^0 (1 - e^{-\lambda_2 t}) \tag{1-18}$$

1.2.3 放射性活度衰变规律

一定量放射性核素衰变成子核的速度,称为放射性活度,它与单位时间内衰变掉的原子核数目相对应,但相差一个负号,即

$$A(t) = \Delta N(t)/\Delta t = \lambda N(t) \tag{1-19}$$

$\lambda N(t)$是单位时间内的核衰变数。放射性活度随时间的变化也成指数关系

$$A(t) = A_0 e^{-\lambda t} \tag{1-20}$$

A_0 为 $t=0$ 时刻某放射性核素的放射性活度。放射性活度的 SI 单位是 s^{-1},专门名称是"Bq",它的定义为 1 Bq=1 核衰变/秒。

1.2.4 原子核衰变类型

放射性原子核可以发射 α 粒子、β 粒子和 γ 射线,发射这些粒子和射线的过程称之为核衰变。原子核衰变的类型主要有如下三种。

1.2.4.1 α 衰变

从放射性核素发射出 α 粒子的现象称 α 衰变。α 粒子即 ${}^4_2He$ 的原子核。α 粒子的质量 $m_\alpha=4.002\ 604$ u。凡发生 α 衰变的放射性同位素,在衰变以后,质量数减少了 4,原子序数减少了 2。母核用 X 表示,衰变后新的子核用 Y 表示,则 α 衰变可用下列方式表示

$${}^A_Z X \longrightarrow {}^{A-4}_{Z-2} Y + \alpha + Q \tag{1-21}$$

式中的 Q 是衰变时放出的能量,以子核和 α 粒子具有的动能形式表现出来。Q 值可由衰变前后的质量差计算。根据质能关系式,原子核衰变时,母核的静止能量与子核和 α 粒子的静止

能量之差以动能的形式释放出来，这就是衰变能，其表示式为

$$Q = (m_{X} - m_{Y} - m_{He}) \times 931.5\ \text{MeV} \tag{1-22}$$

${}_{Z}^{A}X$ 要能自发地发生衰变，必须是放能过程，即 Q 值为正。所以能够发生 α 衰变的核素，其原子质量必然大于子体的原子质量和氦原子质量之和。能发生 α 衰变的天然放射性核素，其原子序数绝大多数大于 82。

在 α 衰变过程中，有些衰变只发射一组能量相同的 α 粒子。有些衰变较复杂，它们能发射两组或两组以上能量不同的 α 粒子。如 ${}_{88}^{226}Ra$ 发生 α 衰变(图 1-2)时，放射出两组能量相近的 α 粒子，$E_{\alpha}=4.787$ MeV 的占 94.45%，$E_{\alpha}=4.601$ MeV 的占 5.55%。${}_{88}^{226}Ra$ 发射出能量为 4.787 MeV 的 α 粒子后，变成 ${}_{86}^{222}Rn$ 的基态。发射出能量为 4.601 MeV 的 α 粒子后，则变成 ${}_{86}^{222}Rn$ 的激发态，然后很快地发射出 $E_{\gamma}=0.186$ MeV的 γ 射线，变为 ${}_{86}^{222}Rn$ 的基态。

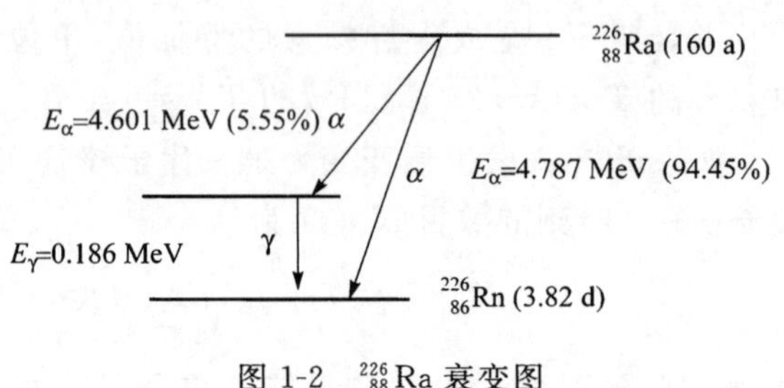

图 1-2 ${}_{88}^{226}Ra$ 衰变图

1.2.4.2 β 衰变

(1) β^- 衰变

在 β 衰变中，有些放射性核素的原子核发射出负电子，有些放射性核素的原子核发射出正电子，它们分别被称为 β^- 衰变和 β^+ 衰变。另外，有些原子核还能俘获一个核外轨道电子而发生变化，此时，虽然核内没有发射出正负电子，但因俘获核外电子而使核内一个质子转变为中子，也认为这个过程属于 β 衰变的一种。

原子核内是不存在电子的，所以 β^- 衰变可以理解为核内一个中子转变成质子，同时发射出一个电子。母核发生 β^- 衰变时，子核的原子序数比母核的原子序数增加 1，衰变过程可用下式表示

$${}_{Z}^{A}X \longrightarrow {}_{Z+1}^{A}Y + \beta^- + \bar{\nu} + Q \tag{1-23}$$

式中，$\bar{\nu}$代表反中微子。衰变能由下式给出：

$$Q = (m_{X} - m_{Y}) \times 931.5\ \text{MeV} \tag{1-24}$$

β^- 衰变有三种生成物，衰变时释放的衰变能由三种生成物共同分担。${}_{Z+1}^{A}Y$ 带走的能量很小，因此 $Q = E_{\beta^-} + E_{\bar{\nu}}$。对 β^- 粒子的能量进行测定，发现它的能谱是连续的，即在 $E_{\beta^-}=0$ 到 $E_m = Q$ 间变化。通常给出的 β^- 粒子的能量是它的最大能量 E_m。图 1-3给出了 β 粒子的能量分布曲线。

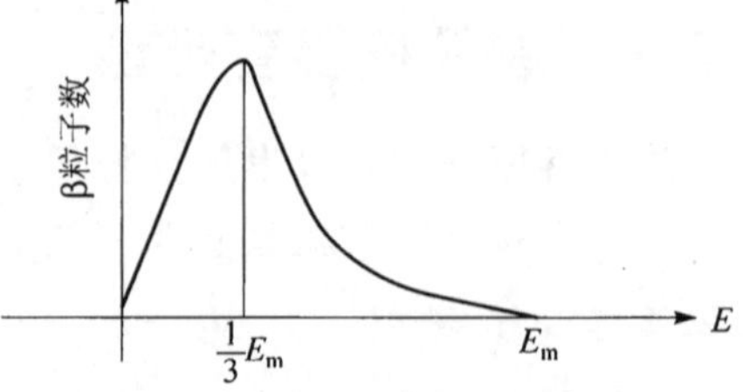

图 1-3 β 粒子的能量分布曲线

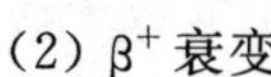

(2) β^+ 衰变

β^+ 衰变时由原子核内发射出 β^+ 粒子，β^+ 粒子的质量与电子的质量相同，但带有一个单位正电荷。可以把 β^+ 衰变看作原子核内一个质子转变成一个中子时发射出 β^+ 粒子和中微子的过程，即

$$p \longrightarrow n + \beta^+ + \nu$$

发生 β$^+$ 衰变时，母核和子核的质量数相同，但子核的原子序数小一个单位，衰变过程表示如下：

$$^A_ZX \longrightarrow {}^A_{Z-1}Y + \beta^+ + \nu + Q \tag{1-25}$$

β$^+$ 衰变的衰变释放的能量按下式计算

$$Q = (m_X - m_Y - 2m_e) \times 931.5\ (\text{MeV}) \tag{1-26}$$

上式说明发生 β$^+$ 衰变的必要条件为 $m_X > m_Y + 2m_e$。β$^+$ 粒子的能谱也是连续的。

β$^+$ 衰变时，有的核素可以衰变到子核的基态，有的核素可衰变到子核的激发态，然后再伴随 γ 射线发射到达基态。例如$^{15}_{8}$O 是单一的 β$^+$ 衰变体，它发射出 β$^+$ 粒子后变为$^{15}_{7}$N 的基态。$^{14}_{8}$O 发射出 1.80 MeV 的 β$^+$ 粒子后，伴随着释放出 2.30 MeV 的 γ 射线到达$^{14}_{7}$N的基态，如图 1-4 所示。

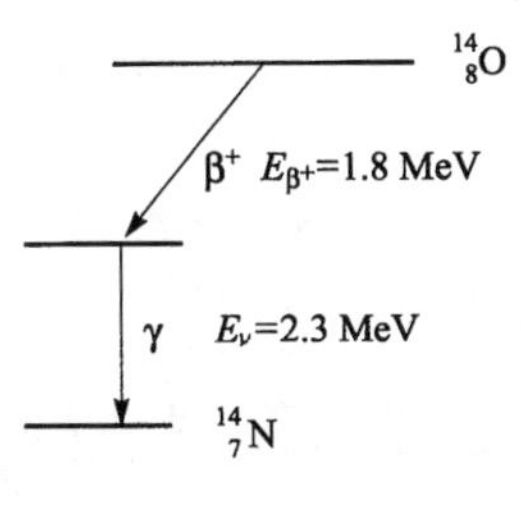

图 1-4　$^{14}_{8}$O 衰变纲图

(3) 轨道电子俘获

轨道电子俘获(EC)为原子核俘获一个核外电子的过程，其结果核内一个质子转变为一个中子和一个中微子，该过程表示如下：

$$p + e \longrightarrow n + \nu$$

轨道电子俘获的过程可表示为

$$^A_ZX + e \longrightarrow {}_{Z-1}^{A}Y + \nu + Q \tag{1-27}$$

轨道电子俘获过程释放的能量

$$Q = (m_X - m_Y) \times 931.5 - \varepsilon_i \tag{1-28}$$

其中，ε_i 为电子的轨道结合能。

有些放射性核素能满足产生 β$^+$ 衰变条件，同时也可满足 β$^-$ 衰变和电子俘获条件，所以它们可以发生 β$^+$、β$^-$ 衰变和轨道电子俘获三种过程。

1.2.4.3　γ 衰变

γ 射线是由原子核内部发射出来的一种辐射，它是一种电磁波，其波长较短。原子核发生 α、β 等衰变形成的子核，或者某种核反应形成的新核，它们可能处于激发态，当它们退激时发射出 γ 射线，即原子核由高能态(能级 E_2)向低能(或基)态(能级 E_1)跃迁时，发射出 γ 射线，这个过程称 γ 跃迁或 γ 衰变。一般情况下，子核处在激发态的时间极短(约 10^{-10} ～10^{-9} s)，可以认为 γ 衰变是与母核的 α 衰变或 β 衰变“同时”发生的。通常所说的 γ 放射源是指母核的名称，其半衰期就是母核的半衰期。图 1-5 给出了$^{60}_{27}$Co 的衰变纲图。

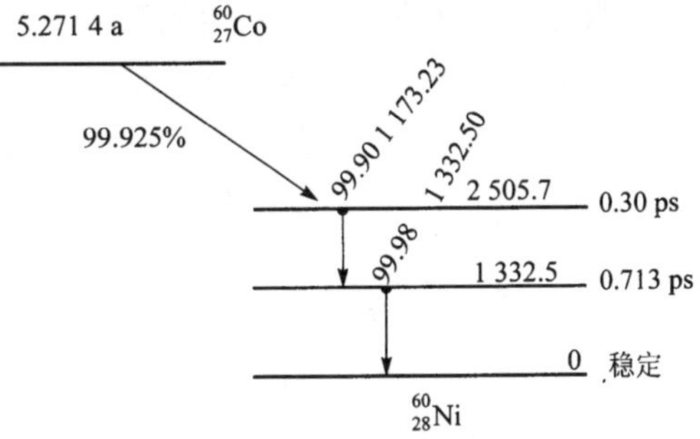

图 1-5　$^{60}_{27}$Co 衰变纲图

γ 射线是不带电的，发射出 γ 射线时，原子核的原子序数和质量数均不发生变化。处于激发态的原子核，不一定仅通过发射 γ 射线才能变化到基态，还有另一种途径可以变化到基态。原子核的激发能可传递给一个核外电子，这个电子便从原子的电子轨道上逸出，这个过程称为内转换，逸出的电子称为内转换电子。内转换电子发射后，原子的某一轨道上留下一个空位，这个空位通常由外层轨道电子跃迁填充，由于不同轨道上电子结合能不同，电子跃迁过程中发射特征 X 射线。由于内转换电子的结合能是唯一的，且同时发射出特征 X 射线，故不会与 β 衰变产生的电子相混淆。

内转换电子的动能 E_e 可用下式表示

$$E_e = E_\gamma - \varepsilon_i \tag{1-29}$$

式中，E_γ——γ 跃迁时 γ 射线的能量；

ε_i——i 壳层电子的结合能。

由于不同核素的原子核具有特定的能级，测量它们的 γ 射线能谱，可以识别某种核素及其含量。

1.2.5 天然放射性

天然放射性核素主要来自宇宙射线、宇生射线和原生放射性核素。

原生放射性核素即地球上现有的天然放射性核素，都是由三个“祖核素”衰变而衍生的。每个祖核素都有不同辈分的“子孙”，直到最后生成稳定的一代核素为止，这样就组成了一个放射系。这三个放射系分别称作钍系、铀—镭系和锕系，又称之为重衰变系。表 1-4 给出了重衰变系的某些参数。

表 1-4 重衰变系的某些参数

衰变系名称	最后的稳定同位素	寿命最长的核素
钍	^{208}Pb	$^{232}Th(T_{1/2}=1.39\times10^{10}a)$
铀-镭	^{206}Pb	$^{238}U(T_{1/2}=4.56\times10^{9}a)$
锕	^{207}Pb	$^{235}U(T_{1/2}=8.52\times10^{8}a)$

实际上还应有镎系，其起始核素为 $^{237}_{93}Np$。由于其半衰期 $T_{1/2}=2.1\times10^6$ a 比地球年龄小得多，因而在地壳中目前不存在这个放射系，只能用人工方法获得。

宇宙射线和大气层中及地表中的核素相互作用产生宇生放射性核素。宇生放射性核素中对公众剂量有明显贡献的为 ^{14}C、^{3}H、^{22}Na 和 ^{7}Be，前三个核素是人体组织中所含核素的同位素。

1.2.6 感生放射性

使用具有一定能量的粒子轰击稳定的核素可以产生人工放射性核素。把稳定的核素吸收一个中子后转变成放射性核素的过程称为活化，把生成的放射性核素叫做活化产物。因为核内中子过剩，活化产物要进行 β^- 衰变，活化产物衰变时产生的放射性称为感生放射性。

稳定同位素 ^{59}Co 吸收一个中子产生放射性同位素 ^{60}Co，是反应堆活化产物的一个重要例子。反应堆内另一个重要活化产物是 $^{16}_{7}N$，它是反应堆冷却剂或慢化剂水中的稳定同位素 $^{16}_{8}O$ 吸收一个中子产生的。$^{16}_{7}N$ 进行 β^- 衰变并发射出 γ 射线，变成稳定的 $^{16}_{8}O$，整个过程表示如下：

$$^{16}_{8}O + n \longrightarrow {}^{16}_{7}N^* + p;\ {}^{16}_{7}N^* \longrightarrow {}^{16}_{8}O + \beta^- + \gamma$$

上标的星号表示原子核处于激发态。

1.3 原子核反应

1.3.1 概述

两个原子核或一个原子核和一个粒子，当其距离接近 10^{-15} m 量级时，两者之间相互作用引起的各种变化称为核反应。

核反应所涉及的能量变化比一般的核衰变大得多，通常大于一个核子的结合能，高者可达到 $10^2 \sim 10^3$ MeV。

核反应可表示为

$$A + a \longrightarrow B + b$$

式中，A——靶核，a——入射粒子；

B——生成核，b——出射粒子。

上述过程可简写为 A(a,b)B。

当入射粒子能量比较高时，出射粒子的数目可能是两个或两个以上。例如能量为 30 MeV和 40 MeV 的质子轰击靶核^{63}Cu 时，分别发生以下核反应：

$$^{63}Cu + p \longrightarrow {}^{62}Cu + p + n;\ {}^{63}Cu + p \longrightarrow {}^{61}Cu + p + 2n$$

这两个过程可以分别简写成^{63}Cu(p;p,n)^{62}Cu 和^{63}Cu(p;p,2n)^{61}Cu。

出射粒子和入射粒子相同的核反应称为核散射，它又可以分为弹性散射和非弹性散射。弹性散射可以表示为

$$A + a \longrightarrow A + a$$

在此过程中，反应物和生成物相同，散射前后体系的总动能保持不变，只是动能进行了重新分配。原子核内部的能量不变。

非弹性散射表示为

$$A + a \longrightarrow A^* + a'$$

在此过程中，反应物和生成物也相同，但散射前后体系的总动能不守恒，原子核内部的能量发生了变化，常常是生成核处于激发态。

两个原子核或一个粒子与一个原子核的反应过程往往不止一种。例如^{63}Cu 和^{2}H 的反应就可能有：^{63}Cu(^{2}H,γ)^{65}Zn、^{63}Cu(^{2}H,n)^{64}Zn、^{63}Cu(^{2}H,2n)^{63}Zn、^{63}Cu(^{2}H,p)^{64}Cu、^{63}Cu(^{2}H,^{2}H)^{63}Cu、^{63}Cu(^{2}H,^{3}H)^{62}Cu 和^{63}Cu(^{2}H,^{4}He)^{61}Ni 等。每一种反应过程称为一个反应道，反应前的过程称为入射道，反应后的过程称为出射道。同一个入射道，可能有若干个出射道。反之，若干个入射道，也可以对应于同一个出射道。

1.3.2 原子核反应分类

可以从不同的角度对核反应进行分类，若按入射粒子的种类，核反应可分为如下几种。

1.3.2.1 中子核反应

中子与物质作用时，由于不存在库仑位垒，能量很低的慢中子就能引起核反应，其中最重要的是(n,γ)(中子俘获)反应。很多重要的人工放射性核素就是用(n,γ)反应制备的。

反应堆中(n,γ)反应比比皆是。慢中子能引起(n,p)、(n,α)等反应。快中子能引起(n,p)、(n,α)、(n,2n)和(n,3n)等反应。

1.3.2.2 荷电粒子核反应

荷电粒子引起的核反应众多,可分为质子、氘核、α 粒子和重离子引起的核反应。

1.3.2.3 光核反应

由 γ 射线引起的反应称作光核反应,其中最常见的是(γ,n)反应,这个反应在反应堆中很重要。还有(γ,p)、(γ,np)、(γ,2n)和(γ,2p)等反应。

按入射粒子能量的不同,核反应可分为低能核反应、中能核反应和高能核反应等。

1.3.3 核反应中的能量变化

核反应中放出的能量称为反应能,常用符号 Q 表示,它等于反应前和反应后体系总能量之差。$Q>0$ 的反应为放能反应,在此过程中反应物的一部分静止质量能转化为生成物的动能。$Q<0$ 的反应为吸能反应,反应物动能的一部分转化为生成物的静止质量能。$Q=0$ 的反应为弹性散射。根据反应能的定义,可以得到

$$Q=[(m_A+m_a)-(m_B+m_b)]\cdot c^2 \tag{1-30}$$

在实际计算中可以忽略反应前后电子结合能的差异。(1-30)式中的核质量可用相应的原子质量代替,因核反应前后总电荷相等,因而总电子数也相等,在相减时电子质量相互抵消了。

例　由静止质量计算 $^7Li(p,\alpha)^4He$ 的反应能 Q 值。

反应前的静止质量:$m(^7Li)+m_p=7.016\ 005\ u+1.007\ 825\ u=8.028\ 30\ u$;反应后的静止质量:$2m(^4He)=2\times4.002\ 603\ u=8.005\ 20\ u$;反应前后质量之差:$8.028\ 30\ u-8.005\ 20\ u=0.018\ 624\ u$。所以反应能:$Q=931.5\ MeV\times0.018\ 624\ u=17.35\ MeV$。

化学反应中,1 mol 的 H_2 与 0.5 mol 的 O_2 化合,生成 1 mol 的 H_2O,其反应热为 $q=285\ kJ\cdot mol^{-1}$。与之相比,核反应中能量变化要多得多,例如上例中,1 mol 的 ^1H 与 1 mol 的 ^7Li 反应时放出的能量为 1.67×10^9 kJ。

1.3.4 压水堆中常见的中子核反应

压水堆中有大量的易裂变材料和结构材料,易裂变材料裂变时会释放出大量的中子,而结构材料会吸收中子产生感生放射性。压水堆用水做慢化剂和冷却剂,也会吸收中子产生感生放射性。压水堆中中子引起的核反应列于表 1-5。

表 1-5　压水堆中中子引起的核反应

	反应	生成核半衰期	生成核释放能量/MeV
冷却剂	$^{16}O(n,p)^{16}N$ $^{15}N(n,\gamma)^{16}N$	7.13 s	β^- 10.41　4.29　γ 6.13　7.12　2.74
	$^{17}O(n,p)^{17}N$	4.173 s	β^- 8.68　4.13　7.81　γ 0.870　2.184
			n 0.40　1.170 9　1.700
	$^{18}O(n,p)^{18}N$	0.63 s	β^- 9.4　γ 0.820　1.65　1.98　2.42　2.47
	$^{18}O(n,\gamma)^{19}O$	26.91 s	β^- 3.265　4.622

续表

	反应	生成核半衰期	生成核释放能量/MeV
冷却剂			γ 0.197　1.356
	$^{14}N(n,p)^{14}C$	5 730 a	$β^-$ 0.156
结构材料	$^{59}Co(n,γ)^{60}Co$	5.26 a	$β^-$ 0.315　γ 1.173　1.332
	$^{58}Ni(n,p)^{58}Co$	70.83 d	γ 0.810
	$^{50}Cr(n,γ)^{51}Cr$	27.72 d	γ 0.32
	$^{55}Mn(n,γ)^{56}Mn$	2.582 h	$β^-$ 2.838　1.028　0.718　γ 0.846 7　1.810 7　2.1131
	$^{54}Fe(n,p)^{54}Mn$	312.13 d	γ 0.834
	$^{58}Fe(n,γ)^{59}Fe$	45.1 d	$β^-$ 0.461　0.269　γ 1.099 2　1.291 6
	$^{64}Ni(n,γ)^{65}Ni$	2.56 h	$β^-$ 2.140　1.020　0.650　γ 1.481 8　1.115 5
	$^{63}Cu(n,γ)^{64}Cu$	12.7 h	γ 1.345 7
	$^{64}Zn(n,γ)^{65}Zn$	244.06 d	γ 1.115 5
	$^{94}Zr(n,γ)^{95}Zr$	64.0 d	γ 0.724　0.756
	$^{96}Zr(n,γ)^{97}Zr$	16.7 h	γ 0.355 4

1.4　射线与物质的相互作用

电离辐射作用于生物体时所产生的某些生物效应，几乎都是通过带电粒子把能量传递给物质的，即使是间接电离粒子，如 X、γ 射线和中子，它们与物质相互作用过程中的能量传递，最终也是通过电离过程中产生的带电粒子实现的。

1.4.1　X 和 γ 射线与物质的相互作用

X 和 γ 射线都是电磁波，唯一的区别是它们的来源：γ 射线是由原子核发射出来的辐射，而 X 射线是在原子核外部产生的辐射。以下仅讨论 γ 射线，但完全适用于 X 射线。

γ 射线与物质相互作用有许多过程，对辐射防护而言，有意义的有如下三种：

a. 原子的光电效应；b. 原子的康普顿效应；c. 正负电子对产生。

1.4.1.1　原子的光电效应

在这种效应中，入射光子消失，同时由原子中击出一个轨道电子。光电效应中发射出来的电子称作光电子。光电效应的过程可由图 1-6 表示。

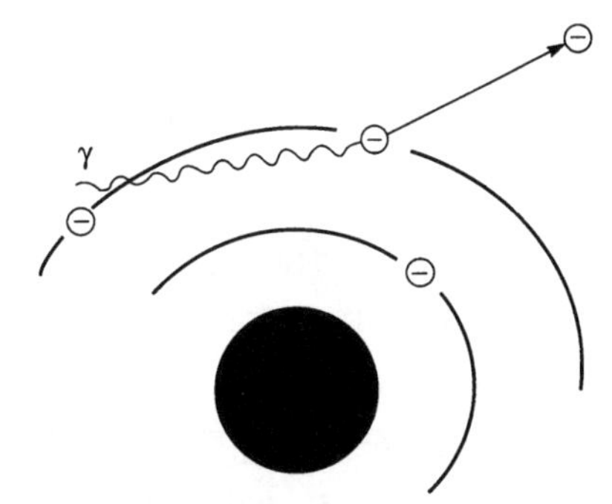

图 1-6　光电效应示意图

在光电效应中，由能量守恒得到

$$\hbar\nu = E_e + \varepsilon_i \tag{1-31}$$

或者

$$E_e = \hbar\nu - \varepsilon_i \tag{1-32}$$

式中，$\hbar\nu$—— 入射 γ 射线的能量；

$\hbar$—— 普朗克常数；

ν—— 电磁波的频率；

E_e—— 光电子的动能；

ε_i—— 第 i 壳层电子的结合能。

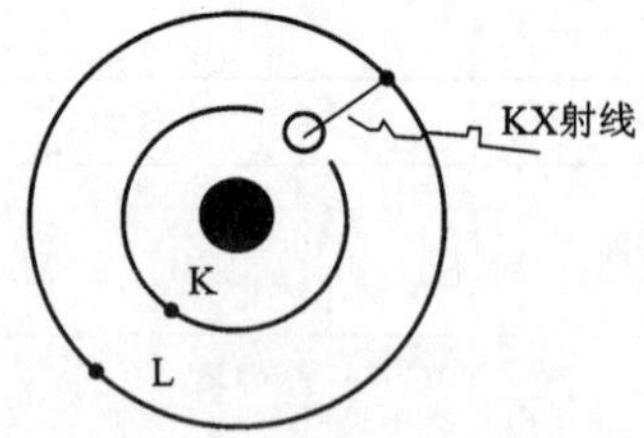

图 1-7　发射 X 射线的示意图

当内层轨道电子被击出后，该空穴将由外层轨道电子填充。当这样的跃迁发生时，就放射出 X 射线。如果光电子是从 K 层击出的，会出现全部特征 X 射线，这种特征 X 射线称为荧光辐射。图 1-7 给出了发射 X 射线的示意图。

1.4.1.2　原子的康普顿效应

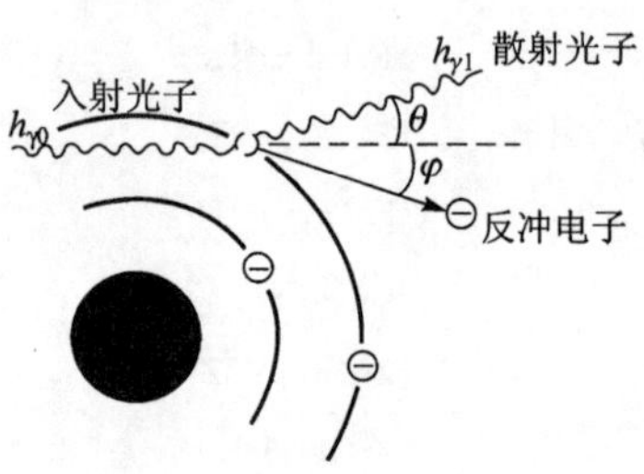

图 1-8　康普顿效应的示意图

在这个过程中，入射的 γ 射线与原子的电子碰撞，只损失了它的一部分能量，从原来的入射方向上散射出去，而被碰撞的电子在和光子成一定角度的方向上散射出去。这时，从原子中碰撞出来的电子称康普顿电子，能量减少后的 γ 射线称散射光子。图 1-8 给出了康普顿效应的示意图。

光电效应中 γ 射线将其全部能量传递给原子轨道上的某一电子，而本身不再存在。康普顿效应中，γ 射线只将部分能量传递给原子轨道上某一电子，运动方向发生了变化。严格地讲，γ 射线和束缚电子间发生的康普顿效应是一种非弹性碰撞，但由于这种效应总是发生在外层电子上，而外层电子的结合能较小，一般只有几个电子伏特，与入射 γ 射线能量相比，完全可以忽略，可以把外层电子看作是“自由电子”。这样康普顿散射效应可以看成是入射 γ 射线与处于静止状态的自由电子之间的弹性碰撞。入射 γ 射线的能量和动量在散射 γ 射线与康普顿电子之间进行分配。

根据能量和动量守恒定律可以得出如下关系式：

$$\hbar\nu_1 = \frac{\hbar\nu}{1+\dfrac{\hbar\nu(1-\cos\theta)}{m_e c^2}} \tag{1-33}$$

$$E_e = \hbar\nu - \hbar\nu_1 = \frac{(\hbar\nu)^2(1-\cos\theta)}{m_e c^2 + \hbar\nu(1-\cos\theta)} \tag{1-34}$$

$$\mathrm{ctan}\varphi = \left(1+\frac{\hbar\nu}{m_e c^2}\right)\tan\frac{\theta}{2} \tag{1-35}$$

式中，$\hbar\nu$—— 入射光子的能量；

$\hbar\nu_1$—— 散射光子的能量；

E_e—— 康普顿电子的能量；

m_e—— 电子的静止质量；

c—— 光的速度；

θ—— 入射光子方向和散射光子方向间的夹角；

φ—— 康普顿电子飞行方向与入射光子方向间的夹角。

由以上三式可以看出散射光子能量随出射角的变化：

(1) $\theta=0°$

$\hbar\nu=\hbar\nu_1$，入射光子没有能量损失，光子从电子近旁掠过。

(2) $\theta=180°$

这时 $\hbar\nu_1$ 达到最小值，而康普顿电子 E_e 达到最大值。散射光子向相反方向飞回，而康普顿电子沿入射光子方向飞出。此时有

$$(\hbar\nu_1)_{\min}=\hbar\nu/(1+\frac{2\hbar\nu}{m_e c^2}) \tag{1-36}$$

$$E_{\text{emax}}=2(\hbar\nu)^2/(m_e c^2+2\hbar\nu) \tag{1-37}$$

对于较高能量的入射 γ 射线，康普顿效应的截面可用下式表示

$$\sigma_c=Z\sigma_{ce} \tag{1-38}$$

式中，σ_{ce}——一个电子的康普顿效应截面。

对较高能量的入射 γ 射线，康普顿效应的截面与原子序数 Z 成正比。

保健物理工作者关心的相互作用是康普顿效应。由于散射 γ 射线并不是真正地从 γ 射线束中除去，这在屏蔽设计中会引起麻烦。在宽 γ 射线束和厚屏蔽情况时，某些 γ 射线开始被散射出宽束，然而经多次康普顿散射后，又被散射回来，这就导致到达所关心地点或探测点的 γ 辐射比预期的要多。因此，为了把这种效应考虑在内，需要在计算中增加修正因子。

1.4.1.3　电子对产生

在这个效应中，一个具有足够能量的入射 γ 射线，在一个带电粒子的场中消失，随之出现一个电子和正电子对。电子对的产生通常发生在原子核附近，这个过程的示意图示于图 1.4.4。

产生电子对所需要的最小能量为 $E=2m_e c^2$，m_e 为电子或正电子的静止质量。由于一个电子的静止质量等效于 0.511 MeV，要产生一个电子对，入射 γ 射线的能量必须大于或等于 1.02 MeV。

在产生电子对的过程中，超过 1.02 MeV 的入射 γ 射线的能量，一部分变成正负电子对的动能，一部分变成原子核的反冲动能。正负电子对取得的动能之和应为$(\hbar\nu-2m_e c^2-\Delta)$，Δ 是参加反应的原子核的反冲动能。由于原子核的质量相对于电子质量要大得多，所以 Δ 可以忽略不计，正负电子对的总动能为$(\hbar\nu-2m_e c^2)$。

在物质中，电子和正电子两者都通过使原子电离而损失动能。当正电子速度接近于零时，它与附近原子中的一个电子发生相互作用，两者同时消失，变为两个能量各为 0.511 MeV的 γ 射线。这种现象称为电子对湮没，湮没时放出的 γ 射线称湮没辐射。两个 γ 射线在物质中又可以通过光电效应和康普顿效应与物质进一步相互作用。

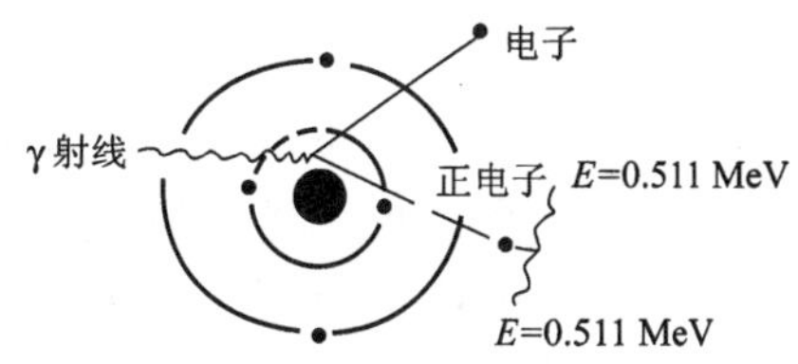

图 1-9　电子对产生示意图

湮没时，正负电子的动能为零。根据动量和能量守恒定律，两个光子的能量之和为正负电子的静止质量，从而导致湮没时产生的两个 0.511 MeV γ 射线的动量数值相同，但飞行的方向相反，见图 1-9。

这个过程的截面随靶粒子的电荷变化，靶粒子可以是原子的一个电子，或者是一个原子核。在第一种

情况下，截面正比于 Z；在后一种情况下，截面正比于 Z^2。

上述三种过程，就是 γ 射线与物质的主要相互作用。表 1-6 给出了各过程对原子序数和入射 γ 射线能量的依赖关系。

表 1-6 各过程对原子序数和入射 γ 射线能量的依赖关系

相互作用过程	对原子序数依赖性	对能量依赖性
光电效应	$Z^{4.5}$	$1/E, E>0.5$ MeV
		$1/E^3, E<0.5$ MeV
康普顿效应	Z	$1/E$
电子对产生	Z^2 或 Z	E, 4 MeV$<E<$10 MeV

在保健物理学中，关心的是物质对辐射的吸收，以便保护工作人员和设备免受或少受射线的照射。三种过程都能产生使物质电离的电子。在致密物质中，电子的射程很短。在给定的物质中，单位路程上发生相互作用的多少就决定着这种物质吸收辐射的能力。

1.4.1.4 窄束 γ 射线的衰减规律

γ 射线通过物质时，如果发生上述三种效应的任何一种效应，γ 射线就从原来的射线束中分离出来(康普顿散射时，认为散射 γ 射线不能算在原来的射线束内)，这种情况称为窄束 γ 射线衰减。γ 射线在窄束衰减的情况下，遵循指数衰减规律，即

$$I(x)=I_0\mathrm{e}^{-\mu x} \tag{1-39}$$

式中，I_0——单位时间内入射到垂直于 γ 射线束单位面积物质上的 γ 射线数目；

$I(x)$——穿透厚度为 x 的物质后在原来 γ 射线方向单位面积上单位时间内的 γ 射线数目；μ 称为物质对 γ 射线的总线衰减系数，它在数值上等于物质单位体积内的原子数乘以上述三种效应截面之和，即

$$\mu=N(\sigma_{\mathrm{pe}}+\sigma_{\mathrm{ce}}+\sigma_{\mathrm{pp}}) \tag{1-40}$$

1.4.1.5 线衰减系数

总线衰减系数的物理意义为：单位路程上 γ 射线与物质发生相互作用的总概率。总线衰减系数 μ 的单位是“m^{-1}”。

如果采用 $\mu_{\mathrm{m}}=\mu/\rho$，则式(1.4.9)变为

$$I(x)=I_0\mathrm{e}^{-\mu_{\mathrm{m}}x_{\mathrm{m}}} \tag{1-41}$$

式中，ρ—— 物质的密度，$\mathrm{kg\cdot m^{-3}}$；

μ_{m}—— 物质的质量衰减系数，$\mathrm{m^2\cdot kg^{-1}}$；

x_{m}—— 物质的质量厚度，等于 ρx，$\mathrm{kg\cdot m^{-2}}$。

某种化合物或某种混合物由多种元素的原子组成，该化合(或混合)物的质量衰减系数 μ_{m} 可由下式表示：

$$\mu_{\mathrm{m}}=\sum_{i=1}^{k}(w_i\mu_{\mathrm{m},i}) \tag{1-42}$$

式中，$i=1,2,\cdots,k$，表示物质由 k 种原子组成；

w_i是第 i 种元素的质量分数；

$\mu_{m,i}$是第 i 种元素的质量衰减系数。

例：求出能量为 1 MeV 的 γ 射线在水中的质量衰减系数。

对于 1 MeV 的 γ 射线，H 和 O 的质量衰减系数分别为 $1.26\times10^{-2}\ \mathrm{m^2/kg}$ 和 $6.370\times10^{-3}\ \mathrm{m^2/kg}$，于是水中的质量衰减系数为

$$\mu_m=(\frac{16}{18}\times6.370\times10^{-3}+\frac{2}{18}\times1.26\times10^{-2})\mathrm{m^2\cdot kg^{-1}}=7.065\times10^{-3}\ \mathrm{m^2\cdot kg^{-1}}$$

质量衰减系数 μ_m只涉及入射到物质中 γ 射线数的减少，并不涉及进一步的物理过程。μ_m的数值不因材料的物理状态改变而改变。此外，在康普顿散射中，与 γ 射线相互作用的粒子仅涉及自由电子，除氢元素外，绝大多数物质单位质量内的电子数大致相等，所以在康普顿散射占优势的能量范围内，几乎所有物质以 $\mathrm{m^2\cdot kg^{-1}}$ 为单位的质量衰减系数大致相同。

1.4.1.6　能量转移系数

在 γ 射线与物质相互作用的三个主要过程中，光子能量全部或一部分转变为电子(光电子、康普顿电子及正负电子对)的动能，而另一部分则被能量较低的 γ 射线(特征 X 射线、散射 γ 射线及湮没辐射)所带走。就是说线衰减系数可表示为两部分之和

$$\mu=\mu_{tr}+\mu_p \tag{1-43}$$

式中，μ_{tr}——能量的电子转移部分；

μ_p——射线能量的辐射部分。

对于辐射防护而言，重要的是前一部分，因为最后在物质中被吸收的能量来自这部分。

μ_{tr}称为线能量转移系数，它表示 γ 射线在物质中穿行单位长度距离时，由于相互作用，其能量转移给电子的份额。实际上使用更多的是质量能量转移系数 μ_{tr}/ρ，它表示 γ 射线在穿过单位质量厚度的物质层时，因相互作用其能量转移给电子的份额。

μ_{tr}和 μ_{tr}/ρ 的 SI 单位分别为“$\mathrm{m^{-1}}$”和“$\mathrm{m^2\cdot kg^{-1}}$”。

质量能量转移系数只涉及物质中入射 γ 射线的能量转移，而不涉及能量是否被物质吸收的问题。

1.4.1.7　能量吸收系数

线能量转移系数表示 γ 射线能量转移给电子的那一部分能量的份额。电子从 γ 射线那里得到的那部分能量将使物质电离、激发和产生韧致辐射。若用 g 表示能量转移为韧致辐射的份额，则

$$\mu_{en}=\mu_{tr}(1-g) \tag{1-44}$$

就表示能量被物质真正吸收的份额，称为线能量吸收系数，它表示 γ 射线在物质中穿过单位长度路程后，其能量真正被物质吸收的份额。同样有

$$\frac{\mu_{en}}{\rho}=\frac{\mu_{tr}}{\rho}(1-g) \tag{1-45}$$

μ_{en}/ρ 称为质量能量吸收系数，它表示 γ 射线在物质中穿行单位质量厚度后，其能量被物质吸收的份额。

μ_{en}和 μ_{en}/ρ 的 SI 单位分别为“$\mathrm{m^{-1}}$”和“$\mathrm{m^2\cdot kg^{-1}}$”。

质量能量吸收系数 μ_{en}/ρ 既涉及物质吸收能量的过程，也涉及能量的转移，式(1-45)说

明了它与μ_{tr}/ρ的关系。当次级带电粒子动能可与其静止能相比拟或大于其静止能时，则差异更为显著。当次级带电粒子动能较小、物质原子序数又较低时，轫致辐射甚弱，g接近于零，这时μ_{en}/ρ近似等于μ_{tr}/ρ。

1.4.2 中子与物质的相互作用

中子的质量略大于质子，自由中子是不稳定的，它们以半衰期$T_{1/2}=10.24$ min发生β^-衰变，β射线的最大能量为0.78 MeV。

中子与物质相互作用的类型主要取决于中子的能量，在某一能量范围内，某种效应占优势。一般按下列能量范围对中子进行分类。

1）热中子　中子与周围的物质处于热平衡时，它们具有可与室温下气体分子相比拟的速度，这时中子的最可几速度大约是2.2×10^5 cm·s^{-1}，相应的热中子能量为0.025 eV。

2）慢中子　能量在0.5 eV～1 keV之间。一般以0.5 eV作为热中子和慢中子的分界线。

3）中能中子　能量在1 ～10 keV之间。

4）快中子　能量在10 keV ～10 MeV之间。

5）高能中子　能量在10 MeV以上。

中子进入物质后，只与原子核相互作用，而不与壳层电子相互作用。中子与原子核相互作用可分成两种类型：散射和吸收。

散射还可分为弹性散射、非弹性散射和去弹性散射。

弹性散射时，中子的一部分能量传递给原子核，但散射前后中子与原子核的总动能保持不变。得到了能量的原子核叫做反冲核，原子核越轻，中子转移给原子核的能量就越多，因此中子与氢核散射时，反冲核（即反冲质子）得到的能量最多，一次散射中，中子平均有一半能量转移给反冲质子，有时中子能失去它的全部能量。

非弹性散射时，中子的一部分能量用于激发原子核，尔后它离开相互作用点，被激发的原子核放出γ射线回到基态。这一过程记作(n;n′,γ)。

去弹性散射时，其结果会射出多个中子，而不是一个中子。例如氮核受到高能中子轰击时，它能放出两个中子，而氮核的电荷数保持不变。这一过程记作N(n;2n)N。

吸收使得中子和原子核的性质都发生了变化。这类过程包括俘获过程和散裂反应。

当中子飞近原子核时，可能被原子核俘获。俘获了中子的原子核立即发射出带电粒子或γ射线。例如氮原子核俘获一个中子后，放出一个质子，本身变成了碳原子核，这个过程称作(n,p)反应。又如，氢原子核俘获一个中子后变成氘原子核，同时放出一个γ射线，这个反应称作(n,γ)反应，压水堆中经常发生这种反应。一般把放出γ射线的俘获过程称为辐射俘获。

能量很高的中子能引起原子核的散裂。在这种过程中，吸收了高能中子的原子核会放出两个或两个以上的粒子。例如，碳原子核吸收一个高能中子后，即散裂成一个中子和三个α粒子，记作(n;n′,3α)。

慢中子与轻核作用以弹性散射为主。非弹性散射一般只在中子能量大于0.1 MeV时才发生，且重核发生非弹性散射的概率比轻核大。放出带电粒子的中子俘获过程截面很小，且只限于轻核。去弹性散射和散裂反应只有在高能中子的情况下才能发生。

研究中子与组成人体组织的元素间的相互作用，具有重要意义。表1-7给出了能量直到100 MeV的中子在机体组织中可能发生的几种主要的相互作用。

表1-7　中子在机体组织中发生的主要的相互作用

元　素	相互作用
氢	弹性散射　辐射俘获 H(n,γ)D
碳	弹性散射，非弹性散射
	C(n;n′,3α)和 C(n;n′,α)Be 反应
氮	弹性散射，非弹性散射
	N(n,p)C,N(n,D)C,N(n,t)C,N(n,α)B
	N(n,2α)Li 和 N(n,2n)N 反应
氧	弹性散射，非弹性散射　O(n,α)C 和 O(n,p)N 反应

在人体组织中，按质量分数计算，氢、碳、氮和氧四种元素的质量占整个人体质量的95%以上；按原子数计算，氢原子数占人体原子总数的60%以上。

快中子通过与人体组织中H、C、N和O等原子核的弹性和非弹性散射，不断地将能量传递给组织而被慢化；慢化后的热中子又通过$^{1}H(n,\gamma)^{2}H$、$^{14}N(n,p)^{14}C$等反应被组织吸收。核反应中放出的反冲质子(0.6 MeV)、γ射线(2.224 MeV)的能量最终也将被机体所吸收。

1.4.3　β射线与物质的相互作用

β射线是由电子或正电子组成的粒子流，它们与物质的相互作用的主要过程为使原子电离和激发及韧致辐射，此外还有弹性散射和湮没辐射。

1.4.3.1　原子的电离和激发

电离就是使核外电子通过非弹性散射得到足够能量，克服原子核的束缚而成为自由电子，使原子成为一个自由电子和一个正离子，两者的总称叫离子对。

如果非弹性碰撞不能使核外电子获得足够能量，核外电子不能克服原子核的束缚，仅能使电子从能量较低的壳层跃迁到能量较高的壳层，这就是原子的激发。处于激发状态的原子将自发地返回基态，这个过程称作退激。退激时，多余的能量常以光子的形式释放出来。

无论是电离还是激发都会导致β射线损失动能，速度减慢直到静止。使一个原子电离所需要的平均能量称为平均电离能，用W表示。电子在标准空气中的平均电离能W为33.85 eV/离子对。

β射线在电离和激发过程中损失的能量称为电子能量的碰撞损失，可以用物质对电子的碰撞阻止本领予以描述。线碰撞阻止本领S_{col}，是指一定能量的电子在指定物质中穿行单位长度路程时，由于电离和激发过程所损失的能量，即

$$S_{col} = \left(\frac{dE}{dl}\right)_{col} \tag{1-46}$$

式中，dE——电子在物质中穿过路程 dl 时由于电离和激发过程损失的能量。线碰撞阻止本领的单位是“$J \cdot m^{-1}$”。

质量碰撞阻止本领$(S/\rho)_{col}$，是指一定能量的电子在指定物质中穿过单位质量厚度的物质层时，由于电离和激发过程所损失的能量，即

$$\left(\frac{S}{\rho}\right)_{col} = \frac{1}{\rho}\left(\frac{dE}{dl}\right)_{col} \tag{1-47}$$

式中，ρ—— 物质密度；

dE—— 电子穿过质量厚度 $\rho \cdot dl$ 的物质层时由于电离和激发过程损失的能量。$(S/\rho)_{col}$ 的单位是“$J \cdot m^2 \cdot kg^{-1}$”。

1.4.3.2 韧致辐射

当快速运动的电子通过物质层时，由于受到原子核库仑场的作用而被减速时，电子的某些能量能以在物质中产生 X 射线的形式损失，这种相互作用产生的 X 射线称韧致辐射。电子能量低于 1 MeV 时，不足以引起韧致辐射。

医疗所用的 X 射线就是高速运动的电子流轰击用金属 W 制成的靶而产生的一种韧致辐射。这时电子能量的一部分或全部转变为能量连续的电磁辐射。

电子在韧致辐射过程中损失的能量称为电子能量的辐射损失，可以用物质对电子的辐射阻止本领给以描述。线辐射阻止本领 S_{rad}是指一定能量的电子在物质中穿过单位长度路程时，由于韧致辐射过程所损失的能量，即

$$S_{rad} = \left(\frac{dE}{dl}\right)_{rad} \tag{1-48}$$

式中，dE——穿过路程 dl 时由于韧致辐射过程损失的能量。线辐射阻止本领的单位为“$J \cdot m^{-1}$”。

同样

$$\left(\frac{S}{\rho}\right)_{rad} = \frac{1}{\rho}\left(\frac{dE}{dl}\right)_{rad} \tag{1-49}$$

称为物质对电子的质量辐射阻止本领，其单位是“$J \cdot m^2 \cdot kg^{-1}$”。

电子穿过物质时，其能量损失主要是由电离和激发及韧致辐射引起的，因而物质对电子的总质量阻止本领 S/ρ，认为是由碰撞阻止本领$(S/\rho)_{col}$ 和辐射阻止本领$(S/\rho)_{rad}$ 组成，即

$$\frac{S}{\rho} = \left(\frac{S}{\rho}\right)_{col} + \left(\frac{S}{\rho}\right)_{rad} \tag{1-50}$$

对于确定的电子能量 E 和确定的物质(Z)，电子能量的辐射损失与碰撞损失之比为

$$\frac{(dE/dl)_{rad}}{(dE/dl)_{col}} \approx \frac{EZ}{800} \tag{1-51}$$

1.4.3.3 弹性散射

由于电子的质量比原子核的质量小得多，因而使单次碰撞中电子的能量变化甚微，但碰撞的次数极为频繁，这就造成了散射现象特别严重。就单次弹性散射而言，在多数情况下偏离原来运动方向不大，即所谓小角度散射。电子愈靠近原子核，散射愈厉害，散射角度也愈

大，散射角大于90°的散射称为反散射。电子经过多次小角度散射，最后的散射角也可以大于90°，这种现象也称为反散射。

在辐射测量和辐射剂量分布的估算中，往往需要考虑多次散射的影响。在β放射源活度测量中，为了减少散射的影响，放射源的衬托物、支架等都要利用原子序数低的物质，因为Z低，原子核库仑场的作用小。

1.4.3.4 湮没辐射

β^+与物质的相互作用，基本上与β^-相同，只是β^+粒子在物质中损失了动能之后，它将与一个电子相“结合”而消失，同时产生两个能量为0.511 MeV的γ射线。这种过程叫做电子对的湮没，所产生的γ射线就是湮没辐射。

1.4.3.5 吸收和射程

无论是单能电子束，还是能量连续分布的β射线束通过物质时，在电离和激发及轫致辐射过程中将逐步损失能量。如果物质的厚度足够大，它们会完全停留在物质中，这种现象就是β粒子被物质吸收。把β粒子在某种物质中沿着入射方向从入射点到最后被物质吸收所经过的最大直线距离，称作β粒子在物质中的射程，常用符号R表示。

当β粒子的穿透距离远小于粒子的射程时，平行β射线束的吸收近似服从指数规律，即

$$I(x) = I_0 e^{-\mu x} \tag{1-52}$$

式中，x——吸收物质厚度，cm；

I_0——$x=0$时β粒子的强度，β粒子数/秒；

$I(x)$——吸收物质为x时的粒子强度；

μ——物质对β射线的线减弱系数，cm^{-1}。

线减弱系数的物理意义是β粒子通过单位厚度物质后，粒子数的相对损失。实际工作中使用质量厚度表示物质的厚度，相应地引进质量减弱系数$\mu_m=\mu/\rho$。上式可以写为

$$I(x) = I_0 e^{-\mu_m x_m} \tag{1-53}$$

辐射防护中感兴趣的是具有最大能量的β粒子的最大射程，通常所说的射程即指这种最大射程。

β粒子的最大射程可由计算得出，也可由实验得到。实际工作中，对于特定能量范围的β粒子和特定的吸收物质，一般使用经验公式计算，这种经验公式很多书中可以找到。表1-8列出了在几种物质中β粒子的最大射程。

使β粒子数目减少到一半所需要的吸收片厚度称做半吸收厚度，用符号$d_{1/2}$表示。$d_{1/2}$可用式(1-53)求得

$$\frac{1}{2}I_0 = I_0 e^{-\mu_m d_{1/2}}$$

$$d_{1/2} = \ln 2/\mu_m \tag{1-54}$$

式中，$d_{1/2}$的单位采用质量厚度单位。

表 1-8　β粒子在几种物质中的最大射程

β粒子的最大能量/MeV	铝		组织或水 R_m/mm	空气 R_m/mm
	R_m/(mg/cm^2)	R_m/mm		
0.01	0.16	0.000 6	0.002	0.13
0.02	0.70	0.002 6	0.008	0.52
0.03	1.5	0.056	0.018	1.12
0.04	2.6	0.096	0.030	1.94
0.05	3.9	0.014 4	0.046	2.94
0.06	5.4	0.020 0	0.063	4.03
0.07	7.1	0.026 3	0.083	5.29
0.08	9.3	0.034 4	0.109	6.93
0.09	11	0.010 7	0.129	8.20
0.1	14	0.050 0	0.158	10.1
0.2	42	0.155	0.491	31.3
0.3	76	0.281	0.889	56.7
0.4	115	0.426	1.35	85.7
0.5	160	0.593	1.87	119
0.6	220	0.778	2.46	157
0.7	250	0.926	2.92	186
0.8	310	1.15	3.63	231
0.9	350	1.30	4.10	261
1.0	410	1.52	4.80	306
1.25	540	2.02	6.32	406
1.50	670	2.47	7.80	494
1.75	800	3.01	9.50	610
2.0	950	3.51	11.1	710
2.5	1 220	4.52	14.3	910
3.0	1 500	5.50	17.4	1 100
3.5	1 750	6.48	20.4	1 300
4.0	2 000	7.46	23.6	1 500
4.5	2 280	8.44	26.7	1 700
5	2 540	9.42	29.8	1 900
6	3 080	11.4	36.0	2 300
7	3 650	13.3	42.2	2 700
8	4 140	15.3	48.4	3 100
9	4 650	17.3	54.6	3 500
10	5 200	19.2	60.8	3 900
12	6 250	23.2	73.2	4 700
14	7 300	27.1	85.6	5 400
16	8 400	31.0	98.0	6 200
18	9 500	35.0	110	7 000
20	10 600	39.0	123	7 800

1.5　辐射和辐射量

1.5.1　辐射

这里所说的辐射，仅包括电离辐射。电离是指原子失去或有时得到电子而带电的过程，失去或得到电子后的原子称作离子。电离辐射是由能通过初级过程或次级过程引起电离的带电粒子或不带电粒子组成的，或者是两者混合组成的。当电离辐射通过物质时，随着离子的形成电离辐射的能量就传递给了物质。

本节讨论的辐射种类包括 α 粒子、β 粒子、γ 射线和中子。前三种是不稳定的原子核衰变时发射的，而中子是由核反应产生的。

α 粒子是氦原子核，即由两个质子和两个中子组成的。α 粒子的质量为 4 原子质量单位，带两个单位正电荷。

β 辐射是原子核里发射出来的高速运动的电子，其质量为 1/1840 原子质量单位，带一个单位的负电荷。还有另一种 β 辐射，它的质量和电子相同，但带一个单位正电荷，称之为正电子辐射。平常所用的 β 辐射一词系指 β^- 辐射。

γ 射线是一种电磁辐射，它以速度为 3×10^8 m/s 的速度在真空中传播，在浓密的介质中，它们的速度减小了，但在空气中速度的减小可忽略不计。

与 γ 射线基本上相同的另一种电磁辐射称为 X 射线。两者之间的根本差别在于它们的来源。当原子的电子改变轨道时发射出 X 射线，而 γ 射线是由原子核内部发射的。

中子的质量略大于质子，它不带电荷。自由中子是不稳定的，它以半衰期 $T_{1/2}=10.24$ min发生 β^- 衰变。

图 1-10 给出了不同辐射在材料中的穿透能力的示意图。

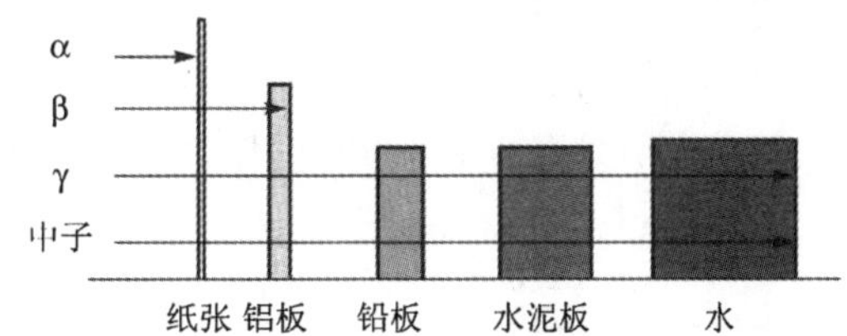

图 1-10　不同辐射在材料中的穿透能力

用粒子轰击较轻的元素可以产生放射性核素。在核反应堆中，当某一稳定的核素吸收一个中子时，可能发射出 γ 射线。例如稳定同位素 ^{59}Co 吸收一个中子变成放射性同位素 ^{60}Co，^{60}Co 的原子核进行 β^- 衰变，随后发射出 γ 射线变成稳定同位素 ^{60}Ni。

1.5.2　辐射量和单位

一般将辐射防护中使用的辐射量分为三类：材料辐射量、物理辐射量和生物辐射量。对于给定的辐射类型和能量，材料辐射量仅是材料性能的函数，而与材料受到的辐射的数量和速率无关，例如 γ 射线衰减系数。物理辐射量，它正比于接受的辐射数量或速率，用于表征辐射场，例如吸收剂量和粒子注量率。生物辐射量用来表征物理辐射量对人体组织产生的生物效应，属于这一类的量是当量剂量。

在辐射防护中，专门定义了两类量：由 ICRP（International Commission on Radiological Protection，国际放射防护委员会）定义的防护量和由 ICRU（International Commission on

Radiological Units and Measurements，国际辐射单位与测量委员会）定义的运行实用量。在 ICRP 第 60 号出版物中推荐的一组防护量，包括有效剂量 E 和组织或器官的当量剂量 H_T。这些量都是不能直接测量的，但是，如照射条件已知则适合于计算。

ICRU 为区域监测和个人剂量监测定义了一套运行实用量，目的是为防护量提供一种估计，并作为监测中使用的仪表刻度量。

1.5.2.1 常用的量及参数

（1）粒子注量

在单向平行辐射场中，粒子注量 Φ，数值上等于通过与粒子入射方向垂直的单位面积的粒子数。对于非单向平行辐射场，Φ 如图 1-11 所示。

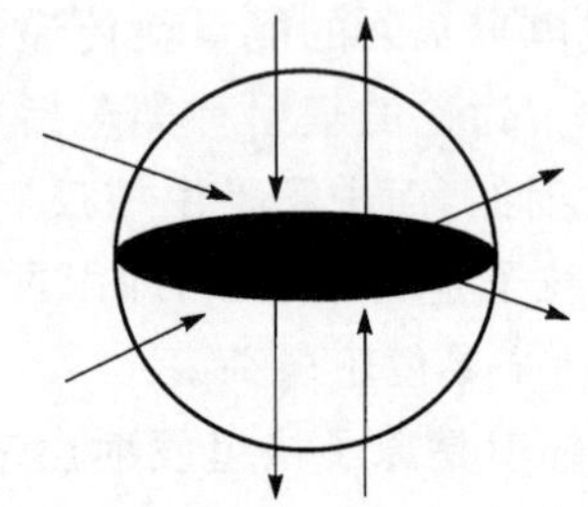

图 1-11 粒子注量概念的示意图

辐射场中某一点处的粒子注量，是进入该点为球心的一个小球内的粒子数 $\mathrm{d}N$ 除以该球截面积 $\mathrm{d}a$ 而得的商，即

$$\Phi = \frac{\mathrm{d}N}{\mathrm{d}a} \tag{1-55}$$

粒子注量 Φ 的 SI 单位为“m^{-2}”。

事实上，粒子注量 Φ，可以理解为进入单位截面积小球的粒子数。

（2）粒子注量率

它是 $\mathrm{d}\Phi$ 除以 $\mathrm{d}t$ 的商，$\mathrm{d}\Phi$ 是时间间隔 $\mathrm{d}t$ 内粒子注量的增量，表示为

$$\varphi = \frac{\mathrm{d}\Phi}{\mathrm{d}t} \tag{1-56}$$

粒子注量率的 SI 单位为“$\mathrm{m}^{-2} \cdot \mathrm{s}^{-1}$”。

（3）能量注量

如果入射到截面积为 $\mathrm{d}a$ 的球体内的辐射能为 $\mathrm{d}E$，则能量注量为

$$\Psi = \frac{\mathrm{d}E}{\mathrm{d}a} \tag{1-57}$$

能量注量的 SI 单位为“$\mathrm{J} \cdot \mathrm{m}^{-2}$”。

（4）能量注量率

单位时间内能量注量的增量，若在时间间隔 $\mathrm{d}t$ 内，能量注量为 $\mathrm{d}\Psi$，则能量注量率即为

$$\Psi = \frac{\mathrm{d}\Psi}{\mathrm{d}t} \tag{1-58}$$

能量注量率的 SI 单位为“$\mathrm{W} \cdot \mathrm{m}^{-2}$”。

（5）授予能

电离辐射对某体积内的授予能是入、出某一体积内带电的和不带电的致电离粒子能量总和之差，再加上该体积内发生核反应和基本粒子转变所引起的静质量变化相应的能量。数学表示为

$$\varepsilon = R_{\mathrm{in}} - R_{\mathrm{out}} + \Sigma Q \tag{1-59}$$

式中，ε—— 某体积内物质的授予能；

R_{in}—— 入射到该体积内的能量；

R_{out}—— 由该体积内射出的能量；

ΣQ——该体积内发生的任何核和基本粒子的转变中，核和基本粒子静止质量能的各种变化总和(减少时为正号，增加时为负号)。

授予能的 SI 单位为“J”。因为辐射与物质相互作用为随机过程，授予能是一个随机量，授予能的期望值称作平均授予能，记作$\bar{\varepsilon}$。

(6) 传能线密度

或者称为某物质对某种带电粒子的线碰撞阻止本领，它是 dE 除以 dl 的商。dE 是该粒子穿行 dl 距离时，由于与电子碰撞而损失的平均能量，即

$$L = \frac{dE}{dl} \tag{1-60}$$

(7) 品质因数

它是水中非限定传能线密度 L 的函数。ICRP 第 60 号出版物中给出的 $Q(L)$值作为 L 的函数如下：

$$Q(L) = 1 \qquad (L < 10)$$

$$Q(L) = 0.32L - 2.2 \qquad (10 \leqslant L \leqslant 100)$$

$$Q(L) = 300/\sqrt{L} \qquad (L > 100)$$

式中，L 的单位是 $keV \cdot \mu m^{-1}$。在当量剂量中 Q 被辐射权重因数所取代；在温测中计算运行当量剂量时仍然使用。

在某一指定组织或器官 T 中的平均品质因数 Q_T 为：

$$Q_T = \frac{1}{m_T D_T}\int m_T Q D \, dm \tag{1-61}$$

式中，D_T—— 该组织或器官的平均吸收剂量；

m_T—— 它的质量；

Q 和 D—— 质量为 dm 中的品质因数和吸收剂量。

(8) 比释动能

定义为 dE_{tr} 除以 dm 所得的商。dE_{tr} 是不带电的致电离粒子在质量为 dm 体积元之中释放出的所有带电的致电离粒子的初始动能的总和，即

$$K = \frac{dE_{tr}}{dm} \tag{1-62}$$

比释动能的单位是“$J \cdot kg^{-1}$”，其专门名称是“戈瑞(Gy)”。

(9) 吸收剂量

其符号为 D，它是 $d\bar{\varepsilon}$除以 dm 所得的商。$d\bar{\varepsilon}$是致电离辐射授予质量为 dm 的物质的平均能量，即

$$D = \frac{d\bar{\varepsilon}}{dm} \tag{1-63}$$

吸收剂量的单位是“$J \cdot kg^{-1}$”，专门名称是“戈瑞(Gy)”。

(10) 器官吸收剂量

为了辐射防护目的使用的量，它是人体某一指定组织或器官 T 中的平均吸收剂量，由下式给出

$$D_T = \frac{1}{m_T}\int m_T D dm \tag{1-64}$$

或者

$$D_T = \varepsilon_T / m_T \tag{1-65}$$

式中，m_T——某组织或器官的质量；

D——质量为 dm 中的吸收剂量；

ε_T——授予该组织或器官的总能量。

(11) 辐射权重因数

吸收剂量本身并不足以表示辐射对人体组织的损害概率。实验上发现，辐射的生物学后果不仅依赖于沉积在单位组织质量中的能量，还依赖于组织中沿辐射路径上能量分布的微观形式。例如，对于单位质量吸收相同的能量，中子引起的生物学损伤要比 γ(或X)射线大。

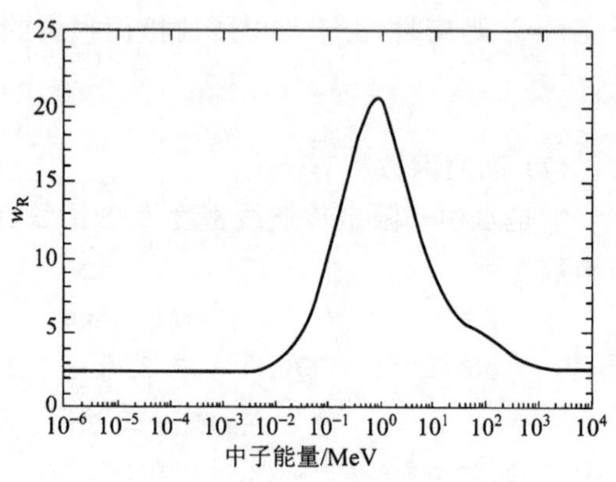

图 1-12 不同能量中子的辐射权重因数，w_R

对于辐射防护实践领域的应用，ICRP 推荐了一套称作“辐射权重因数”参数，以便对不同辐射引起的吸收剂量进行修正。辐射权重因数记作 w_R，表 1-9 列出了 ICRP 的推荐值。

当计算中子的辐射权重因数需要用到一个连续函数(见图 1-12)时，可以使用下列近似式

$$\begin{aligned} w_R &= 2.5 + 18.2\exp\left\{-\frac{[\ln(E_n)]^2}{6}\right\} \quad E_n < 1\ \text{MeV} \\ w_R &= 5.0 + 17.0\exp\left\{-\frac{[\ln(2E_n)]^2}{6}\right\} \quad 1\ \text{MeV} \leqslant E_n \leqslant 50\ \text{MeV} \\ w_R &= 2.5 + 3.25\exp\left\{-\frac{[\ln(0.04E_n)]^2}{6}\right\} \quad E_n > 50\ \text{MeV} \end{aligned} \tag{1-66}$$

式中，E_n——中子的能量，单位为 MeV。对于表 1-9 中没有包括的那些辐射类型和能量，采用另外的方法得到。

表 1-9 辐射权重因数的数值(ICRP 第 103 号出版物)

辐射类型	辐射权重因数 w_R
所有能量光子	1
(除俄歇电子)所有能量的电子和 μ 介子	1
质子和带电 π 介子	2
粒子，裂变碎片，重离子	20
中子	中子能量的连续函数(见图 1-12 和式 1-66)

(12) 器官或组织中的当量剂量

辐射 R 在组织或器官中产生的当量剂量 $H_{T,R}$ 由下式给出

$$H_{T,R} = w_R \cdot D_{T,R} \tag{1-67}$$

式中，$D_{T,R}$—— 辐射 R 在组织或器官 T 中产生的平均吸收剂量；

w_R—— 辐射权重因数。

由于 w_R 为无量纲量，当量剂量的 SI 单位与吸收剂量的相同，即“$J \cdot kg^{-1}$”，其专门名称为希沃特(Sv)。

当辐射场由不同 w_R 值的不同类型和(或)不同能量辐射构成时，为确定总的当量剂量，必须把吸收剂量细分为一些组，每组的吸收剂量乘以各自的 w_R 值，然后求和，即

$$H_T = \sum_R w_R \cdot D_{T,R} \tag{1-68}$$

当量剂量对时间的导数是当量剂量率 $\dot{H}_T$。

(13) 组织权重因数

随机性效应发生的概率和当量剂量之间的关系还随受照射的器官或组织的不同而变化。因此，合适的做法是再定义一个由当量剂量导出的量，以表示几种不同组织受到不同剂量照射时某种意义上的综合。对组织或器官 T 的当量剂量加权的因数称为组织权重因数。各个因子的选取要使整个身体受某一均匀当量剂量照射时得出的有效剂量在数值上等于那个均匀当量剂量。因此，所有组织权重因数的总和等于 1。这个加权后的当量剂量(两次加权的吸收剂量)称为有效剂量 E。表 1-10 给出了组织或器官的组织权重因数。

(14) 有效剂量

如上所述，有效剂量 E 是人体所有组织或器官加权后的当量剂量之和，它由下式给出：

$$E = \sum_T w_T \cdot H_T \tag{1-69}$$

式中，H_T——组织或器官 T 的当量剂量；

w_T——组织 T 的权重因数。

$$E = \sum_R w_R \sum_T w_T \cdot D_{T,R} = \sum_T w_T \sum_R w_R \cdot D_{T,R}$$

显然在这两种表达式中的辐射是指入射在人体上的或由人体内辐射源发射的辐射。这两种求和表达式显然是等同的。

表 1-10　组织或器官的权重因数(ICRP 第 103 号出版物)

组织或器官	组织权重因数 w_T
性腺	0.08
红骨髓，结肠，肺，胃，乳腺，其余器官	0.12
膀胱，肝，食道，甲状腺	0.04
皮肤，脑，骨表面，唾腺	0.01

(15) 照射量

照射量 X 是 dQ 除以 dm 的商，即

$$X = \frac{dQ}{dm} \tag{1-70}$$

式中，dQ——光子在质量为 dm 的空气中释放出的所有次级电子完全被阻止在空气中，其在

空气中产生的同一种符号的离子的总电荷量。照射量的 SI 单位，按定义为“$C \cdot kg^{-1}$”，没有专门名称。照射量的专用单位是 R(伦琴)，它与 SI 单位的关系是

$$1\ R = 2.58 \times 10^{-4}\ C \cdot kg^{-1} \tag{1-71}$$

因此 $1\ C \cdot kg^{-1} = 3.877 \times 10^{3}$ R。

(16) 照射量率

照射量率 $\dot{X}$ 是 dX 除以 dt 的商，即

$$\dot{X} = \frac{dX}{dt} \tag{1-72}$$

式中，dX——时间间隔 dt 内照射量的增量。照射量率的 SI 单位是“$A \cdot kg^{-1}$”，专用单位则是“R/s”。

必须强调，照射量和照射量率的概念仅适用于空气中 γ 射线的情况。R 不是一个剂量单位。如果描述空气中某一点的照射时，既可以使用空气吸收剂量 D_a，又可以使用照射量 X，在这种情况下

$$1\ R = 8.73 \times 10^{-3}\ Gy \tag{1-73}$$

1.5.2.2 辐射防护中使用的运行实用量

由 ICRU 定义的运行实用量与 ICRP 定义的防护量相关联，目的在于评价与限值的符合情况时能对防护量提供一种合理的估计。运行实用量是在实际应用中为监测和调查外照射情况所用的量，用于测量和评价人体所受的剂量。在内照射剂量测量中，没有直接定义用于评价当量剂量和有效剂量。评价由于人体内放射性核素导致的当量剂量和有效剂量可使用不同的方法，通常用的是基于各种活度测量和应用生物动力学模式(计算模式)的方法。对于区域监测，运行实用量是周围剂量当量 $H^*(d)$和定向剂量当量 $H'(d,\Omega)$；对于个人监测，运行实用量是人体内个人剂量当量 $H_p(d)$。

在外照射情况下，人体各部分的当量剂量是不均匀的，而且直接测量人体中的当量剂量是不可能的。因而有必要将实际测量的量与人体的有效剂量和皮肤的当量剂量相关联。外照射防护最关心的是人体的躯干，ICRU 建议用直径 30 cm 的组织等效球模拟人体躯干，通过测定此球中不同部位的剂量，可准确地估算人体躯干所受到的剂量。组织等效球的密度为 1 g/cm^3，其中氧的比例为 76.2%，氢的比例为 10.1%，碳占 11.1%，氮的比例为 2.6%。

由于生物效应受到辐射类型、剂量与剂量率大小、照射条件和个体差异等因素的影响，相同的吸收剂量未必产生同等程度的生物效应。为了用同一尺度表示不同类型辐射照射对人体造成的生物效应，辐射防护采用了剂量当量这个辐射量。

(1) 剂量当量

组织内某点处的剂量当量 H 是 D、Q 和 N 的乘积，即

$$H = D \cdot Q \cdot N \tag{1-74}$$

式中，D—— 该点处的吸收剂量；

Q—— 品质因数；

N—— 其他修正因数的乘积。

(2) 扩展齐向场

对于周围剂量当量 $H^*(d)$ 和定向剂量当量 $H'(d,\Omega)$，ICRU 引入了辐射场齐向和扩

展的概念。扩展辐射场被定义为一种假想的辐射场，在其中的所要研究的整个体积内，注量及其角分布以及能量分布与参考点处的实际辐射场相同。扩展齐向场是一种假想的辐射场，该场的注量及其能量分布与扩展场的相同，但注量方向是单方向的。

(3) 周围剂量当量

辐射场中某点处的周围剂量当量 $H^*(d)$是相应的扩展齐向场在 ICRU 球体内、对着齐向场的半径上、深度 d 处产生的剂量当量。对于强贯穿辐射，推荐的 d 值是 10 mm，所以 $H^*(d)$可以写成 $H^*(10)$。具有各向同性响应、又按 $H^*(d)$刻度过的仪表，可用于测量任何辐射场中的 $H^*(d)$，只要该辐射场在仪表尺寸范围内是均匀的。

(4) 定向剂量当量

辐射场中某点处的定向剂量当量 $H'(d,\Omega)$是相应的扩展场在 ICRU 球体内、沿指定方向 Ω 的半径上深度 d 处产生的剂量当量。对于弱贯穿辐射和皮肤，推荐的 d 值是 0.07 mm。所以 $H'(d,\Omega)$可以写成 $H'(0.07,\Omega)$；对于眼晶体，推荐的 d 值是 3 mm。一个仪表，若能测定由组织等效材料构成的平板表面内深度 d 处的剂量当量，并且等效材料平板与方向 Ω 垂直、在仪表入射窗范围内辐射场是均匀的，它就可用来测定该点处的定向剂量当量。

(5) 深部个人剂量当量

深部个人剂量当量 $H_p(d)$是体表指定点下面深度 d 处按 ICRU 球定义的软组织的剂量当量，它适用于强贯穿辐射。为了用 $H_p(d)$作个人剂量监测，推荐的 d 值是 10 mm，所以 $H_p(d)$可以写成 $H_p(10)$。

(6) 浅表个人剂量当量

浅表个人剂量当量 $H_S(d)$是体表指定点下面深度 d 处的软组织的剂量当量，它适用于弱贯穿辐射。为了用 $H_S(d)$作个人剂量监测，推荐的 d 值是 0.07 mm，所以 $H_S(d)$可以写成 $H_S(0.07)$。

(7) 个人剂量当量

为替代上述两个量，ICRU 推荐的一种简化概念，它用符号 $H_p(d)$表示。它是身体上某一指定点下面、某一适当深度 d 处软组织的剂量当量。个人剂量当量的单位是"J · kg^{-1}"，其专门名称是"希沃特"。

可以用一个佩戴在人体表面、带有相应厚度的组织等效材料的覆盖层的探测器测定 $H_p(10)$和 $H_S(0.07)$。

辐射防护中使用的物理量、防护量和运行实用量之间的关系示于图 1-13。

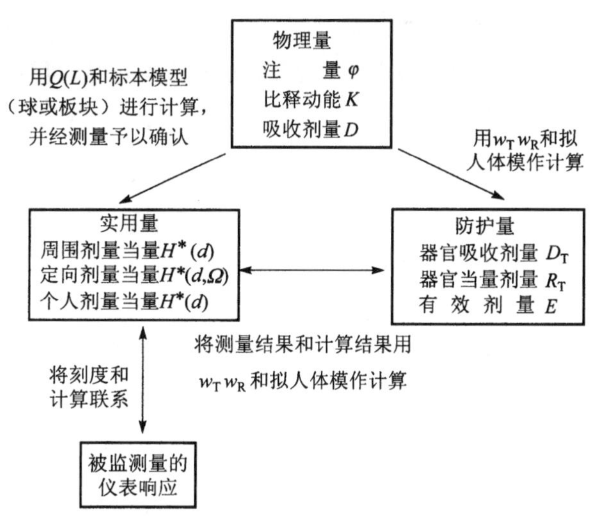

图 1-13　辐射防护监测用的各量之间的关系

1.5.2.3 与群体相关的辐射量

(1) 待积组织或器官当量剂量

外部贯穿辐射产生的能量沉积，是在组织暴露于该辐射场的同时给出的。然而进入人体内的放射性核素对组织的照射在时间上是分散开的，能量沉积随放射性核素的衰变逐渐给出。能量沉积在时间上的分布随放射性核素的理化形态及其后的生物动力学行为而变化。为了计及这种时间分布，ICRP 推荐使用待积当量剂量，它是个人在单次摄入放射性物质后，某一特定组织中接受的当量剂量在时间 τ 内的积分。当没有给出积分的时间期限 τ 时，对于成年人隐含 50 年时间期限，对儿童隐含 70 年期限。具体定义如下：

$$H_T(\tau) = \int_{t_0}^{t_0+\tau} \dot{H}_T(t)\mathrm{d}t \tag{1-75}$$

对于 t_0 时刻单次摄入的放射性物质，$\dot{H}_T(t)$ 是对应于器官或组织 T 在 t_0+t 时刻的当量剂量率。在确定 $H_T(\tau)$ 时，进行积分的时间 τ 以年为单位。

(2) 待积有效剂量

如将单次摄入放射性物质后产生的待积器官或组织当量剂量乘以相应的权重因数 w_T，然后求和，就得出待积有效剂量：

$$E(\tau) = \sum_T w_T \cdot H_T(\tau) \tag{1-76}$$

确定 $E(\tau)$ 时，进行积分的时间 τ 以年为单位。

(3) 集体当量剂量

表示一组人某指定组织或器官所受的总辐射照射的量，它由下式给出：

$$S_T = \sum_i \overline{H}_{T,i} N_i \tag{1-77}$$

式中，N_i—— 器官 T 接受平均当量剂量为 $\overline{H}_{T,i}$ 的第 i 组人群的人数。可把集体当量剂量分成几部分，各部分的个人剂量处于指明的范围内。

(4) 集体有效剂量

如果要求量度某一人群所受的辐射照射，可计算其集体有效剂量，定义如下：

$$S = \sum_i \overline{E}_i N_i \tag{1-78}$$

式中，$\overline{E}_i$—— 第 i 组人群所接受的平均有效剂量。

不论是集体当量剂量还是集体有效剂量的定义都没有明确规定所经历的时间。因此，应当指明求和的时间间隔和什么样的人群。

(5) 剂量负担

对于给定的实践，由其产生的人均剂量率（$\dot{H}_T$ 或 $\dot{E}$）对无限长时间的积分定义为该实践造成的剂量负担，即

$$H_{c,T} = \int_0^{\infty} \dot{H}_T(t)\mathrm{d}t \tag{1-79}$$

$$E = \int_0^{\infty} \dot{E}(t)\mathrm{d}t \tag{1-80}$$

在某种实践以恒定的速度持续、同时其他有关因素假定保持不变的前提下，按单位实践（例如 1 年）计算，特定人群最大的未来人均剂量率在数值上等于单位实践所造成的剂量负担。它提供了估算连续性实践所产生的最大的未来人均年剂量的一种简便方法。但是，对

集体剂量的使用和计算，有某些限制条件，具体使用时应参考有关文件或书籍。

1.5.3 天然本底辐射

天然本底辐射主要来自于宇宙辐射、陆地上的 γ 辐射源和人体内的放射性。

宇宙辐射又称宇宙射线，是从外部空间到达地球的高能粒子以及它们与大气层中空气相互作用产生的次级粒子所组成的辐射。在射向地球时，由于大气层的屏蔽作用，减少了到达地球表面的宇宙射线总量。人们受到的宇宙辐射的照射，随海拔高度变化。根据有关报告，宇宙辐射所致世界平均有效剂量为 0.38 mSv/a。

地层的岩石和土壤中含有少量放射性元素，主要是铀和钍及它们的子体，另外还有放射性核素 ^{40}K。世界陆地 γ 外照射年有效剂量平均为 0.48 mSv。

空气中的本底放射性主要是由土壤中的铀和钍产生的，衰变产生的子体(主要是氡)悬浮在空气中；宇宙射线中的中子与大气层中的 ^{14}H 发生相互作用时，产生放射性核素 ^{14}C，其半衰期为 5 692 a，它扩散至低层空气中，并被生物体吸收。水中的放射性随水源类型而异，所有的水体中多少都含有放射性。空气和水中的放射性核素通过呼吸、饮水和食物链而转移到人体内，从而造成内照射。内照射的世界平均年有效剂量为 1.54 mSv。

天然辐射所致我国居民人均年有效剂量约 2.3 mSv。

复 习 题

1. 简述中子和质子的特性。单位电荷量是多少库仑?
2. 何谓碳单位? 写出碳单位的符号和质量。
3. 何谓原子序数和原子质量数? 用何符号表示?
4. 原子序数相同、原子质量数不同的元素叫什么?
5. 何谓核素的天然丰度?
6. 当原子核发射一个 α 粒子时，从原子核中发射出哪些核子? 各为多少?
7. 当原子核发射一个 β 粒子时，放射性原子的 A 和 Z 如何变化?
8. 当原子核发射一个 γ 粒子时，放射性原子的 A 和 Z 是否会发生变化?
9. 什么是核素和核子?
10. 什么是质量亏损? 原子核的结合能如何表示? 什么是原子核的平均结合能?
11. 试简单解释裂变反应堆的物理基础。
12. 一个原子质量单位的物质所相应的静质量能为多少?
13. 在放射性衰变中，λ 的意义是什么?
14. 样品当前的放射性活度 1 450 Bq，若半衰期为 25 min，试问在 1 h 前样品的放射性活度是多少?
15. 试述放射性物质的衰变规律和半衰期的物理意义。衰变常数和半衰期之间的关系是什么?

16. 什么是放射性活度？试述放射性活度的衰变规律。放射性活度的 SI 单位和专门名称是什么？简述放射性活度 SI 单位的定义、放射性活度和放射性核素数目的关系。

17. 设 $t=0$ 时某放射性核素的原子核数目为 10 000，其半衰期为 $T_{1/2}$，试将合适的数据填入下表，并根据所填数据作图（横坐标为半衰期，纵坐标为剩余的原子核数目）。

t	0	$T_{1/2}$	$2T_{1/2}$	$3T_{1/2}$	$4T_{1/2}$	$5T_{1/2}$
$N(t)$						

18. ^{124}Sb 的放射性衰变常数为 $1.33\times10^{-7}\ s^{-1}$，问这种核素衰减到其初始值的 0.1% 需要多少年；这个时间间隔相当于多少个半衰期？

19. 某时刻^{60}Co 样品的原子核数目为 10^4 个，问该时刻该样品的活度是多少？（已知^{60}Co 的半衰期为 5.26 a。）

20. 说明核反应的分类。

21. 什么是电离？什么是电离辐射？试举几种电离辐射的例子。

22. 简述吸收剂量、当量剂量和有效剂量的定义、SI 单位和专门名称。

23. 简述照射量的定义、SI 单位和专用单位、SI 单位和专用单位的换算关系。

24. 简述 γ 射线与物质作用的主要过程和窄束 γ 射线在物质中的衰减规律。什么是质量厚度？

25. 简述总线衰变系数、线能量转移系数和线能量吸收系数的物理意义及其之间的关系。

26. 简述中子与物质相互作用的主要过程。

27. 简述 β 射线与物质相互作用的主要过程。

附　录

附表 1-1　γ 射线在某些元素和材料中的质量减弱系数 μ/ρ 和质量能量吸收系数 μ_{en}/ρ ($m^2\cdot kg^{-1}$)

光子能量/eV	氢$_1$H		碳$_6$C		氮$_7$N	
	μ/ρ	μ_{en}/ρ	μ/ρ	μ_{en}/ρ	μ/ρ	μ_{en}/ρ
1.0+03	7.217−01	6.820−01	2.218+02	2.217+02	3.319+02	3.318+02
1.5+03	2.148−01	1.752−01	6.748+01	6.739+01	1.092+02	1.091+02
2.0+03	1.059−01	6.643−02	2.917+01	2.908+01	4.796+01	4.785+01
3.0+03	5.611−02	1.694−02	8.711+00	8.644+00	1.451+01	1.443+01
4.0+03	4.546−02	6.549−03	3.643+00	3.589+00	6.105+00	6.036+00

续表

光子能量/eV	氢$_1$H		碳$_6$C		氮$_7$N	
	μ/ρ	μ_{en}/ρ	μ/ρ	μ_{en}/ρ	μ/ρ	μ_{en}/ρ
5.0+03	4.194−02	3.278−03	1.844+00	1.798+00	3.100+00	3.042+00
6.0+03	4.042−02	1.996−03	1.057+00	1.016+00	1.776+00	1.727+00
8.0+03	3.914−02	1.160−03	4.422−01	4.089−01	7.348−01	6.959−01
1.0+04	3.854−02	9.849−03	2.298−01	2.003−01	3.779−01	3.446−01
1.5+04	3.765−02	1.102−03	7.869−02	5.425−02	1.207−01	9.422−02
2.0+04	3.695−02	1.355−03	4.340−02	2.159−02	6.063−02	3.753−02
3.0+04	3.571−02	1.864−03	2.541−02	6.411−03	3.035−02	1.069−02
4.0+04	3.458−02	2.315−03	2.069−02	3.265−03	2.276−02	4.934−03
5.0+04	3.355−02	2.709−03	1.867−02	2.360−03	1.974−02	3.181−03
6.0+04	3.260−02	3.053−03	1.751−02	2.078−03	1.814−02	2.517−03
8.0+04	3.091−02	3.620−03	1.609−02	2.029−03	1.638−02	2.200−03
1.0+05	2.944−02	4.063−03	1.513−02	2.144−03	1.529−02	2.225−03
1.5+05	2.651−02	4.813−03	1.347−02	2.448−03	1.353−02	2.470−03
2.0+05	2.429−02	5.255−03	1.229−02	2.655−03	1.233−02	2.664−03
3.0+05	2.112−09	5.695−03	1.066−02	2.869−03	1.068−02	2.872−03
4.0+05	1.893−02	5.860−03	9.545−03	2.949−03	9.555−03	2.951−03
5.0+05	1.729−02	5.899−03	8.712−03	2.967−03	8.720−03	2.969−03
6.0+05	1.599−02	5.875−03	8.058−03	2.955−03	8.064−03	2.956−03
8.0+05	1.405−02	5.739−03	7.077−03	2.885−03	7.082−03	2.885−03
1.0+06	1.263−02	5.555−03	6.362−03	2.791−03	6.366−03	2.791−03
1.5+06	1.027−02	5.074−03	5.177−03	2.548−03	5.181−03	2.548−03
2.0+06	8.770−03	4.649−03	4.443−03	2.343−03	4.450−03	2.345−03
3.0+06	6.923−03	3.992−03	3.562−03	2.045−03	3.579−03	2.054−03
4.0+06	5.807−03	3.523−03	3.047−03	1.847−03	3.073−03	1.863−03
5.0+06	5.049−03	3.173−03	2.708−03	1.707−03	2.742−03	1.731−03
6.0+06	4.498−03	2.904−03	2.469−03	1.605−03	2.511−03	1.636−03
8.0+06	3.746−03	2.515−03	2.154−03	1.467−03	2.209−03	1.500−03
1.0+07	3.254−03	2.247−03	1.960−03	1.379−03	2.024−03	1.431−03
1.5+07	2.539−03	1.837−03	1.698−03	1.259−03	1.783−03	1.328−03
2.0+07	2.153−03	1.606−03	1.575−03	1.203−03	1.673−03	1.284−03

续表

光子能量/eV	氧$_{18}$O		铝$_{13}$Al		铁$_{26}$Fe	
	μ/ρ	μ_{en}/ρ	μ/ρ	μ_{en}/ρ	μ/ρ	μ_{en}/ρ
1.0+03	4.605+02	4.603+02	1.076+02	1.074+02	8.629+02	8.624+02
1.5+03	1.565+02	1.563+02	3.683+01	3.663+01	3.238+02	3.234+02
2.0+03	6.965+01	6.952+01	2.222+02	2.164+02	1.553+02	1.549+02
3.0+03	2.153+01	2.142+02	7.746+01	7.599+01	5.342+01	5.308+01
4.0+03	9.198+00	9.113+00	3.545+01	3.487+01	2.466+01	2.438+01
5.0+03	4.719+00	4.649+00	1.902+01	1.870+01	1.346+01	1.321+01
6.0+03	2.721+00	2.661+00	1.134+01	1.115+01	8.184+00	7.972+00
8.0+03	1.141+00	1.095+00	4.953+00	4.849+00	3.025+01	2.326+01
1.0+04	5.832−01	5.449−01	2.582+00	2.495+00	1.690+01	1.367+01
1.5+04	1.798−01	1.508−01	7.836−01	7.377−01	5.656+00	4.895+00
2.0+04	8.495−02	6.026−02	3.392−01	3.056−01	2.546+00	2.257+00
3.0+04	3.736−02	1.688−02	1.115−01	8.646−02	8.109−01	7.237−01
4.0+04	2.568−02	7.369−03	5.630−02	3.556−02	3.601−01	3.146−01
5.0+04	2.124−02	4.337−03	3.555−02	1.816−02	1.944−01	1.630−01
6.0+04	1.903−02	3.165−03	2.763−02	1.087−02	1.197−01	9.538−02
8.0+04	1.677−02	2.452−03	2.012−02	5.464−03	5.918−02	4.093−02
1.0+05	1.551−02	2.347−03	1.701−02	3.773−03	3.701−02	2.181−02
1.5+05	1.360−02	2.504−03	1.378−02	2.823−03	1.960−02	7.970−03
2.0+05	1.237−02	2.678−03	1.223−02	2.745−03	1.458−02	4.840−03
3.0+05	1.070−02	2.877−03	1.042−02	2.817−03	1.098−02	3.374−03
4.0+05	9.567−03	2.954−03	9.276−03	2.863−03	9.398−03	3.050−03
5.0+05	8.729−03	2.971−03	8.446−03	2.870−03	8.413−03	2.922−03
6.0+05	8.071−03	2.957−03	7.801−03	2.851−03	7.703−03	2.843−03
8.0+05	7.087−03	2.886−03	6.842−03	2.778−03	6.698−03	2.718−03
1.0+06	6.370−03	2.791−03	6.146−03	2.684−03	5.994−03	2.604−03
1.5+06	5.186−03	2.548−03	5.007−03	2.447−03	4.883−03	2.358−03
2.0+06	4.458−03	2.346−03	4.324−03	2.261−03	4.265−03	2.196−03
3.0+06	3.597−03	2.062−03	3.541−03	2.018−03	3.622−03	2.036−03
4.0+06	3.100−03	1.879−03	3.107−03	1.877−03	3.311−03	1.984−03
5.0+06	2.777−03	1.754−03	2.836−03	1.790−03	3.146−03	1.976−03
6.0+06	2.553−03	1.665−03	2.653−03	1.735−03	3.057−03	1.991−03
8.0+06	2.263−03	1.549−03	2.437−03	1.674−03	2.991−03	2.043−03
1.0+07	2.089−03	1.460−03	2.318−03	1.645−03	2.994−03	2.100−03
1.5+07	1.866−03	1.392−03	2.195−03	1.626−03	3.092−03	2.202−03
2.0+07	1.770−03	1.358−03	2.168−03	1.637−03	3.224−03	2.289−03

续表

光子能量/eV	钨$_{74}$W		铅$_{82}$Pb		铀$_{92}$U	
	μ/ρ	μ_{en}/ρ	μ/ρ	μ_{en}/ρ	μ/ρ	μ_{en}/ρ
1.0+03	3.683+02	3.672+02	5.210+02	5.198+02	6.626+02	6.612+02
1.5+03	1.643+02	1.632+02	2.356+02	2.344+02	3.381+02	3.368+02
2.0+03	3.921+02	3.911+02	1.285+02	1.274+02	1.865+02	1.852+02
3.0+03	1.902+02	1.893+02	1.965+02	1.954+02	7.691+01	7.581+01
4.0+03	9.565+01	9.481+01	1.251+02	1.242+02	1.329+01	1.319+02
5.0+03	5.534+01	5.459+01	7.304+01	7.222+01	8.890+01	8.801+01
6.0+03	3.514+01	3.447+01	4.672+01	4.598+01	6.284+01	6.204+01
8.0+03	1.705+01	1.650+01	2.287+01	2.226+01	3.108+01	3.041+01
1.0+04	9.692+00	9.242+00	1.306+01	1.256+01	1.791+01	1.735+01
1.5+04	1.389+01	1.177+01	1.116+01	8.939+00	6.527+00	6.148+00
2.0+04	6.573+00	5.732+00	8.636+00	6.923+00	7.106+00	5.586+00
3.0+04	2.273+00	1.998+00	3.032+00	2.550+00	4.128+00	3.293+00
4.0+04	1.067+00	9.289−01	1.436+00	1.221+00	1.983+00	1.632+00
5.0+04	5.949−01	5.100−01	8.041−01	5.796−01	1.121+00	9.303−01
6.0+04	3.712−01	3.095−01	5.020−01	4.177−01	7.034−01	5.830−01
8.0+04	7.809−01	3.164−01	2.419−01	1.936−01	3.395−01	2.767−01
1.0+05	4.438−01	2.254−01	5.550−01	2.229−01	1.954−01	1.541−01
1.5+05	1.581−01	9.833−02	2.014−01	1.135−01	2.591−01	1.218−01
2.0+05	7.844−02	5.133−02	9.985−02	6.229−02	1.298−01	7.352−02
3.0+05	3.238−02	2.056−02	4.026−02	2.581−02	5.191−02	3.250−02
4.0+05	1.925−02	1.146−02	2.323−02	1.439−02	2.922−02	1.847−02
5.0+05	1.378−02	7.722−03	1.613−02	9.564−03	1.976−02	1.226−02
6.0+05	1.093−02	5.882−03	1.248−02	7.132−03	1.490−02	9.025−03
8.0+05	8.065−03	4.151−03	8.869−03	4.838−03	1.916−02	5.917−03
1.0+06	6.616−03	3.360−03	7.103−03	3.787−03	7.894−03	4.473−03
1.5+06	5.000−03	2.528−03	5.222−03	2.714−03	5.586−03	3.022−03
2.0+06	4.432−03	2.286−03	4.607−03	2.407−03	4.876−03	2.612−03
3.0+06	4.075−03	2.253−03	4.234−03	2.351−03	4.446−03	2.493−03
4.0+06	4.037−03	2.368−03	4.197−03	2.463−03	4.391−03	2.585−03
5.0+06	4.103−03	2.503−03	4.272−03	2.600−03	4.463−03	2.711−03
6.0+06	4.211−03	2.631−03	4.391−03	2.730−03	4.583−03	2.835−03
8.0+06	4.472−03	2.853−03	4.675−03	2.948−03	4.879−03	3.034−03
1.0+07	4.747−03	3.021−03	4.972−03	3.114−03	5.194−03	3.190−03
1.5+07	5.384−03	3.272−03	5.658−03	3.353−03	5.926−03	3.399−03
2.0+07	5.893−03	3.379−03	6.205−03	3.440−03	6.511−03	3.465−03

续表

光子能量/eV	干燥空气(海平面附近)		水(H_2O)		混凝土	
	μ/ρ	μ_{en}/ρ	μ/ρ	μ_{en}/ρ	μ/ρ	μ_{en}/ρ
1.0+03	3.617+02	3.616+02	4.091+02	4.089+02	3.366+02	3.364+02
1.5+03	1.202+02	1.201+02	1.390+02	1.388+02	1.214+02	1.211+02
2.0+03	5.303+01	5.291+01	6.187+01	6.175+01	1.434+02	1.396+02
3.0+03	1.617+01	1.608+01	1.913+01	1.903+01	4.896+01	4.795+01
4.0+03	7.751+00	7.597+00	8.174+00	8.094+00	2.381+01	2.321+01
5.0+03	3.994+00	3.896+00	4.196+00	4.129+00	1.718+01	1.631+01
6.0+03	2.312+00	2.242+00	2.421+00	2.363+00	1.036+01	9.880+00
8.0+03	9.721−01	9.246−01	1.018+00	9.726−01	4.935+00	4.645+00
1.0+04	5.016−01	4.640−01	5.223−01	4.840−01	2.619+00	2.467+00
1.5+04	1.581−01	1.300−01	1.639−01	1.340−01	8.185−01	7.582−01
2.0+04	7.643−02	5.255−02	7.958−02	5.367−02	3.605−01	3.217−01
3.0+04	3.501−02	1.501−02	3.718−02	1.520−02	1.202−01	9.454−02
4.0+04	2.471−02	6.694−03	2.668−02	6.803−03	6.070−02	3.959−02
5.0+04	2.073−02	4.031−03	2.262−02	4.155−03	3.918−02	2.048−02
6.0+04	1.871−02	3.004−03	2.055−02	3.152−03	2.943−02	1.230−02
8.0+04	1.661−02	2.393−03	1.835−02	2.583−03	2.119−02	6.154−03
1.0+05	1.541−02	2.318−03	1.707−02	2.539−03	1.781−02	4.180−03
1.5+05	1.356−02	2.494−03	1.504−02	2.762−03	1.433−02	3.014−03
2.0+05	1.234−02	2.672−03	1.370−02	2.966−03	1.270−02	2.887−03
3.0+05	1.068−02	2.872−03	1.187−02	3.192−03	1.082−02	2.937−03
4.0+05	9.548−03	2.949−03	1.061−02	3.279−03	9.629−03	2.980−03
5.0+05	8.712−03	2.966−03	9.687−03	3.299−03	8.767−03	2.984−03
6.0+05	8.056−03	2.953−03	8.957−03	3.284−03	8.098−03	2.964−03
8.0+05	7.075−03	2.882−03	7.866−03	3.205−03	7.103−03	2.887−03
1.0+06	6.359−03	2.787−03	7.070−03	3.100−03	6.381−03	2.790−03
1.5+06	5.176−03	2.545−03	5.755−03	2.831−03	5.197−03	2.544−03
2.0+06	4.447−03	2.342−03	4.940−03	2.604−03	4.482−03	2.348−03
3.0+06	3.581−03	2.054−03	3.969−03	2.278−03	3.654−03	2.086−03
4.0+06	3.079−03	1.866−03	3.403−03	2.063−03	3.189−03	1.929−03
5.0+06	2.751−03	1.737−03	3.031−03	1.913−03	2.895−03	1.828−03
6.0+06	2.523−03	1.644−03	2.771−03	1.804−03	2.696−03	1.760−03
8.0+06	2.225−03	1.521−03	2.429−03	1.657−03	2.450−03	1.680−03
1.0+07	2.045−03	1.446−03	2.219−03	1.566−03	2.311−03	1.639−03
1.5+07	1.810−03	1.340−03	1.941−03	1.442−03	2.153−03	1.596−03
2.0+07	1.705−03	1.308−03	1.813−03	1.386−03	2.105−03	1.591−03

续表

光子能量/eV	氟化锂 LiF		丙氨酸 $C_3H_7NO_3$		聚乙烯(C_2H_4)	
	μ/ρ	μ_{en}/ρ	μ/ρ	μ_{en}/ρ	μ/ρ	μ_{en}/ρ
1.0+03	4.096+02	4.095+02	3.073+02	3.072+02	1.900+02	1.899+02
1.5+03	1.432+02	1.431+02	1.007+02	1.006+02	5.781+01	5.773+01
2.0+03	6.540+01	6.529+01	4.436+01	4.426+01	2.499+01	2.491+01
3.0+03	2.086+01	2.076+01	1.354+01	1.346+01	7.467+00	7.404+00
4.0+03	9.072+00	8.991+00	5.740+00	5.674+00	3.126+00	3.074+00
5.0+03	4.705+00	4.639+00	2.931+00	2.875+00	1.585+00	1.540+00
6.0+03	2.739+00	2.682+00	1.687+00	1.638+00	9.109−01	8.703−01
8.0+03	1.161+00	1.117+00	7.073−01	6.682−01	3.840−01	3.503−01
1.0+04	5.970−01	5.607−01	3.649−01	3.310−01	2.023−01	1.717−01
1.5+04	1.847−01	1.576−01	1.184−01	9.100−02	7.279−02	4.661−02
2.0+04	8.646−02	6.352−02	6.052−02	3.638−02	4.247−02	1.868−02
3.0+04	3.687−02	1.788−02	3.129−02	1.048−02	2.689−02	5.758−03
4.0+04	2.471−02	7.742−03	2.391−02	4.926−03	2.269−02	3.128−03
5.0+04	2.012−02	4.470−03	2.094−02	3.224−03	2.081−02	2.410−03
6.0+04	1.787−02	3.184−03	1.935−02	2.615−03	1.968−02	2.218−03
8.0+04	1.562−02	2.370−03	1.755−02	2.334−03	1.822−02	2.258−03
1.0+05	1.440−02	2.222−03	1.642−02	2.382−03	1.719−02	2.420−03
1.5+05	1.260−02	2.330−03	1.456−02	2.659−03	1.534−02	2.788−03
2.0+05	1.145−02	2.483−03	1.328−02	2.871−03	1.401−02	3.029−03
3.0+05	9.898−03	2.663−03	1.151−02	3.096−03	1.216−02	3.275−03
4.0+05	8.852−03	2.734−03	1.030−02	3.182−03	1.089−02	3.337−03
5.0+05	8.076−03	2.749−03	9.399−03	3.201−03	9.945−03	3.388−03
6.0+05	7.468−03	2.736−03	8.692−03	3.187−03	9.198−03	3.375−03
8.0+05	6.657−03	2.670−03	7.634−03	3.111−03	8.079−03	3.295−03
1.0+06	5.893−03	2.583−03	6.862−03	3.010−03	7.263−03	3.188−03
1.5+06	4.797−03	2.358−03	5.584−03	2.748−03	5.909−03	2.911−03
2.0+06	4.122−03	2.170−03	4.792−03	2.527−03	5.065−03	2.674−03
3.0+06	3.320−03	1.904−03	3.843−03	2.207−03	4.045−03	2.325−03
4.0+06	2.856−03	1.731−03	3.289−03	1.994−03	3.444−03	2.088−03
5.0+06	2.554−03	1.612−03	2.924−03	1.844−03	3.044−03	1.918−03
6.0+06	2.343−03	1.527−03	2.666−03	1.734−03	2.761−03	1.792−03
8.0+06	2.069−03	1.414−03	2.328−03	1.586−03	2.383−03	1.618−03
1.0+07	1.903−03	1.345−03	2.119−03	1.492−03	2.146−03	1.504−03
1.5+07	1.687−03	1.254−03	1.838−03	1.863−03	1.819−03	1.342−03
2.0+07	1.592−03	1.217−03	1.706−03	1.303−03	1.658−03	1.261−03

续表

光子能量/eV	铅玻璃		硫酸亚铁剂量计溶液		硫酸铈剂量计溶液	
	μ/ρ	μ_{en}/ρ	μ/ρ	μ_{en}/ρ	μ/ρ	μ_{en}/ρ
1.0+03	4.804+02	4.794+02	4.077+02	4.075+02	4.085+02	4.083+02
1.5+03	2.086+02	2.076+02	1.386+02	1.384+02	1.392+02	1.390+02
2.0+03	1.311+02	1.294+02	6.169+01	60157+01	6.204+01	6.192+01
3.0+03	1.594+02	1.584+02	2.063+01	2.043+01	2.098+01	2.077+01
4.0+03	9.935+01	9.858+01	8.893+00	8.778+00	9.068+00	8.948+00
5.0+03	5.823+01	5.745+01	4.594+00	4.512+00	4.694+00	4.609+00
6.0+03	3.711+01	3.647+01	2.664+00	2.599+00	2.790+00	2.716+00
8.0+03	1.807+01	1.757+01	1.129+00	1.080+00	1.214+00	1.161+00
1.0+04	1.028+01	9.882+00	5.812−01	5.413−01	6.288−01	5.863−01
1.5+04	8.557+00	6.857+00	1.821−01	1.517−01	1.982−01	1.669−01
2.0+04	6.567+00	5.268+00	8.732−02	60114−02	9.467−02	6.807−02
3.0+04	2.305+00	1.936+00	3.943−02	1.738−02	4.185−02	1.961−02
4.0+04	1.093+00	9.261−01	2.759−02	7.693−03	2.868−02	8.687−03
5.0+04	6.134−01	5.152−01	2.306−02	4.594−03	2.610−02	6.022−03
6.0+04	3.842−01	3.167−01	2.078−02	3.398−03	2.265−02	4.430−03
8.0+04	1.869−01	1.469−01	1.842−02	2.677−03	1.927−02	3.236−03
1.0+05	4.216−01	1.686−01	1.708−02	2.581−03	1.753−02	2.910−03
1.5+05	1.549−01	8.607−02	1.502−02	2.767−03	1.516−02	2.882−03
2.0+05	7.820−02	4.754−02	1.367−02	2.962−03	1.373−02	3.015−03
3.0+05	3.294−02	2.013−02	1.183−02	3.184−03	1.184−02	3.199−03
4.0+05	1.984−02	1.155−02	1.058−02	3.269−03	1.058−02	3.275−03
5.0+05	1.429−02	7.927−03	9.657−03	3.288−03	9.654−03	3.290−03
6.0+05	1.138−02	6.094−03	8.929−03	3.273−03	8.925−03	3.273−03
8.0+05	8.421−03	4.350−03	7.841−03	3.195−03	7.836−03	3.193−03
1.0+06	6.915−03	3.536−03	7.048−03	3.090−03	7.043−03	3.088−03
1.5+06	5.208−03	2.669−03	5.737−03	2.821−03	5.732−03	2.819−03
2.0+06	4.569−03	2.389−03	4.925−03	2.595−03	4.922−03	2.593−03
3.0+06	4.082−03	2.281−03	3.959−03	2.272−03	3.957−03	2.270−03
4.0+06	3.937−03	2.325−03	3.396−03	2.058−03	3.395−03	2.058−03
5.0+06	3.919−03	2.401−03	3.026−03	1.910−03	3.027−03	1.910−03
6.0+06	3.958−03	2.481−03	2.768−03	1.802−03	2.769−03	1.803−03
8.0+06	4.108−03	2.623−03	2.429−03	1.657−03	2.432−03	1.659−03
1.0+07	4.295−03	2.736−03	2.222−03	1.568−03	2.226−03	1.570−03
1.5+07	4.768−03	2.902−03	1.947−03	1.446−03	1.954−03	1.450−03
2.0+07	5.164−03	2.965−03	1.821−03	1.392−03	1.829−03	1.396−03

续表

光子能量/eV	聚甲基丙烯酸脂		软组织(ICRU$_{33}$)		密质骨(ICRU)	
	μ/ρ	μ_{en}/ρ	μ/ρ	μ_{en}/ρ	μ/ρ	μ_{en}/ρ
1.0+03	2.803+02	2.802+02	3.841+02	3.840+02	3.394+02	3.392+02
1.5+03	9.051+01	9.039+01	1.296+02	1.294+02	1.148+02	1.146+02
2.0+03	3.977+01	3.967+01	5.756+01	5.744+01	5.148+01	5.133+01
3.0+03	1.211+01	1.203+01	1.775+01	1.765+01	2.347+01	2.303+01
4.0+03	5.129+00	5.066+00	7.575+00	7.409+00	1.045+01	1.025+01
5.0+03	2.618+00	2.565+00	3.885+00	3.821+00	1.335+01	1.227+01
6.0+03	1.507+00	1.460+00	2.241+00	2.185+00	8.129+00	7.531+00
8.0+03	6.331−01	5.953−01	9.414−01	8.978−01	3.676+00	3.435+00
1.0+04	3.273−01	2.944−01	4.835−01	4.464−01	1.966+00	1.841+00
1.5+04	1.077−01	8.083−02	4.527−01	1.235−01	6.243−01	5.726−01
2.0+04	5.616−02	3.232−02	7.485−02	4.942−02	2.797−01	2.450−01
3.0+04	3.006−02	9.391−03	3.568−02	1.404−02	9.724−02	7.290−02
4.0+04	2.340−02	4.500−03	2.595−02	6.339−03	5.168−02	3.088−02
5.0+04	2.069−02	3.020−03	2.216−02	3.922−03	3.504−02	1.625−02
6.0+04	1.921−02	2.504−03	2.021−02	3.016−03	2.741−02	9.988−03
8.0+04	1.750−02	2.292−03	1.811−02	2.517−03	2.083−02	5.309−03
1.0+05	1.640−02	2.363−03	1.687−02	2.495−03	1.800−02	3.838−03
1.5+05	1.456−02	2.666−03	1.489−02	2.731−03	1.490−02	3.032−03
2.0+05	1.328−02	2.872−03	1.357−02	2.936−03	1.332−02	2.994−03
3.0+05	1.152−02	3.099−03	1.175−02	3.151−03	1.141−02	3.095−03
4.0+05	1.031−02	3.185−03	1.051−02	3.247−03	1.018−02	3.151−03
5.0+05	9.408−03	3.204−03	9.593−03	3.267−03	9.274−03	3.159−03
6.0+05	8.701−03	3.191−03	8.871−03	3.252−03	8.570−03	3.140−03
8.0+05	7.642−03	3.115−03	7.790−03	3.175−03	7.520−03	3.061−03
1.0+06	6.869−03	3.014−03	7.002−03	3.071−03	6.758−03	2.959−03
1.5+06	5.590−03	2.751−03	5.699−03	2.801−03	5.501−03	2.700−03
2.0+06	4.796−03	2.530−03	4.892−03	2.579−03	4.732−03	2.487−03
3.0+06	3.844−03	2.207−03	3.929−03	2.255−03	3.826−03	2.191−03
4.0+06	3.286−03	1.992−03	3.367−03	2.041−03	3.307−03	2.002−03
5.0+06	2.919−03	1.840−03	2.998−03	1.892−03	2.970−03	1.874−03
6.0+06	2.659−03	1.729−03	2.739−03	1.783−03	2.733−03	1.784−03
8.0+06	2.317−03	1.578−03	2.400−03	1.637−03	2.440−03	1.667−03
1.0+07	2.105−03	1.480−03	2.191−03	1.545−03	2.263−03	1.598−03
1.5+07	1.819−03	1.348−03	1.913−03	1.421−03	2.040−03	1.508−03
2.0+07	1.684−03	1.285−03	1.785−03	1.364−03	1.948−03	1.474−03

附表 1-2 γ射线在某些元素和材料中的质量能量转移系数 μ_{tr}/ρ $m^2 \cdot kg^{-1}$

光子能量/MeV	μ_{tr}/ρ									
	氢	碳	氮	氧	铝	氩	铁	铜	空气	水
1.0−02	9.91−04	1.98−01	3.38−01	5.39−01	2.55+00	6.23+00	1.42+01	1.60+01	4.61−01	4.79−01
1.5−02	1.10−03	5.38−02	9.08−02	1.44−01	7.47−01	1.01+00	4.93+00	5.04+00	1.27−01	1.28−01
2.0−02	1.36−03	2.08−02	3.62−02	5.75−02	3.06−01	8.02−01	2.28+00	2.82+00	5.11−02	5.12−02
3.0−02	1.86−03	5.96−03	1.05−02	1.65−02	8.68−02	2.31−01	7.28−01	9.50−01	1.48−02	1.49−02
4.0−02	2.31−03	3.07−03	4.94−03	7.34−03	3.57−02	9.62−02	3.17−01	4.24−01	6.69−03	6.78−03
5.0−02	2.71−03	2.34−03	3.19−03	4.38−03	1.84−02	4.88−02	1.64−01	2.22−01	4.06−03	4.19−03
6.0−02	3.05−03	2.12−03	2.56−03	3.22−03	1.11−02	2.84−02	9.61−02	1.32−01	3.05−03	3.20−03
8.0−02	3.62−03	2.05−03	2.23−03	2.49−03	5.62−03	1.28−02	4.14−02	5.73−02	2.43−03	3.62−03
1.0−01	4.06−03	2.16−03	2.24−03	2.37−03	3.86−03	7.35−03	2.10−02	3.02−02	2.34−03	2.56−03
1.5−01	4.81−03	2.46−03	2.48−03	2.51−03	2.86−03	3.77−03	8.14−03	1.06−02	2.50−03	2.77−03
2.0−01	5.25−03	2.66−03	2.67−03	2.68−03	2.76−03	3.04−03	4.95−03	5.97−03	2.68−03	2.97−03
3.0−01	5.69−03	2.88−03	2.87−03	2.88−03	2.83−03	2.78−03	3.35−03	3.70−03	2.88−03	3.19−03
4.0−01	5.86−03	2.96−03	2.95−03	2.96−03	2.87−03	2.75−03	3.08−03	3.18−03	2.95−03	3.28−03
5.0−01	5.90−03	2.98−03	2.97−03	2.98−03	2.88−03	2.73−03	2.95−03	2.98−03	2.97−03	3.30−03
6.0−01	5.87−03	2.97−03	2.90−03	2.96−03	2.86−03	2.70−03	2.87−03	2.87−03	2.90−03	3.29−03
8.0−01	5.74−03	2.90−03	2.89−03	2.89−03	2.79−03	2.62−03	2.75−03	2.72−03	2.89−03	3.21−03
1.0+00	5.55−03	2.80−03	2.80−03	2.80−03	2.70−03	2.53−03	2.64−03	2.61−03	2.80−03	3.11−03
1.5+00	5.07−03	2.57−03	2.57−03	2.57−03	2.47−03	2.32−03	2.41−03	2.37−03	2.57−03	2.85−03
2.0+00	4.65−03	2.35−03	2.36−03	2.36−03	2.29−03	2.15−03	2.25−03	2.22−03	2.36−03	2.62−03
3.0+00	3.99−03	2.06−03	2.07−03	2.08−03	2.06−03	1.98−03	2.12−03	2.11−03	2.07−03	2.29−03
4.0+00	3.53−03	1.78−03	1.89−03	1.91−03	1.93−03	1.89−03	2.09−03	2.11−03	1.89−03	2.09−03
5.0+00	3.19−03	1.74−03	1.77−03	1.79−03	1.85−03	1.85−03	2.11−03	2.14−03	1.78−03	1.95−03
6.0+00	2.92−03	1.64−03	1.67−03	1.71−03	1.81−03	1.84−03	2.15−03	2.20−03	1.68−03	1.85−03
8.0+00	2.53−03	1.51−03	1.56−03	1.60−03	1.77−03	1.86−03	2.26−03	2.34−03	1.57−03	1.70−03
1.0+01	2.27−03	1.43−03	1.49−03	1.54−03	1.76−03	1.90−03	2.38−03	2.48−03	1.50−03	1.62−03

第2章　辐射探测基础

2.1　辐射探测基本原理

对于早期的放射性领域工作人员来说，由于当时工艺和材料的限制，探测核辐射的仪器受到相当的限制。由于新技术和新器件的不断发展，为辐射探测开拓了各种新的方法。

2.1.1　引言

辐射不是感觉器官所能感知的，因此，必须使用专门的探测器和仪器进行探测。用计算方法求得的辐射剂量值是否正确，采取的辐射防护措施是否满足安全的要求，这都必须靠实际的测量予以检验。

保健物理工作者主要任务之一是保护工作人员免受辐射的有害影响。也就是说，它的责任是要提出一种安全地完成给定工作的方法。这就要求：首先参照某种防护标准对辐射场进行测量，然后以此为基准评价辐射引起的危害。根据这种分析，可以提出一种行动方针。

在核电厂运行期间为了监督核电厂运行状况，监督燃料元件有无破损发生，监督向环境排放的放射性废气废液是否超过有关标准，监督辐射场的异常变化，需要设置各种各样的监督测量系统。一旦核电厂有出现事故的可能，这些监督测量系统能够发出信号，提示操纵员作出判断，采取某种安全措施。在这些监督测量系统中，都要使用核辐射探测器作为探测元件。

电离辐射与物质相互作用产生的各种效应都已成为显示和记录各种电离辐射的基础。基于辐射在气体中的电离效应，产生了电离室、正比计数器和盖革计数管等，这些探测器已广泛应用到辐射测量工作中。其他，诸如辐射的热作用、化学作用、光敏作用以及辐射导致固体材料物理性质的种种变化也已成为辐射测量的常用手段。

本节主要根据防护监测工作的需要，介绍辐射测量中经常使用的探测器。

2.1.2　电离法

2.1.2.1　辐射在物质中引起的电离

光子、中子或带电粒子通过物质时，能使该物质的原子或者分子去掉一个电子。这种情况发生时，就形成一个离子对。离子对是由这个自由电子和剩余的原子或分子构成的，剩余的原子或分子将带有一个正电荷。在物质中形成离子对的过程称为电离。离子对可以直接地或者间接地形成。辐射的这种致电离本领，不管是直接的还是间接的，已在许多装置中用以探测辐射。

带电粒子如 α 和 β 粒子，通过直接作用产生离子对。这些带电粒子在通过物质的径迹上与原子的电子相互碰撞，并且将电子从原子中打出。当这些带电粒子靠近电子通过时，可借助于电场的作用将能量传递给电子。如果传递的能量不足以打出电子,这个原子就处在受激状态。形成这些状态的过程称为激发。

光子和中子通过间接作用产生离子对。它们同物质相互作用产生带电粒子,而这些带电粒子又进而使物质电离形成离子对或使原子激发。

辐射的能量和物质种类决定了在物质中形成的离子对的数目。为了从给定的原子中打出电子,需要一定的能量。这个能量称为该原子的电离电位。对于多数元素而言,其值在5～20 eV的范围之内。在大多数物质中形成一个离子对所消耗的能量都大于电离电位。这说明有些能量损失于激发。因此,产生一个离子对所消耗的平均能量,即平均电离能,称W值,在辐射防护中是更有用的量。知道了物质的W值和辐射能量就能估算形成离子对的数目。表2-1给出了电子和α粒子在多种气体中典型的W值。根据ICRU 1979年的推荐,在标准压力和干燥空气中,电子每形成一个离子对需要消耗的平均能量为$W=(33.85\pm0.15)$eV。

表2-1　电子和α粒子在某些气体中的W值

气体	电子W值/eV(E>10 keV)	α粒子W值/eV(E=5.3 MeV)
CH_4	27.3	29.1
C_2H_2	25.8	27.4
H_2	25.8	27.9
N_2	36.5	36.4
O_2	34.8	36.4
H_2O	29.6	
CO_2	33.0	34.2
Ar	26.4	26.3
空气	33.8	35.1
组织等效气体	29.2	31.0

早期应用最广泛的辐射探测器都是以带电粒子通过气体时所引起的效应为依据的,其相互作用的主要方式是沿粒子路径的气体分子的电离和激发。电离室、正比计数器和盖革计数管都是拾取在探测器所充气体内形成的离子对所引起的电输出信号,只是方式略有不同。

就原理而言,电离室是所有气体探测器中最简单的。电离室的正常工作是利用电场收集在气体中直接电离所产生的全部电荷。电离室能够以电流方式或脉冲方式工作。在常见的应用中,电离室是作为直流器件以电流方式应用的。与此相反,正比计数器和盖革计数管总是以脉冲方式使用的。

2.1.2.2　离子对在气体中的漂移

无外加电场存在时,已产生的电子和正离子与气体分子一样,处于不停顿的热运动之中,因而有从高密度的原点扩散开的趋向。

正离子遇到另一中性气体分子时可能出现电荷转移碰撞。在这种碰撞中,把一个电子从中性分子转移给离子，从而颠倒了彼此的角色。在含有几种不同分子的混合气体中，这种电荷转移特别重要。那时会有一种倾向把正电荷转移给电离能最低的气体，因为使这种气体分子成为正电离子的碰撞能释放能量。

初始离子对的自由电子在其正常扩散中也经历多次碰撞。在某些气体分子中，可能有一种倾向使自由电子附着在中性气体分子上形成负离子。这种负离子与电离过程中形成的初始正离子有许多相同的性质，只不过所带的电荷相反。氧气就是一种容易吸附电子的气体。与此相反，氮、氢、碳氢化合物气体以及惰性气体的电子附着系数都很低。

正离子和自由电子之间的碰撞可以导致复合，在复合过程中正离子俘获电子恢复至中性的状态。负离子可能与正离子碰撞，使它的多余电子转移给正离子，从而两种离子都被中和。这两种情况都丢失了初始离子对呈现的电荷，对基于收集电离电荷的探测器信号不会有贡献。

当对气体中存在离子和电子的区域施加外电场时，静电力趋于将电荷从原点移开。最终的运动是由无规则热运动速度与定向漂移速度迭加在一起。正离子向习惯上的电场方向漂移，自由电子和负离子向相反方向漂移。只有这种定向的漂移运动才能形成电流。

离子漂移的速度跟小。自由电子的行为就大不相同。它的质量小得多，使得在与中性气体分子的两次碰撞之间可以有较大的加速度，电子的飘移速度一般比离子大 1 000 倍。此外，自由电子的漂移速度有饱和效应，饱和漂移速度约为 $10^4 \sim 10^5$ m • s^{-1}。

2.1.2.3　外加电场与离子对收集的关系

图 2-1 给出了气体探测器的结构示意图。外部直流电压源在气体探测器内部产生电场，电场强度的数值随着直流电压的增大而增大。由带电粒子在气体探测器内部气体中产生的 N_0 对离子对在电场作用下向着相反方向移动，最后分别被收集到气体探测器的正极和负极上。由正极收集到的电子数目，或负极收集到的正离子数目，是否正好等于 N_0 呢？实践证明，并不正好等于 N_0，而是随着外加电压 V 的数值而变化，如图 2-2 所示。图中纵坐标代表电极收集到的离子对数目，横坐标代表电压 V 的数值。

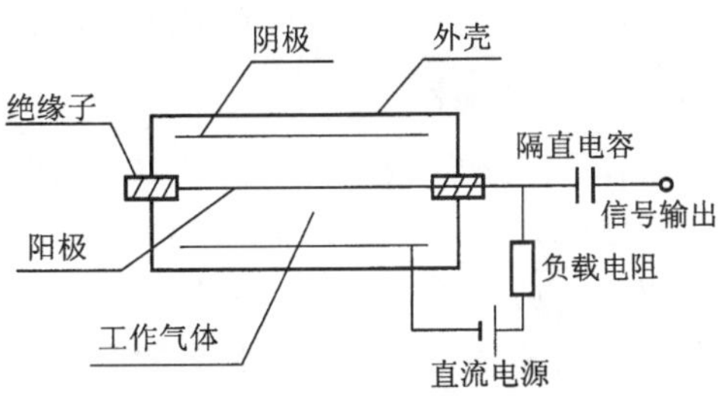

图 2-1　气体探测器结构示意图（圆柱形）

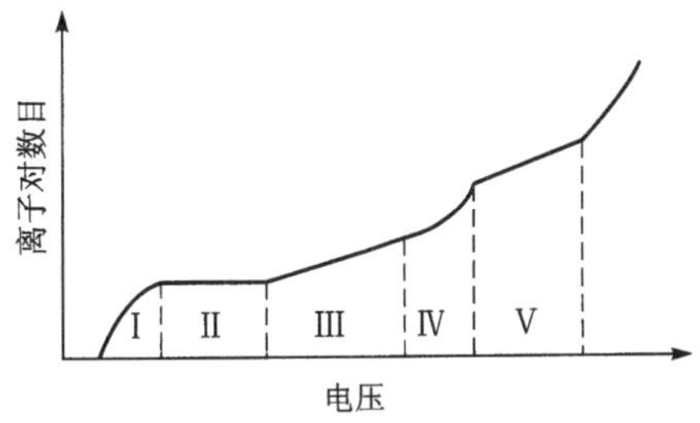

图 2-2　气体探测器电极收集到的离子对数目与外加直流电压 V 的关系

Ⅰ—复合区；Ⅱ—饱和区（电离室工作区）；Ⅲ—正比区（正比计数器工作区）；Ⅳ—有限正比区；Ⅴ—G-M 工作区（G-M 计数器工作区）

由图 2-2 可以看出，有五个明显不同的区。

（1）Ⅰ区称为复合区

在此区域内，电极收集到的离子对数目 N 低于由带电粒子产生的离子对数目 N_0。N_0 可用下式计算

$$N_0 = E/W$$

式中，E——γ 射线在电离室中损失的能量；

W—— 平均电离能；

N_0 中有一部分因为复合而消失。

(2) Ⅱ区称为饱和区

这是电离室的工作区。这一区的特点是 N 正好等于 N_0，也就是说电极收集到的离子对数目达到饱和。

(3) Ⅲ区称为正比区

这是正比计数器选择的工作区。这一区域的特点是 N 与 N_0 的比值是个常数，以 M 表示，$M = N/N_0$ 完全由探测器的结构与外加直流电压的数值所决定，称为气体放大倍数，气体放大倍数不随 N_0 而变化，即 N 总与 N_0 成正比。

(4) Ⅳ区称为有限正比区

这一区域的特点是 M 的数值与 N_0 的大小有关，N_0 比较大时 M 就比较小。

(5) Ⅴ区称为 G-M 区

该区是 G-M 计数器的工作区域，它的特点是 N 保持定值，仅由计数器的结构与外加电压的数值所决定，与 N_0 无关。

这里需要说明两个问题。首先，对一支气体探测器来说，从原理上说可以改变外加电压数值使其工作在不同区域，但实际上由于结构已定，它只能适合于工作在某个区域；其次，用两只气体探测器来比较，尽管 1 只是工作于正比工作区的正比计数器，而另一只是工作于 G-M 区的 G-M 计数器，这并不能断定加到 G-M 计数器上的工作电压一定比另一只高，这是因为两只气体探测器的结构是不同的。

2.1.2.4 电离电流

当存在电场时，离子和电子所呈现的正电荷和负电荷的漂移构成电流。一定体积的气体受稳定照射时，离子对的生成率是恒定的。对于气体的任意小的检验体积，通过复合和从该体积向外的扩散或迁移而引起的离子对消失率会严格地与离子对的产生率保持平衡。如果复合可以忽略并能有效地收集所有的电荷，所产生的稳定电流则是对该体积内离子对生成率的准确量度，它正比于周围的辐射水平。电流电离室的基本原理就是测量这种电离电流。

图 2-3 表明了电离室的基本原理。将一定体积的气体密封在可利用外加电压产生电场的空间内。达到平衡时，外电路中的电流就等于在电极上收集到的电离电流，因此测量外电路中的电流就可测量电离电流。

电离室的电流一电压特性曲线也简略地表示在图 2-3 中。忽略与扩散差异有关的某些细微效应，当不加电压时，由于气体中不存在电场就不应有净电流流过。所生成的离子和电子通过复合或从有效体积向外扩散最后消失了。随着电压的增加，所产生的电场开始使离子对较快地分开、复合减少，正电荷和负电荷还以渐增的漂移速度向相应的电极冲击，这就降低了在起始点与电极间离子的复合。由于这些效应减少了初始电荷的损失量，测得的电流随外

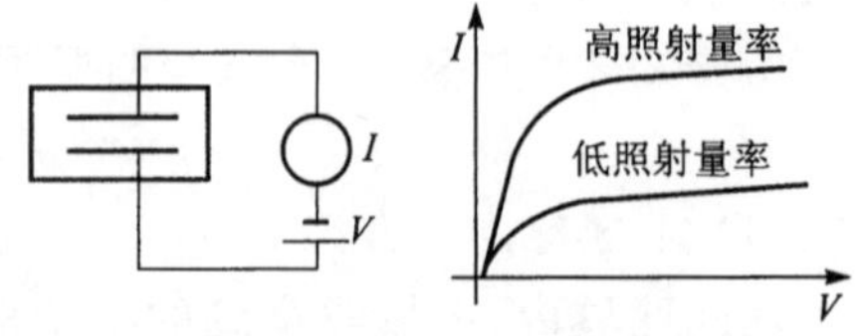

图 2-3 电离室的基本部件及相应的电流-电压特性曲线

加电压的增加而增高。在足够高的外加电压下，电场强到将复合有效地压低到可忽略的程度，电离过程中所产生的全部初始电荷都贡献给了电离电流，再增加电压就不能增加电流了。这种情况下，在外电路中测得的电流是在电离室有效体积内由于电流引起的全部电荷的生成率的真实指示。

2.1.2.5 电离电流的测量

电离室的输出电流一般在 $10^{-5}\sim10^{-15}$ A，因此必须使用由高输入阻抗的特殊器件组成的弱电流放大电路对它进行测量。

弱电流放大器实际上是一个阻抗变换器，输出电压幅度等于输入电压幅度，但输出电压以低电阻形式输出，以达到能够用普通的设备测量或取出信号的目的。

弱电流放大器的输出信号经 A/D 变换后，送入微处理器，然后以适当的单位在显示单元上显示。图 2-4 给出了测量设备的方块图。

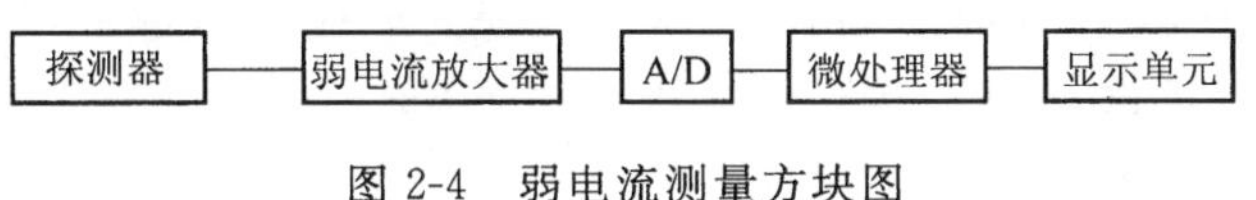

图 2-4 弱电流测量方块图

弱电流测量的另一种电路为直接积分式电流一频率转换器，输出的频率与输入的电流成正比。在很宽的测量范围内，例如 $10^{-6}\sim10^{-12}$ A，仪器不必换挡。在图 2-5 中，运算放大器作为积分器来工作，反馈电容 C 为积分电容，放大器的输出电压是输入电流的时间积分。当输出电压累积到参考电压 V_B 时，后面的电压比较器就被触发，其输出脉冲触发单稳态电路，使其输出一个宽度恒定的脉冲。该脉冲电压通过电流开关送出一个宽度、幅度皆恒定的电流脉冲至放大器的输入端，电流脉冲极性与输入电流极性相反，因而使积分器输出电平恢复到原来的初始水平，这样就形成了一次积分周期。同时，计数器将整形电路输出脉冲进行计数。每当电压比较器翻转一次，相当于在积分电容器中积累了 ΔQ 的电量。在单位时间里得到的计数可以换算成输入电流。这样，在测量过程中可以不改变量程开关，整个动态范围可达 5～7 个量级。

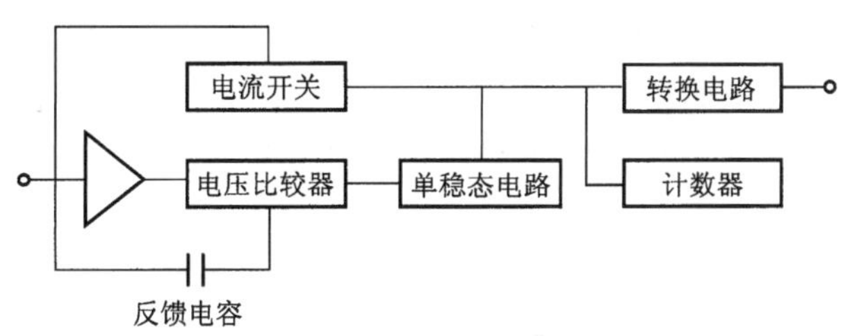

图 2-5 *I*-*f* 转换电路的框图

2.1.3 电离室

2.1.3.1 自由空气电离室——γ 射线照射量测量

电离室的一项最重要的应用是测量 γ 射线的照射量。充空气的电离室特别适合这种应用，因为照射量是以空气中产生的电离电荷定义的。在适当的条件下，测定空气中的电离电荷可给出照射量的准确量度，而测量电离电流则指示出照射量率。

测量照射量不像想象的那样简单，因为照射量是由待测剂量的那一点产生的全部次级电子形成的电离定义的。严格地说，需要跟踪每一个次级电子的整个射程沿其轨迹测量所有的电离。普通能量的γ射线所产生的次级电子在空气中的射程有几米长。所以要设计一种直接进行这种测量的仪器是不可能的，而是采用补偿原理。

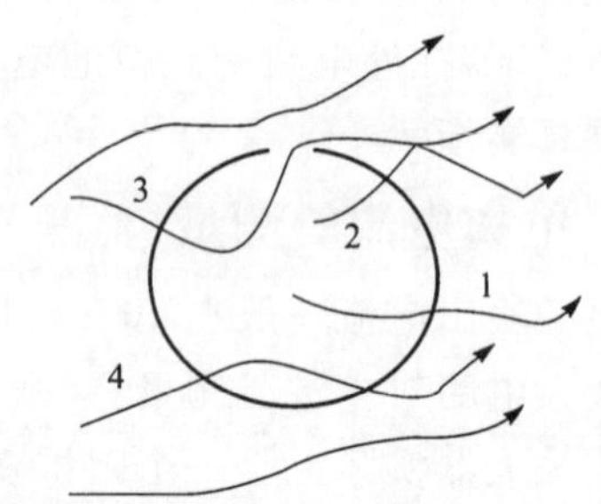

图 2-6 测量射线照射量的补偿(电子平衡)原理图

注：如果射线相互作用的密度是均匀的，检验体积所记录的电离量就恰恰等于沿着在检验体积内生成的所有次级电子的轨迹所产生的电离量(如图中轨迹 1、2)。这些电子在检验体积外所产生的电离为来自别处的电子(如轨迹 3、4)在检验体积内产生的电离所补偿。

假设空气检验体积周围是在测量过程中受到同样照射量的无限的等效空气，检验体积就能得到严格补偿。即，由检验体积内形成的次级电子在检验体积外产生的所有电离电荷，严格地与周围空气形成的次级电子在检验体积内产生的电荷相平衡。图 2-6 说明了这种补偿情形。

图 2-7 是依据补偿原理设计的一种电离室简图，这种设计称为自由空气电离室。由于保护电极接地，电离室的两端变得不灵敏了。平行板几何结构在极板空间内产生的电力线是垂直于极板的，只有电极中央所限定的体积收集由外电路记录的电离电流。入射γ射线是经过准直的，以便将入射γ射线限制在远离电离室电极的区域，使得灵敏体积内产生的次级电子不能直接达到任一个电极。因此，在纵向不需要补偿。而当辐射束穿过电离室后其强度无明显降低时，在横向就受到补偿。自由空气电离室广泛地用于能量低于约 100 keV 的γ射线照射量的准确测量。

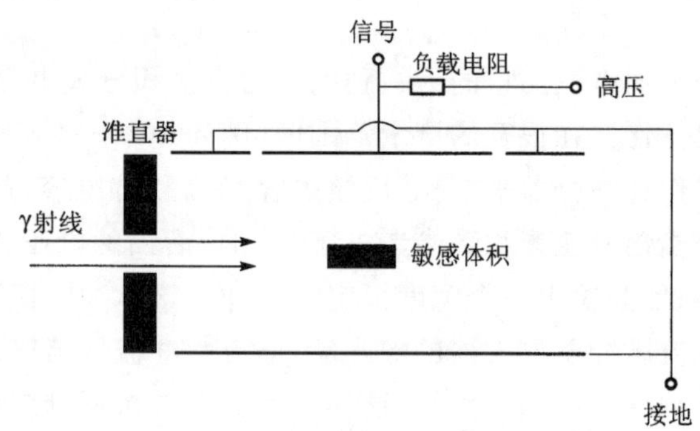

图 2-7 自由空气电离室

注：在灵敏体积内生成的次级电子未能达到电极就停止运动，只有平行于入射辐射的方向才需要补偿。

2.1.3.2 空腔电离室——γ射线照射量测量

如果γ射线能量较高，由于次级电子射程较长，使用自由空气电离室就遇到了一些困难。因而通常用空腔电离室测量较高能量的γ射线的照射量。在空腔电离室中用一种(尽可能与空腔的性质相似的)固体材料包围着体积很小的空气。

为弄清楚这种情况下是如何得到补偿的，首先考虑图 2-8 中的假想安排，其中由理想电极限定了小的空气体积，电极对γ射线和电子都透明。如果这一检验体积处在受相同照射量的体积很大的空气的中心，就会产生上述的补偿。然而对能量大于几百电子伏特的γ射线，次级电子的射程较长，所要求的周围空气的体积非常大。检验体积将必须处在照射量与其相同的、像房间那样大的体积的中心。实际上，在这么大的体积内很少有照射量均匀的情况。

把检验体积周围的空气压缩成厚度在 1～2 cm 以下的薄壳，这种情况就可得到改善。由于仍然存在数目相同的空气分子，补偿性质不会改变，检验体积仍然可以对 γ 照射量进行准确量度。然而现在对照射量均匀性的要求大大地放宽了，只是要求在由压缩空气壳层所限定的体积内照射量是均匀的。在这种情况下，检验体积内的所有电离损失将由压缩空气壳中产生的次级电子的电离来补偿。

最后一步是将假想的压缩空气壳换为较实际的固体材料壁(见图 2-8)。如果这个壁的补偿性质与空气壳的性质相类似，此种材料壁就称为空气等效的。当固体材料壁的次级电子产额和单位质量内的电子能量损失率与空气类似时就能满足这种条件。因为这两种现象在很大程度上依赖于材料的原子序数，所以原子序数接近空气的任何材料，如，铝和塑料，都具有相当的空气等效性。

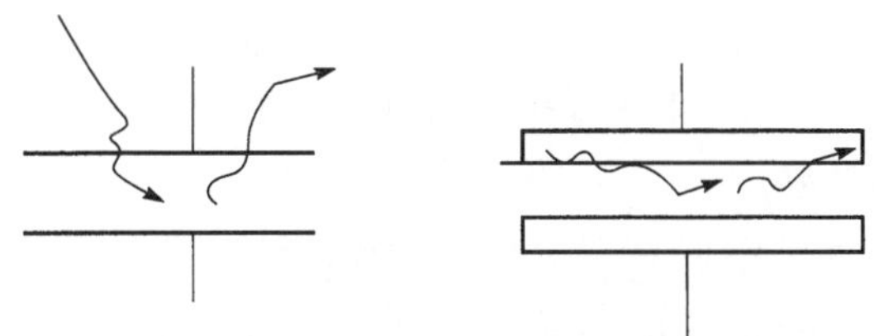

图 2-8 空腔电离室的原理图

左图：在电极全透明的理想电离室中可由电离室外产生的次级电子进行补偿。不过，在四周这样大体积的空气内很少存在均匀照射的情况。

右图：电离室有空气等效的固体壁，其厚度大于次级电子的最大射程。这样，可由在体积小得多的壁内生成的次级电子进行补偿。

如果室壁与次级电子的射程相比足够厚，就建立了电子平衡，此时通过室壁表面的电子注量率与壁厚无关。忽略入射 γ 射线束在室壁中的衰减，空气体积不变时由电离室测得的离子流将相同，而与壁厚无关。表 2-2 列出了为建立电子平衡所需要的空气等效壁的最小厚度。对于通常的 γ 射线，这一厚度在 1 cm 以下。

表 2-2 为建立电子平衡所需要的电离室壁质量厚度

光子能量/MeV	质量厚度/(g·cm^{-2})
0.02	0.000 8
0.05	0.004 2
0.10	0.014 0
0.20	0.044 0
0.50	0.170 0
1.00	0.430 0
2.00	0.960 0
5.00	2.500 0
10.00	4.900 0

注：1. 这里所引用的数据是以电子在水中的射程为依据的。这些数据对组织等效的电离室壁以及对空气实际上都是正确的。

2. 上述厚度的一半所给出的电离电流不超过平衡值的百分之几。

对空气等效电离室，照射量率 $\dot{X}$（单位为 C/kg·s）可直接由饱和电流 I_S（单位为 A）对有效体积内所包含的空气质量 m（单位为 kg）之比求得

$$\dot{X} = I_S/m \tag{2-1}$$

空气的质量通常根据测得的电离室的体积和标准情况下的空气密度进行计算。

在常规监测中，7.17×10^{-1} C/kg·s 的照射量率是具有代表性的。对于体积为 1 000 cm^3的电离室，在标准温度与标准压力下由式(2-1)算出的饱和离子流为 9.27×10^{-14} A。由于这个信号很弱，需要灵敏的弱电流放大器和精心设计的电离室，以尽量降低漏电流。

2.1.3.3 空腔电离室——吸收剂量测量

充气电离室也可间接用于测量任意物质的吸收剂量，它是以布喇格－戈瑞原理为基础的。该原理表明，给定物质的吸收剂量 D_m 可由在这种物质内的小的充气空腔中产生的电离导出：

$$D_m = q_g(W_g/e)\,\bar{s}_{m,g} \tag{2-2}$$

式中，q_g —— 次级电子在空腔中每单位质量气体中所产生的电荷(C/kg)；

W_g/e —— 次级电子在空腔气体中产生单位电荷量所需消耗的能量(J/C)；

$\bar{s}_{m,g}$—— 介质和腔内气体对次级电子的平均质量碰撞阻止本领比，数值上它等于次级电子授与单位质量介质的平均能量 E_m 与授与单位质量腔内气体平均能量 E_g 的比值，即

$$\bar{s}_{m,g} = \frac{\overline{(s_{col}/\rho)_m}}{\overline{(s_{col}/\rho)_g}} = \frac{E_m}{E_g} \tag{2-3}$$

空腔应该比与辐射有关的初级或次级带电粒子的射程小，以使空腔的存在不会对粒子注量率有大的影响。固体介质的尺寸也应比次级电子的射程大，以便在空腔内建立电子平衡。只要满足这样的几何条件，式(2-2)对各种类型的辐射均保持好的近似。

对于电离室，固体介质是室壁材料，空腔是电离室内部的充气空间。如果所充的气体是空气，室壁材料是空气等效的，式(2-2)中的$\bar{s}_{m,g}$就等于 1。以上这些就是测量空气的吸收剂量的条件，与前边所讲的 γ 射线照射量的测量相当。如果使用其他材料和气体，在式(2-2)中代入(W_g/e)和相应的$\bar{s}_{m,g}$的近似值，就可计算室壁中的吸收剂量。生物组织中的吸收剂量在辐射防护中特别重要，因此广泛使用室壁由化学成分类似于组织的材料制成的“组织等效电离室”。

2.1.3.4 直流电离室——辐射监测

在辐射监测中，经常使用各种轻便电离室作为辐射监测仪器的探测器。欲使电离室的室壁接近于空气等效，可用塑料或铝制造。这些电离室可对 γ 射线照射量进行相当准确的测量，只要 γ 射线的能量不致在电离室壁和入射窗中产生严重衰减，而又可在室壁中能建立电子平衡。

2.1.3.5 直流电离室——放射性气体测量

把放射性气体作为一种成分掺入电离室的气体，可以方便地对 α 和 β 放射性气体进行测量。电离室设有进口与出口以便以连续流动方式引入待测气体。

电离室内一定量的放射性气体所产生的电离电流由下式给出：

$$I = \overline{E}Ae/W \tag{2-4}$$

式中，I ——电离电流，A；

$\overline{E}$——每次蜕变在气体中沉积的平均能量，单位为电子伏特/衰变；

A——放射性活度，Bq；

W ——在气体中产生一个离子对时所需的平均能量，eV；

e ——电子的电荷量，C。

只有当辐射能量很小，以致在电离气体中接近完全被吸收时，量$\overline{E}$才容易估计。例如，氚衰变中发射的软 β 辐射的平均能量为 5.65 keV，对于大电离室（与相应的 β 粒子在气体中的射程相比），可取$\overline{E}$值等于这个值。此时由式(2-4)预计的灵敏度约为 2.7×10^{-17} A/Bq。一旦 β 粒子能量足够大，使得典型的射程可以与电离室的尺寸相比，就需要用较复杂的方法来估计平均沉积能量。

在核电厂中，连续监测含有痕量的放射性气体的空气样品是一种常见的应用。当经过电离室的气体受大气变化的影响时，可能出现一些干扰。这些干扰可以包括由于在取样空气中可能存在水分、气溶胶、离子和烟等所产生的影响。进入的空气经过滤或净电除尘的前处理有助于控制其中的许多干扰因素。

电离室对周围的本底 γ 辐射也是灵敏的。如果本底不变，直接减去电离室充入纯空气时记录的信号即可消除这种本底。在另一种情况下，γ 本底在测量过程中可能变化，此时可用充入纯空气的双电离室产生补偿信号，并将此信号从样品气体经过的电离室的信号中扣除。

2.1.3.6 电离室的脉冲工作方式

电离室也可以脉冲方式工作，每个分立的辐射产生一个可区分的信号脉冲。

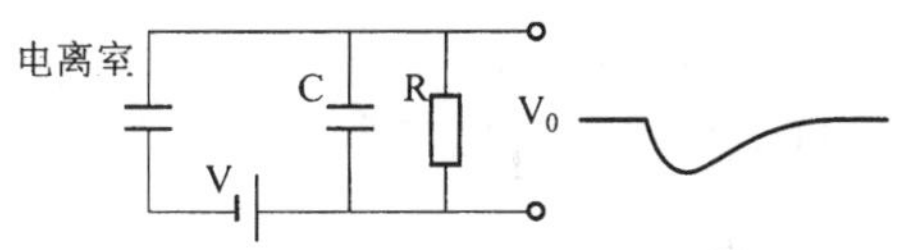

图 2-9 以脉冲方式工作的电离室的等效电路

注：C 代表电离室电容与一切并联杂散电容的和。

图 2-9 给出以脉冲方式工作的电离室的等效电路。负载电阻 R 两端的电压降是基本的信号。当电离室内不存在任何电离电荷时，该电压降为零，全部外加电压 V_0 都加在电离室两端。致电离粒子穿过电离室时所生成的离子对在电场作用下开始漂移。这些漂移着的电荷在电离室的电极上引起“感应电荷”，使电离室的电压由其平衡值 V_0 下降。此时负载电阻上出现电压降，其数值等于电离室电压下降的量。当电离室内的电荷全被收集到相对的两电极上时，该电压降达到最大值，然后按照外电路的时间常数 RC 所确定的时间尺度慢慢地回到平衡状态。在此期间负载电阻上的电压降逐渐变为零，电离室电压回到初始值 V_0，如果外电路的时间常数比起电离室内收集电荷所需的时间要长，那么就产生一个信号脉冲，其幅度标志着电离室内产生的初始电荷量的大小。正如以前所讨论的，在几厘米范围内收集自由电子所需要的时间一般为几微秒。另一方面，离子的漂移则慢得多，一般需要毫秒量级的收集时间。因此，如要产生一个准确反映离子和电子的初始电荷量的信号，收集电路的时间常数和其后的脉冲成形时间常数必须大于 1 ms。在这种情况下，必须将电离室限制在很低的信号脉冲频率下，以免脉冲过分堆积。而且由于成形线路的输出对低频很灵敏，系统容易受电离室内机械振动产生的震颤噪声信号的干扰。

由于这些原因，脉冲型电离室多半以“电子灵敏”方式工作。这时选择的时间常数介于电子收集时间与离子收集时间之间，所产生的脉冲幅度只反映电子的漂移，脉冲上升时间和下降时间快得多。因此可以容许较短的成形时间常数和高得多的脉冲速率。但是脉冲幅度损失也很大，这时输出脉冲幅度变得对初始辐射在电离室的作用位置灵敏了，因而不再只反映所生成的离子对的总数。

2.1.4 正比计数管

正比计数管工作在气体探测器的正比区。它总是以脉冲方式工作并依靠气体倍增现象放大气体中所产生的初始离子对的电荷。因此正比计数管输出的脉冲幅度比在同样条件下由电离室所产生的输出脉冲幅度大得多，从而正比计数管可以用于辐射所产生的离子对数很少、脉冲电离室不能很好地工作的情况。正比计数管用于低能 X 射线探测和中子探测。

2.1.4.1 正比计数管的几何条件

大多数正比计数管是圆筒形结构，如图 2-10 所示。阳极就是处在大空心管轴线上的一条细金属丝，空心管就当作阴极。在这种结构中外加电压的极性是很重要的，因为必须把电子引向轴线方向的中心丝。从以下两点来看，必须采用这种极性。

(1) 气体倍增要求高电场强度

对圆筒形几何安排，半径 r 处的电场由下式给出

$$\vec{E}(r)=\frac{V}{r\ln(b/a)} \tag{2-5}$$

式中，V—— 加在阴极和阳极间的电压；

a —— 阳极丝半径；

b —— 阴极内半径。

在临近阳极丝的地方半径 r 很小，出现高电场强度。电子由于受阳极吸引被拉向高电场区。

(2) 倍增

要使初始辐射产生的所有离子对的倍增一致，必须把气体倍增区限制在比总的气体体积小得多的区域内。在这种情况下，几乎所有的初级离子对都产生在倍增区以外，初始电子只有漂移到倍增区才能发生倍增。因此每个电子都经历相同的倍增过程，与原来的生成位置无关，从而使一切初始离子对的倍增因子都相同。

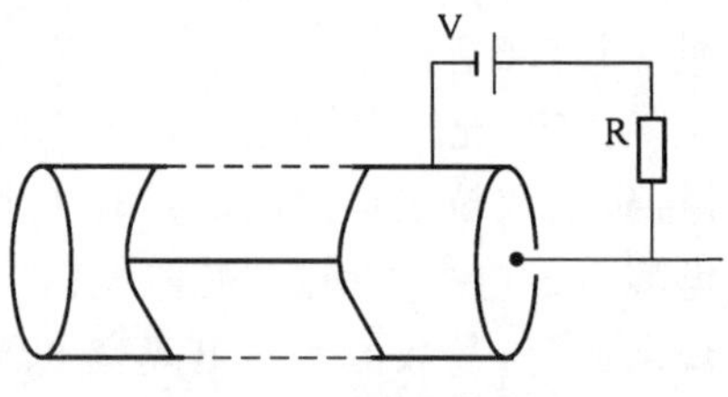

图 2-10 正比计数器的基本原理

注：外面的阴极很可能也是填充气体的真空密封壳，输出信号是在负载电阻 R_L 两端引出的。

2.1.4.2 正比计数管的填充气体

因为气体倍增主要依赖于自由电子的迁移，而不是离子的迁移，所以正比计数管的填充气体必须选择电子附着系数小的气体。空气不属于这类气体，所以一切正比计数管在制造时必须有保持气体纯度的措施。

稀有气体，不论是纯的还是二元混合物，只要倍增因子在大约 100 以下就是适用的正比气体。由于价格关系，氩气是应用最广的惰性气体，90％的氩气和 10％的甲烷（称为 P-10 气体）可能是最常见的通用正比气体。在通过气体吸收探测 γ 光子的应用中要求高效率时，常用较重的惰性气体（氪或氙）代替氩气。许多碳氢化合物气体，如甲烷、乙烯等也适于作正

比气体并广泛地应用于那些对阻止本领要求不高的场合。用于热中子探测的正比计数管，用 BF_3 或 ^3He 作填充气体。在剂量学研究中选用成分近似于生物组织的填充气体往往是方便的。为此目的，使用由 64.4% 的甲烷、32.4% 的二氧化碳和 3.2% 的氮气组成的混合气体。

2.1.4.3　正比计数管信号脉冲的时间特性

不论初始离子对在何处产生，正比计数管内产生的电荷都来自倍增区。因此输出脉冲所经历的时间可分为两段：辐射所产生的自由电子由其初始位置运动到可以产生倍增的阳极丝附近所需要的时间；倍增从开始到结束的时间。

因为大多数的离子和电子是在非常靠近丝极的地方产生的，所以输出脉冲的主体应归因于正离子的漂移而不是电子的运动。起初正离子处于高电压区，运动速度较大，导致脉冲迅速上升的起始部分。不过当离子到达半径较大的区域时，此处电场强度较低，离子漂移速度变慢了。因此脉冲的后部上升得很慢。

2.1.4.4　正比计数管的计数曲线

对于像 α 粒子和 β 粒子这样的带电粒子辐射，每一个在填充气体内沉积一定能量的粒子都会产生一个信号脉冲。一般使用较低的气体倍增值，这就需要由一定数目的离子对来产生脉冲，以使脉冲幅度足以超过计数系统的甄别电平。由于气体倍增系数随施加在探测器上的电压而变化。可以记录如图 2-11所示的“计数曲线”来选择适合于具体应用的工作电压。测量中，保持源的位置不变，改变探测器的电压，记录计数率。然后根据所得计数率一电压曲线选定一个工作点，通常选在曲线的平坦部分，即“坪”上。

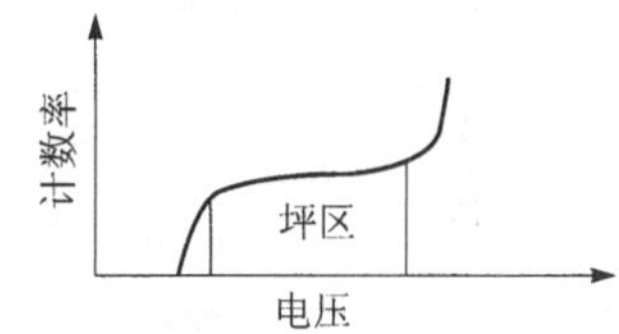

图 2-11　正比计数管的计数曲线

2.1.5　G-M 计数器

G-M 计数器通常也称为 G-M 计数管。G-M 计数管构成了第三类以气体电离为基础的气体探测器。与正比计数管一样，G-M 计数管利用气体倍增极大地增加了沿辐射轨迹产生的初始离子对所呈现的电荷，不过倍增的方式根本不同。在正比计数管中，每个初始电离产生一次倍增过程，初始电离事件中的各个电子所产生的倍增过程基本上互不相关。由于所有的倍增过程都是相同的，所收集的电荷仍然正比于初始电子数。

G-M 计数器中所形成的电场高得多，这就提高了每次气体倍增的强度。在适当的条件下，能产生这样一种情况——气体倍增本身可以在管内其他位置触发一个次级气体倍增。在某一临界电场值，这将产生一个链式反应。在更高的电场下，这一过程迅速发散，所产生的气体倍增在很短的时间内大体上依指数增长。然后，一旦这种“盖革放电”达到某种规模，全部单独的气体倍增的集体效应将起作用，最后终止了链式反应。由于总是在产生大约相同次数的气体倍增之后才达到这一极限点，所以不论引起这一过程的初始离

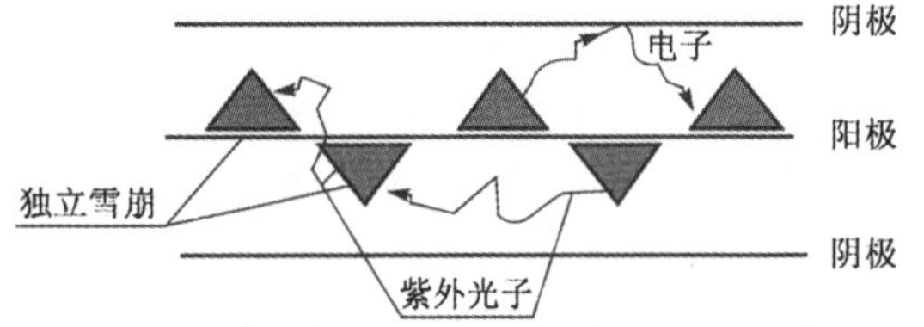

图 2-12　盖革放电中触发额外雪崩的机制

子对有多少,G-M 计数器的输出脉冲幅度都相同。因此,G-M 计数器只能做辐射事件的简单计数器使用。图 2-12 给出了盖革放电机制的图示。

2.1.5.1 G-M 计数器的填充气体

G-M 计数器所用的气体必须满足对正比计数管所讲的相同条件。因为这两类探测器都以气体倍增为基础,所以对能形成负离子的气体(如氧气)即使痕量的也必须避免。各种惰性气体被广泛地用作 G-M 计数器填充气体的主要成分,氦和氩是常用的。为猝灭起见大多数盖革气体中还加入第二成分。

2.1.5.2 盖革放电的猝灭

如果 G-M 计数器是用一种气体填充的,那么所形成的一切正离子就都是这种气体的离子。在盖革放电结束后,正离子从丝状阳极附近移开,到达计数管阴极。在此,正离子通过与阴极表面的电子结合而被中和。在中和过程中,很可能产生一个自由电子。然后这个电子向阳极漂移,导致第二次全面盖革放电,于是整个过程将重复。在此情况下,G-M 计数管一旦被触发就会产生连续的多重脉冲输出。

防止这种多重放电的措施称猝灭。猝灭分外部猝灭和内部猝灭。

外部猝灭方法是在每个脉冲过后的固定时间内把加到 G-M 计数器上的高压值降低到不足以维持进一步的气体倍增。抑制电压的时间必须超过正离子由其产生地点到阴极的传输时间(一般几百 μs)与自由电子的传输时间(一般约 1 μs)之和。

外部猝灭的方法之一,是把图 2-13 中的 R 值选得足够大,如 10^8 Ω,使得电荷收集电路的时间常数达到 ms 量级。这种“外电阻”猝灭法的缺点在于,需几个毫秒的时间才能使阳极电压恢复至接近正常值,因而只有当计数率很低时才会使每一事件都引起充分的盖革放电。

更常见的是采用内部猝灭方法来防止多重脉冲的产生。这是通过在填充气体中加入第二种成分实现的。这种猝灭气体的相对浓度通常为 5%～10%,其电离电位较低,分子结构较主要气体成分复杂。入射辐射产生的正离子多半是主要气体成分的。正离子向阴极漂移过程中与中性分子发生多次碰撞,其中有些碰撞是与猝灭气体分子的碰撞。由于电离能的差别,将会把正电荷转移给猝灭气体分子。当猝灭气体的浓度足够高时,电荷转移碰撞可以使最终到达阴极的离子全部是猝灭气体的离子。当猝灭气体离子被中和时,多余的能量可以优先离解较复杂的分子而很少用于阴极表面释放自由电子,从而管内不再形成另外的气体倍增。许多有机气体适合用作猝灭气体。其中,乙醇和甲酸乙脂是最常用的。有机猝灭的管子在其可用期限内一般可达 10^9 计数的计数极限,因猝灭气体耗尽而不能再制止多重脉冲。

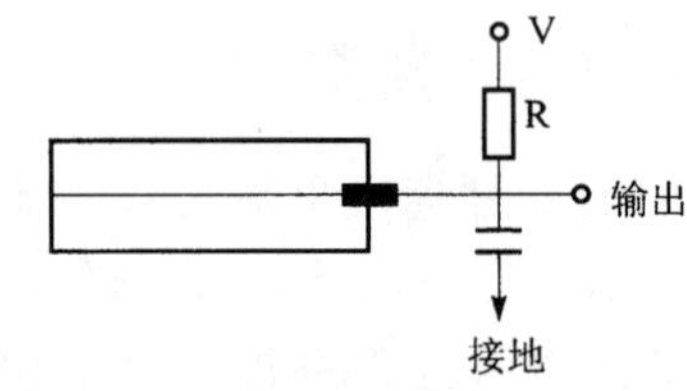

图 2-13 G-M 计数器的等效计数电路

注:电阻 R 和电容 C(通常只是管子的固有电容和电子学线路的电容)的乘积决定着盖革放电之后高压恢复的时间常数。

2.1.5.3 G-M 计数器的死时间

终止盖革放电的正离子空间电荷的建立,使得必须经过相当长的时间才能产生第二次盖革放电。随着正离子沿径向向阴极漂移，空间电荷越来越发散，倍增区的电场开始向其原始值恢复。正离子漂移了一段路程之后，电场就恢复到足以产生另一次盖革放电。然而当电场尚未完全恢复时，放电就没有原来那样强，因为只需较少的正离子即可再一次将电场降到临界点以下使放电停止。因此，出现较早的那些脉冲，幅度较正常值低，不一定能为计数系统记录。当正离子漂移完其全部路程到达阴极时，电场完全恢复，再出现一个电离事件就可能触发另一次全幅度的盖革放电。这种特性示于图 2-14 中。

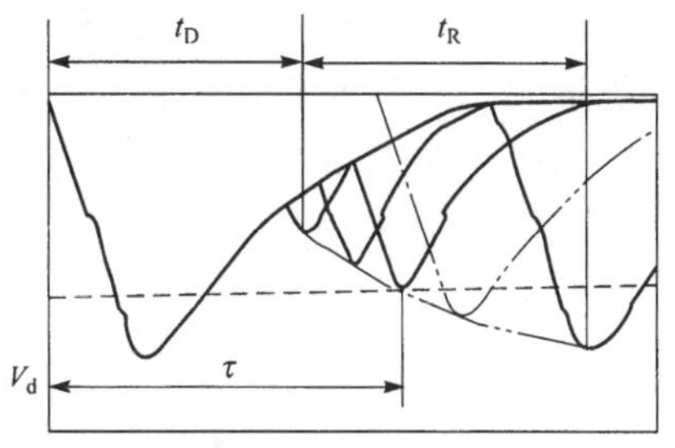

图 2-14　观察 G-M 计数器死时间和恢复时间的示波图

注：所给出的是通常从探测器观察到的负极性脉冲。

盖革放电之后，电场立即被正空间电荷降低到临界点以下，如果在此情况下出现另一个电离事件，就不会观察到第二个脉冲，因为气体倍增受到了阻止。可以说，在这段时间内管子是“死”的，探测不到管内所发生的任何辐射相互作用。严格地说，G-M 计数器的“死时间”为初始脉冲到可以产生另一次盖革放电（不论其大小）的时间间隔。对大多数 G-M 计数器，这段时间约为 50～100 μs。在任何实际的计数系统中，第二个脉冲必须达到某一幅度才能被记录。产生超过这一幅度的第二次放电所需要的时间称为系统的“分辨时间”。“恢复时间”是“死时间”后管子恢复到初始状态变得能够产生另一个全幅度脉冲所需要的时间间隔。

2.1.5.4　G-M 计数器的计数曲线

与正比计数管一样，G-M 计数器的计数曲线上也有一平坦部分，称作坪。计数管的高压就选择在坪的中央。

2.1.5.5　G-M 监测仪

用于监督 γ 射线的普通监测仪由便携的 G-M 计数器、高压电源和脉冲计数率计组成。这时以脉冲速率作 γ 射线照射强度的指示。计数率计的标度常以照射量率的单位进行刻度，不过在某些情况下，这些读数有较大的误差。

困难在于 G-M 计数器的计数率与 γ 射线照射量率之间没有根本联系。对于给定的 γ 射线能量，计数率显然与强度呈线性关系。但实际应用中很可能涉及许多不同能量的 γ 射线。可以在任意固定能量下对照射量率进行准确刻度，但当用该监测仪测量其他能量的 γ 射线时必须要考虑计数率随能量的变化。希望效率随能量变化的曲线能严格地与每个光子的照射量随能量变化的曲线相似。只要这种相似是严格的，G-M 监测仪就可能普遍地应用于一切能量的 γ 射线。

2.1.6　闪烁探测器

闪烁方法是有史以来探测电离辐射的古老方法之一。现在闪烁方法仍是用于各种核辐射探测的有效方法之一。现代的闪烁探测器不仅能测量带电粒子，也可测量 γ 射线和中子。

闪烁探测器主要由两个探测元件组成,即闪烁体和光电倍增管,这种组合部件习惯上叫“闪烁探头”。由闪烁探头配以相应的电子仪器,即可构成一台闪烁计数器或闪烁能谱仪,其组成如图 2-15 所示。

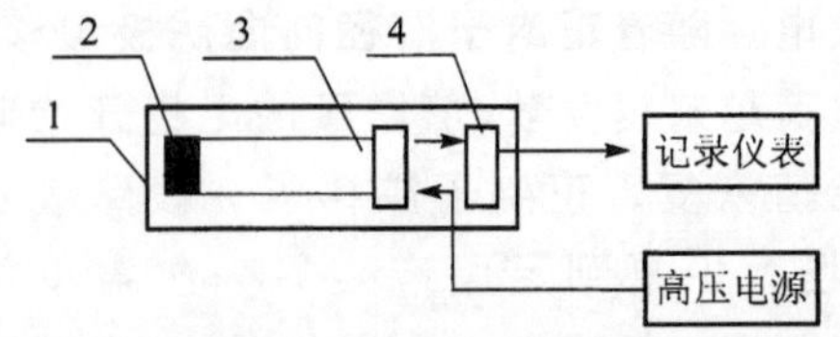

图 2-15 闪烁探测器的组成和相应的电子仪器

1—遮光外壳;2—闪烁体;3—光电倍增管;4—前置放大器

闪烁体和光电倍增管安装在不漏光的密闭外壳内。光电倍增管的输出端紧连着前置放大器。

闪烁探测器的工作原理大致有以下三个过程:

(1) 射线入射至闪烁体使其中的原子或分子电离和激发,受激的原子或分子退激时发射荧光。

(2) 荧光被收集到光电倍增管的光阴极上,通过光电效应,在光阴极上打出光电子。

(3) 在光电倍增管内,光电子的数目由倍增级放大几个数量级后到达阳极。阳极收集这些电子形成电流,电流在阳极负载电阻上产生脉冲信号,送给电子仪器处理。

由上述分析可知,闪烁体使射线在其中损失能量并引起闪光,即,使射线能量转换为光;而光电倍增管则是完成光电转换和电子倍增的器件。

本节将讨论各种类型的闪烁体、有效收集闪光的重要条件和光电倍增管。

2.1.6.1 闪烁体的主要特征

可用下述三个主要指标来衡量一块闪烁体的性能好坏。

(1) 发光光谱

不同的闪烁体具有不同波长范围的发光光谱,但各种波长的光子数并不一样多。光子数随波长的分布,称为闪烁体的发光光谱。在波长范围内,总有一两种波长占很大比例,成为发光光谱的主要成分。称为“发光光谱的主峰位或最强波长”。例如,NaI(Tl)为 4.15×10^{-7} m=415 nm,ZnS(Ag)为 4.55×10^{-7} m=455 nm。

(2) 发光效率与光能输出额

发光效率是指闪烁体发出的荧光光子的总能量与它所吸收的射线能量之比,也即将其吸收的射线能量转变为光的本领。定义发光效率为

$$\varepsilon = E_1/E_0 \tag{2-6}$$

式中,E_0—— 闪烁体吸收射线的能量;

E_1—— 闪烁体发出的荧光的总能量。

ε 愈大,发光效率愈高。

发光的效率也可用光能输出额 ε′表示,即

$$\varepsilon' = \overline{n}_{ph}/E_0 \tag{2-7}$$

式中,$\overline{n}_{ph}$—— 平均发出的光子数;

E_0—— 闪烁体吸收射线的能量;

ε′—— 消耗单位入射射线的能量平均发射的荧光光子数。

各种实验测定表明,对于光子,NaI(Tl)的发光效率约 13 %,若 1 MeV 的能量被 NaI(Tl)吸收,有 1.3×10^5 eV 的能量可用于发光。NaI(Tl)的发光光谱最强波长为 415 nm,对

应此波长的光子能量约为 3 eV，那么 1 MeV 入射射线在 NaI(Tl)中发出的光子数为

$$\overline{n}_{ph} = 1.3 \times 10^5 \text{ eV}/3 \text{ eV} = 4.3 \times 10^4 \text{ 光子}$$

则光能输出额

$$\varepsilon' = 4.3 \times 10^4 \text{ 光子 /MeV}$$

(3) 荧光衰减时间 τ_0

荧光过程就是以某种方式激发一种物质后产生可见光的瞬时发射过程。射线射入闪烁体以后，大约在 10^{-11} s 内就损失其能量使闪烁体中大量原子(或分子)激发。但这些激发的原子(或分子)退激发光却不是在同一时刻进行的，即每个激发态的退激是有先有后的。激发态的持续时间可用平均寿命 τ_0 描述。退激过程和放射性衰变一样具有指数规律。让 $N(t)$ 表示 t 时刻尚未退激的原子数目，$N(0)$ 表示 $t=0$ 时受激的能发光的原子数目，则 $N(t)$ 与 t 的关系可以近似地用下式表示：

$$N(t) = N_0 e^{-t/\tau_0} \tag{2-8}$$

而 $0 \sim t$ 时刻发出的光子数为

$$P(t) = N(0) - N(t) = N_0(1 - e^{-t/\tau_0}) \tag{2-9}$$

当 $t=\tau_0$ 时，发出的光子数为

$$P(\tau_0) = N(0)(1 - e^{-1}) = 0.632N(0) \tag{2-10}$$

即发射全部光子数的 63% 所需要的时间称荧光衰减时间。闪烁体的 τ_0 在 $10^{-6} \sim 10^{-9}$ s的范围内。

2.1.6.2　闪烁体

理想的闪烁材料应具有下列性质：

(1) 应以高的发光效率将带电粒子的动能转变成可探测的光。

(2) 这种变换应该是线性的，即光产额应在尽可能宽的能量范围内与沉积在闪烁体内的能量成正比。

(3) 为得到良好的光收集，发光介质对本身发射的光应该是透明的。

(4) 荧光衰减时间应该很短，以便产生快的信号脉冲。

(5) 这种材料应有好的光学性质，并能制成满足实际探测器需要的尺寸。

(6) 其折射率应接近于玻璃的折射率(约 1.5)，使得闪光能够有效地耦合到光电倍增管上。

经常使用的闪烁体可分为无机闪烁体和有机闪烁体两大类。

可惜，现有的闪烁体材料不能同时满足以上的所有条件，选定的闪烁体总是兼顾了各方面的条件。应用最广泛的闪烁体包括碱金属卤化物无机晶体(其中碘化钠是最受欢迎的)、有机闪烁体、液体闪烁体和塑料闪烁体。

无机晶体具有最好的光输出和线性，但响应时间较慢。有机闪烁体的响应时间较快，但光产额较低。选用何种闪烁体取决于应用目的。无机晶体的高 Z 值适用于测量 γ 射线能谱，而有机闪烁体适用于测量 β 射线和探测快中子。

2.1.6.3　有机闪烁体

有机闪烁体的荧光过程是由单分子能级的激发和跃迁引起的。有机闪烁体分子间的相互作用弱，是分子晶体。但分子内原子间的相互作用仍较强，由于原子间振动，其相互位置变化形成振动能级，故在每一个电子能级上还有许多振动能级。当电子由入射射线获得一

定的能量、由基态激发至激发态后，先通过无辐射的跃迁退激到某一电子能级的最低振动能级，然后再跃迁回基态。这样退激时发出的荧光光子的能量小于电子被激发时的能量，故闪烁体其他分子不吸收该荧光光子，即闪烁体对其自身发射的光子是透明的。由此可见，有机闪烁体的发光主要是由于分子本身能量状态改变而引起的，是分子的固有性质。

常用的有机闪烁体有如下几种。

(1) 纯有机晶体

广泛使用的纯有机结晶闪烁体为蒽和芪。蒽拥有最高的闪烁效率(即每单位能量的最大光输出)，而芪的闪烁效率较低。这两种材料都相当脆，因而难以得到大块的晶体。

(2) 液态有机溶液

有一类实用的闪烁体是由有机闪烁体溶于一种合适的溶剂制成的。液体闪烁体可以只由这两种成分组成。有时，为了某种特殊的目的加入第三种成分，它作为波长变换剂以改进发射光谱。

许多液体能溶解氧，氧能起到很强的猝灭剂的作用，从而使荧光效率显著降低。因此，需要将溶液封闭在排除了大部分氧的密闭容器内。

液体闪烁体广泛用于放射性测量，把溶解在闪烁体溶液中的放射性样品看成是闪烁体溶液的成分。在这种情况下，由源发射的辐射粒子可以直接通过闪烁液的某部分，因此计数效率较高，这种技术广泛应用在^{14}C或^{3}H等低水平、低能β放射性测量中。

(3) 塑料闪烁体

把一种有机闪烁体溶解在一种溶剂中，然后这种溶剂又能被聚合，于是就产生一种等效的固溶体。最常见的例子是将一种适当的闪烁体溶解在有苯乙烯单体组成的溶剂中，然后苯乙烯聚合成固体塑料。塑料因易于成形、加工，成为一种极为有用的有机闪烁体。它主要用于β射线的计数测量。荧光衰减时间很短的优点，使它用于需要时间分辨好的测量中。

2.1.6.4 无机闪烁体

无机材料的闪烁机制依赖材料的晶格所决定的能态。在绝缘体或半导体材料中电子只有分立能带。称为价带的较低能带代表那些基本上束缚在晶格上的电子，而导带代表那些有足够能量可以在整个晶体中自由迁移的电子。存在一个中间能带称作禁带，纯晶体中禁带内不可能有电子。吸收能量的结果使得一个电子由价带的正常位置上升到导带，同时在正常的价带留下一个空穴。禁带间隙宽度使得产生的光子能量太高以致不在可见光区。

为了提高退激过程中可见光的发射概率，通常在无机闪烁体中加入少量杂质。这些称为“激活剂”的杂质在晶格中形成特殊的晶格点，这使纯晶体晶格中的正常能带结构发生变化。结果在禁带间隙将产生一些附加能态，通过这些能态，电子可以退激返回价带。因其能量小于禁带间隙宽度相应的能量，跃迁时能够产生可见光子，所以该跃迁可以应用。

(1) NaI(Tl)

在高纯度的碘化钠中加入10^{-3}摩尔分数的铊作为激活剂，能够生成大块结晶。碘化钠容易潮解，若暴露在大气中，将会因吸水而变质。所以为了正常使用需把晶体密封在不透气的容器中。NaI(Tl)有极好的光产额，它的光产额是已知闪烁材料中最高的。在大部分重要能区，对电子(以及γ射线)的响应近于线性。闪烁脉冲的主要衰减时间为230 ns，这对于某些高计数的应用是太长了。

(2) CsI(Tl)和 CsI(Na)

就单位体积闪烁体的 γ 射线吸收系数而言，在一切闪烁体中以 CsI 为最高。与碘化钠相比，碘化铯不易碎裂，所以能经受剧烈的冲击和振动。

(3) ZnS(Ag)

白色晶体粉末，常把它与1%的有机玻璃粉末混合，溶解于有机溶剂二氯乙烷中，然后喷涂在薄有机玻璃板上。涂层厚度一般为 8～10 mg/cm^2，若超过此厚度则透明性就很差了。ZnS(Ag)的发光效率很高，约为蒽的三倍；对重带电粒子阻止本领很大。适用于在有 β、γ 本底的条件下测量 α 等重带电粒子。它的缺点是透明性差，不能用于测量粒子能量，只适用于测量粒子数。此外，它的荧光衰减时间有两种成分，其慢成分约 10 μs，故使用时计数率不能很高。

目前大量使用的无机闪烁体还有 BGO($Bi_4Ge_3O_{12}$)、$PbWO_4$ 等。

2.1.6.5　光收集的均匀性

不论对什么闪烁探测器，希望尽可能多地收集从致电离粒子轨迹处发射的各向同性的光，然而闪烁体内的光学自吸收和闪烁体表面的损失，使得光收集不够理想。除了非常大的闪烁体或很少用的闪烁材料(ZnS)之外，自吸收不是重要的损失途径。因此，光收集的均匀性主要取决于闪烁体与其安装容器间界面的情况。

闪光向各个方向发射，仅仅有限的部分能直接传播到所安置的光电倍增管的光阴极表面。若要收集剩余的部分就必须让它在闪烁体的各个表面反射一次或多次。当光子到达闪烁体表面时，将发生全反射及发生部分反射和部分穿透表面。

为了回收由表面跑出的光，除了装有光电倍增管的一面，闪烁体的其他各面一般都有反射体包围着。反射体可以是镜面反射也可以是漫反射的。抛光的金属面就能起反射体的作用。然而，用氧化镁或氧化铝这样的漫反射体通常可得到更好的效果。

闪烁体与光电倍增管光学耦合很重要，这样无内反射，所有投射到表面上的光都会传到光电倍增管的光阴极上。若用相同折射率的光学耦合流体填充闪烁体和光电倍增管之间的界面，就可达到近于完善的耦合。

2.1.6.6　光导

有时不宜于甚至不可能将光电倍增管直接与闪烁体耦合。例如，闪烁体的大小和形状可能不便于匹配光电倍增管的圆形光阴极表面。用透明固体(称为光导)把闪烁体同光电倍增管切实地耦合在一起，使之起到引导光的作用，通常可以达到较高的光收集效率。

2.1.6.7　光电倍增管

光电倍增管能将一般不过是几百个光子的光信号转换成可用的电流脉冲而不至于把大量的杂乱噪声附加到信号中。

光电倍增管是由叫做光阴极的光敏层和叫打拿极构成的电子倍增系统两个主要部件组合成的。光阴极的作用是把尽可能多的入射光子转换成低能的光电子。当来自闪烁体的光构成脉冲时，所产生的光电子也将是持续时间类同的脉冲。光电倍增管的电子倍增部分不但用作近于理想的电子数目放大器，而且提供了有效收集电子的几何结构。经过倍增结构放大以后，一个典型的闪烁脉冲将产生 10^7～10^{10} 个电子，这足可作为初始闪烁事件的电荷信号。这样的电荷一般是收集在倍增结构的阳极或输出极上。

光电倍增管通常用玻璃做外壳，内部抽成真空。不同类型的管子，电极结构不同，各电极的引出线通过底座与管脚相连。

大多数光电倍增管以极为线性的方式进行电荷放大，产生与初始光电子数在很宽幅度范围内保持正比关系的输出脉冲。初始光脉冲的许多时间信息也被保留下来。

2.1.6.8 光电倍增管的线性

对于从一个光电子到数千个光电子范围内的脉冲来说，几乎所有光电倍增管的电子倍增因子都保持恒定。在这些条件下，阳极收集的脉冲幅度与光电子数目呈线性关系，从而与闪烁光强度也呈线性关系。由于在电子数最多的最后一个打拿极和阳极之间的空间电荷效应，对于很大的脉冲可能出现非线性。空间电荷的形成影响了这个区域的电子轨迹，从而使一些本来会被收集的电子丢失了。在脉冲的倍增过程中，打拿极的电压若偏离其平衡值，是在高脉冲幅度下引起非线性的另一种因素。在正常的闪烁脉冲计数情况下，使用适当设计的分压器，这些效应是不重要的，光电倍增管仍保持在线性范围内。

2.1.6.9 光屏蔽和磁屏蔽

光电倍增管所能接受的光是很弱的，故光电倍增管不能在漏光情况下使用。强的光入射，将因电流过大会使光阴极和打拿极疲劳或烧毁，从而丧失发射电子的能力以致管子不能使用，故光电倍增管必须放在对光密封的外壳内，才能加上工作电压使用。

光电倍增管的电子光学系统对杂散磁场特别敏感，因为电子从一个打拿极到另一打拿极运动时的平均能量低(数量级约为 100 eV)。光电倍增管有可能在杂散磁场附近使用，在此情况下，必须设置磁屏蔽以防止光电倍增管增益漂移。最普通的形式是在紧靠光电倍增管玻璃壳外装一个玻莫合金薄圆筒。对于大部分光电倍增管设计，这个屏蔽体必须与光阴极同电位，以避免干扰光阴极和第一个打拿极之间的静电场。

2.1.6.10 闪烁探测器的应用

核电厂运行中，经常使用闪烁探测器。监测反应堆一回路水中的总 γ 放射性，可判断堆芯的燃料元件有无破损；监测二回路水中的 γ 放射性水平，可判断一回路的水是否漏失到二回路中。

使用有效原子序数接近空气或人体组织的闪烁体，可以代替电离室测量剂量率。例如，10 cm^3 体积的闪烁体的闪烁探测器，对 2.58×10^{-6} C/(kg · h)至 1.29×10^{-1} C/(kg · h)的照射量将给出 10^{-13} A 至 5×10^{-9} A 的电流。这样的装置比空气电离室的工作范围要宽。

2.1.7 固体探测器

在辐射探测的应用中，采用固体探测介质有很大的优点。因为固体的密度比空气大1 000倍左右，对于高能电子或 γ 射线的测量，固体探测器的尺寸比等效的充气探测器小很多。

2.1.7.1 固体中的能带结构

在纯晶体材料中，任一电子都必须位于由禁戒能隙(禁带宽度)或能区分开的一些能带中的一个能带上。图 2-16 给出了绝缘体和半导体的简化能带图。较低的能带称为价带，相当于原子的基态；邻近的高能带称为导带，相对于原子的激发态。处于导带的电子对材料的导电率有贡献。两种能带由带隙分开，带隙的大小决定了是半导体还是绝缘体。在无热激发时，绝缘体和半导体的组态都会是：价带全满，导带全空。因此，在这种情况下，绝缘体和半导体都不会表现出任何导电性。

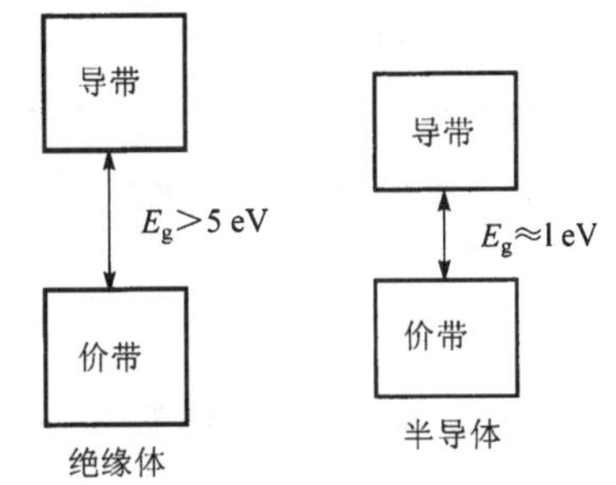

图 2-16　绝缘体和半导体中电子的能带结构

2.1.7.2　电荷载流子

在非零温度下，价带中的电子可能穿越带隙升入导带。这种过程不仅能使原有的空导带增添电子，而且还给原来的价带留下空穴。二者的结合体称为电子—空穴对，大致是气体中的离子对的固体模拟。单位时间内因受热产生电子一空穴对的概率为

$$P(T) = CT^{3/2}\exp[-E_g/(2kT)] \tag{2-11}$$

式中，T—— 绝对温度；

k—— 玻耳兹曼常数；

E_g—— 能隙宽度；

C—— 材料的特征比例常数。

2.1.7.3　电荷载流子在电场中的迁移

当给半导体材料加上电场时，电子与空穴将向相反方向迁移。这个运动是随机热运动与平行于电场方向的净漂移的组合。电场强度较低或者中等时，漂移速度正比于外加电场。电场较高时，漂移速度随电场的增加较慢，最后达到饱和速度。

许多固体探测器都工作在足够高的电场下，以得到电荷载流子的饱和速度。饱和速度约为 10^7 cm/s，所以在 0.1 cm 以下的典型尺寸上收集载流子所需要的时间在 10 ns 以下。

表 2-3 给出了半导体材料有关的数据。

表 2-3　硅和锗的一些性能

	硅(Si)	锗(Ge)
原子序数	14	32
相对原子质量	28.09	72.60
稳定同位素的质量数	28,29,30	70,72,73,74,76
密度(300 K)/(g/cm^3)	2.33	5.33
原子数目/(1/cm^3)	4.96×10^{22}	4.41×10^{22}
介电常数	12	16
能带宽度(300 K)/eV	1.115	0.665
能带宽度(0 K)/eV	1.165	0.745
本征载流子浓度(300 K)/(1/ cm^3)	1.5×10^{10}	2.4×10^{13}
本征电阻率/ (Ω · cm)	2.3×10^5	47
电子迁移率(300 K)/(cm^2/V · s)	1 350	3 900
空穴迁移率(300 K)/ (cm^2/V · s)	480	1 900
产生电子—空穴对的能量(300 K)/eV	3.62	约 3
法诺因子	0.08～0.14	0.05～0.12

2.1.7.4 “电离能”

带电粒子穿过半导体时，总的效应是沿粒子轨迹产生许多电子—空穴对。初始带电粒子为产生一个电子一空穴对所消耗的平均能量，常被不严格地称作“电离能”，仍以符号 W 表示。

半导体的主要优点在于电离能低。硅或锗的 W 值约为 3 eV。

2.1.7.5 pn 结型半导体探测器

n 型材料的净效应是产生一种导电电子数比纯材料大得多，而空穴数比纯材料小得多的状态。导电率仅由电子流决定。电子被称作多数载流子，空穴被称为少数载流子。在 p 型半导体中，空穴称为多数载流子，而电子称为少数载流子。

当 n 型半导体材料和 p 型半导体挨在一起且具有良好的热力学接触时，就形成 pn 结型半导体探测器，电荷载流子就能通过结迁移。

由于在结的两边，电子和空穴的浓度不同，对自由迁移的任何载流子都必然发生从高浓度区到低浓度区的净扩散，净扩散的结果在结的附近形成电荷不平衡的区域，称为耗尽层。

如果在 pn 结上加上这样的电压，使 p 边相对 n 边为负，结就加上了反向偏压。在这种情况下是少数载流子被吸引过结。由于它们的浓度很低，通过 pn 结的反向电流很小。

当在结上加反向偏压时，所有的反向电压都加在耗尽层上，这是因为耗尽层的电阻率远大于普通 n 型材料和 p 型材料。这时耗尽层的厚度可用下式表示

$$d \cong (2\varepsilon V\mu\rho)^{1/2} \tag{2-12}$$

式中，ρ—— 掺杂半导体的电阻率；

μ—— 多数载流子的迁移率；

V—— 所加的偏压；

ε—— 半导体材料的介电常数。

由于在结的两边集结着一定量的电荷，耗尽层显示出一些电容器的性质。单位面积的电容值为

$$C_d = (e\varepsilon N/2V)^{1/2} \tag{2-13}$$

式中，N——结的掺杂浓度较低一边的掺杂物浓度；

e——电子的电荷；

其他参数的意义如式(2-12)的解释。

2.1.7.6 高纯锗半导体探测器

现在高纯锗半导体探测器广泛地应用于 γ 谱学和含 γ 放射性样品的核素分析。

高纯锗半导体探测器有平面型和同轴型两种。平面型高纯锗探测器的运行原理如图 2-17 所示。

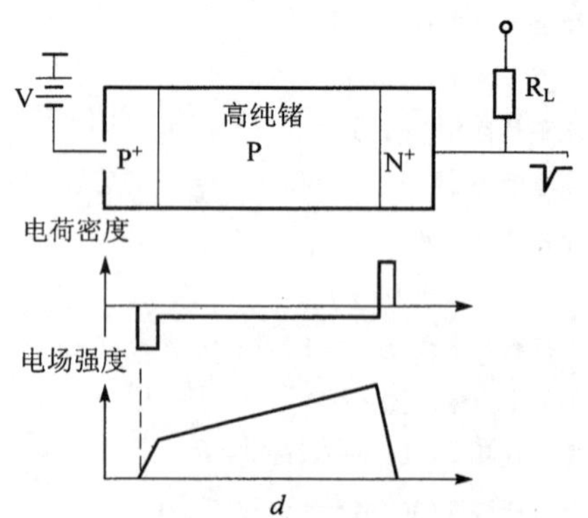

图 2-17 平面型高纯锗探测器的运行状况原理图

对于图示的平面型高纯锗探测器而言，这是一种 n^+pp^+ 结探测器。探测器的灵敏区从高纯锗区的 n^+ 边界开始延伸进入高纯锗区，随着工作电压的增长，灵敏区可一直扩散到高纯锗区 p^+ 边界。与 pn 结探测器类似，灵敏层厚度 d 与外加偏压的关系与式

(2-12) 相同，结电容的表示式与式(2-13) 相同。只有当 V 足够高，使 d 的数值大于高纯锗层的厚度时，探测器灵敏区厚度达到极大值。因此，高纯锗探测器运行时，工作电压随灵敏区厚度的要求而变。高纯锗探测器的结电容随 V 的增长而下降，当 V 超过一定数值以后，不再下降。

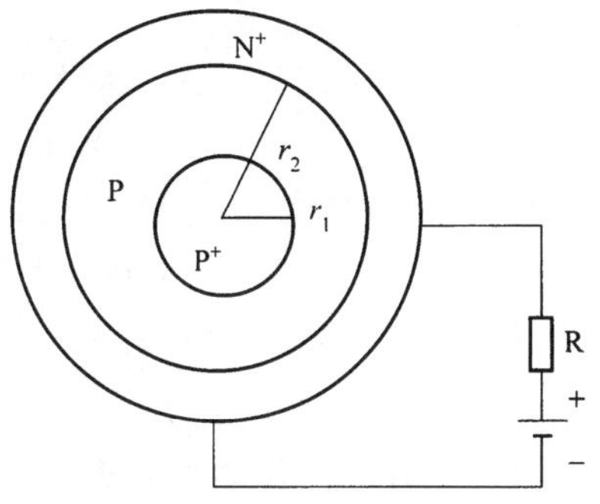

图 2-18　同轴型高纯锗探测器运行状况原理图

p 型高纯锗制成的同轴型探测器的工作原理图示于图 2-18。在同轴型高纯锗 p 区的电场强度可用下式表示：

$$E(r)=\frac{rN_Ae}{2\varepsilon}+\frac{V-N_Ae(r_2^2-r_1^2)/4\varepsilon}{r\ln(r_2/r_1)} \tag{2-14}$$

式中，ε—— 介电常数；

N_A——p 型高纯锗的受主杂质浓度；

r—— 离中心轴线的垂直距离；

e——1.6×10^{-19} C。

为了保证探测器的灵敏区厚度达到探测器本身的几何厚度的最大值 r_2-r_1，加到探测器上的工作电压的最小值可用下式计算：

$$V_{min}=[r_1^2\ln(r_2/r_1)-(r_2^2-r_1^2)/2]/2\varepsilon\rho \tag{2-15}$$

同轴型探测器的结电容随 V 的增大而下降，当工作电压超过 V_{min} 以后，电容数值不再减少。

2.1.8　中子探测器

中子是借助产生具有相当能量的带电粒子的核反应探测的。实际上各种类型的中子探测器是用来进行这种转换的一种靶材料和前几节所讨论的某种常用辐射探测器组合而成。

2.1.8.1　与探测中子有关的核反应

寻求中子探测的核反应时，必须考虑几个因素。首先，反应截面要尽量大；其次，靶核应是天然元素中同位素丰度高的核素；第三，反应的 Q 值应当高，于是用简单的幅度甄别去除 γ 事件也较容易。

(1) $^{10}B(n,\alpha)$反应

$^{10}B(n,\alpha)$反应式为

$$^{10}_{5}B+^{1}_{0}n\begin{cases}^{7}_{3}Li+^{4}_{2}He+2.792\text{ MeV}\\ ^{7}_{3}Li^{*}+^{4}_{2}He+2.310\text{ MeV}\\ ^{7}_{3}Li^{*}\rightarrow Li+0.482\text{ MeV}\end{cases} \tag{2-16}$$

该反应可将慢中子转换为可测带电粒子的最普通反应，反应产物$^{7}_{3}Li$ 可能处于基态，也可能处于第一受激态。当热中子引起核反应时，全部反应的 94%导致受激态，只有 6%直接到基态。对于受激态，α 粒子和 Li 核的能量分别为：$E_{Li}=0.84$ MeV，$E_\alpha=1.47$ MeV。

$^{10}B(n,\alpha)$反应的热中子截面值为 3 840 b。截面值随着中子能量增加而迅速下降，在大部分能区内正比于中子速度的倒数。^{10}B 的天然同位素丰度为 19.8%。

(2) ^{6}Li(n,α)反应

探测慢中子的另一个反应是^{6}Li(n,α)反应

$$^{6}_{3}Li + ^{1}_{0}n \rightarrow ^{3}_{1}H + ^{4}_{2}He + 4.78\ MeV \tag{2-17}$$

当入射中子能量可以忽略不计时,反应产物的能量计算值为 $E_{^3H}=2.73$ MeV,$E_{\alpha}=2.05$ MeV。入射中子能量较低时,此反应中产生的 α 粒子和氚粒子的飞行方向相反。

该反应的热中子截面为 940 b。^{6}Li 在天然同位素中的丰度为 7.4%。

(3) ^{3}He(n,p)反应

^{3}He 气体也广泛地用作探测中子的介质,其反应式为

$$^{3}_{2}He + ^{1}_{0}n \longrightarrow ^{3}_{1}H + ^{1}_{1}H + 0.765\ MeV \tag{2-18}$$

对于由慢中子引起的反应,产生飞行方向相反的两个产物,其能量分别为 $E_{P}=0.574$ MeV,$E_{^3H}=0.19$ MeV。此反应的热中子截面值为 5 330 b。

反应截面很高的^{3}He(n,p)反应,对于慢中子探测来说是一个极有吸引力的选择对象,但^{3}He 是惰性气体,不能加工成固态化合物,必须使用其气态。

2.1.8.2 中子探测器

(1) 三氟化硼正比计数管

广泛使用的慢中子探测器是三氟化硼正比计数管。三氟化硼不仅是正比气体,而且还是将慢中子转换成次级粒子的靶。几乎所有三氟化硼正比计数管所使用的^{10}B 都是高度浓缩的^{10}B。

如果计数管的大小不比反应产生的 α 粒子和反冲锂核的射程大,此时某些事件就不能将反应的全部能量积存在该气体中。如这两种粒子的任一种撞击管壁,则产生一个较小的脉冲。该过程的累积效应称之为气体计数管的"管壁效应"。对于一般的 BF_3 的气压,核反应产生的 α 粒子的射程为 1 cm。

可找出一个稳定的工作点或一个计数坪,这样工作参数的小漂移不会影响计数管的中子灵敏度。

制作较大的计数管能够增加中子探测效率并抑制管壁效应。提高 BF_3气体的压力能收到相同的效果。

BF_3计数管普遍采用圆柱形外壳阴极和小直径中心丝极的结构。由于铝与中子的相互作用截面小,所以常用铝作阴极材料。一般阳极直径在 0.1mm,工作电压在 2 000～3 000 V之间。

(2) ^{3}He正比计数管

纯度足够的^{3}He可作为一种合格的正比气体,因此^{3}He正比计数管已普遍使用。反应产物的射程并不始终都比正比计数管的尺寸小,所以管壁效应对于^{3}He正比计数管同样重要。

与 BF_3计数管相比,^{3}He能够在高得多的气压下工作且具有满意的气体倍增性能,因此在需要极高探测效率的场合下使用更为可取。但是,^{3}He反应的 Q 值较低,使得甄别 γ 射线比 BF_3计数管更困难些。

(3) 锂闪烁体慢中子探测器

由于没有稳定的含锂正比气体,故不能得到与 BF_3计数管相当的锂计数管。锂反应后只存在产物核的基态,所有慢中子相互作用给与反应产物的能量也总是相同的。因此探测

器全部吸收这个能量产生的脉冲幅度分布是个简单的单峰。

含锂闪烁体用作慢中子探测器是极为常见的。晶体碘化锂和碘化钠的化学性质相似，因而是必然的选择对象。若把少量铕(原子数小于 1%)作为激活剂加入碘化锂闪烁体，光输出能达到相当于 NaI(Tl)产额的 35%左右，衰减时间接近 0.3 μs。

与碘化钠相似，碘化锂吸水性强而不能接触水蒸气。商品供应的晶体都密封在一面装有透光窗的一种薄外壳材料内。由于碘化锂的密度高，不需要大尺寸的晶体就能非常有效地探测慢中子。例如，由高浓缩的^{6}Li 制备的 10 mm 厚晶体对于能量由热能直到 0.5 eV 镉切割能的中子几乎保持百分之百的探测效率。

2.2　辐射监测中的核电子学设备

2.2.1　辐射监测常用的测量仪表

2.2.1.1　概述

辐射监测系统应能连续或周期地监测安全壳内的空气、核电厂各种放射性流出物及厂房内各放射性工作场所辐射水平及其变化。一旦被监测的系统或放射性场所的放射性水平显著地增加，就立即向控制室发出报警，设在控制室的记录设备能将所监测的辐射水平予以记录，并保存若干年。

辐射防护仪表种类繁多，但其分类目前还没有一个统一标准。按其监测对象，可以分为巡测与场所监测、环境监测和个人监测三种。按辐射的种类，可分为 α 射线、β 射线、X 射线、γ 射线和中子等防护仪表。按监测的介质可分为气体、液体和气溶胶等监测装置。按探测器的类型，可分为以电离室、正比计数器、G-M 计数器、闪烁计数器和固体探测器为探测元件的监测仪表。按监测仪表的使用方法，可分为固定式和可携式两种。按供电方式，可分为交流供电和电池(直流)供电两种。

从核电厂辐射监测实际应用的角度，可将辐射监测系统分为两部分：辐射防护监测和辐射工艺(过程)监测。前者主要是以保护放射性工作人员和公众身体免受意外辐射伤害为目的的，而后者主要是以监测各种放射性工艺设备所包含的介质的放射性水平和工艺设备的密封性为目的的。但在某些情况下，两者的界限很难绝对分清，其功能可能相互交叉。

仅以测量放射性水平为目的的仪表，称之为测量仪。既能测量放射性水平又能预设报警阈值，且测量值等于或大于报警阈值时能够给出声和光报警信号的仪表，称之为监测仪。

目前一些国际组织，如国际电工委员会和国际标准化组织，和我国的核安全机构，如国家核安全局和中国核工业集团公司，为了能够对防护仪表进行统一的和全面的评价、刻度和检验，使得到的数据充分而有意义，提出了一些标准化建议。这些建议中，一般都叙述了仪表有关的术语、性能评价内容和评价方法。除了辐射特性外，仪表性能评价内容包括了电特性、环境特性、机械特性和安全特性等，也包括了用户和生产厂家就某些特性进行协商的内容。这些建议都是总结以前的经验并结合当前的技术水平而制定的。

对核电厂辐射监测而言，监测方法及其原理相对固定，但监测仪表随着技术的发展却在迅速变化，大致有如下几种趋势。

(1) 统一和标准化

术语、基本概念、性能要求、检验与刻度方法等的统一和标准化。

(2) 通用化

电子学设备可连接多个或多种探测器。在量程和能量响应范围等方面配套，以便满足从本底到事故剂量(10^{-7}～10 Sv/h)的测量要求。

(3) 小型化

探头型号保持不变，不断更新电子学器件，广泛采用集成电路和数字显示，使电子学设备体积小和功耗低。

(4) 性能高

测量的能量范围宽、效率高、分辨率高和测量精度高。

(5) 智能化

探测器附加电子学线路和存储器，存入探测器类型和工作参数及测量数据，使电子学设备可自动识别探测器类型并自动满足其工作参数要求，失电时不丢失测量数据。

(6) 网络化

按照不同子系统的安全级别组成星形网和环形网，对各种有关数据进行处理、存取，形成各种报表，并与电厂的信息公路相连，向电厂主计算机提供必要的数据。

(7) 无线传输

安装于现场的探头通过发射机向远离现场、带有接收机的电子学设备发送测量数据，可省掉大量电缆投资。

2.2.1.2 辐射监测仪表的组成

一般来说，辐射测量仪表由探测器、前置放大器和放大器或电荷-频率(C-F)转换器、记数或显示装置、数据储存装置和电源等单元组成。目前的智能化仪表带有微处理器，可储存参数和测量数据，并具有一定的控制功能。对于监测仪，除具有上述部分外，还可在整个测量范围内设置报警值，带有2～4对继电器触点，用于输出声和光报警信号或驱动其他设备动作的信号。

(1) 探测器

核电厂的辐射监测中，许多类型的探测器，如电离室、正比计数器、G-M计数器、闪烁探测器和固体探测器等都可作为防护仪表的探测元件。

(2) 电子学单元

探测器输出的信号太微弱，要想对它显示、记录和驱动其他设备，必须加以放大、处理，这就是电子学单元的任务。一般来说，探测器本身的输出阻抗太大，进行阻抗匹配也是某些电子学单元的任务。

放大器是电子学基本单元之一，它能将微弱的电流(压)信号加以放大。它的基本特性就是放大倍数增益和频率响应。放大倍数就是输出信号幅度和输入信号幅度的比值，而频率响应关系到放大前后脉冲信号前、后沿的变化。工作于脉冲方式的电离室、正比计数管、G-M计数管、闪烁探测器和固体探测器都要连接放大器。电流工作方式的电离室后连接电荷一频率变换器。

甄别成形电路是电子学的另一个基本单元，它设置一个下甄别阈去除某些干扰或噪声信号，而使真正想要的与待测辐射有关的信号通过。成形电路是将幅度不等、形状不一的脉冲信号变成幅度相等、形状相同的信号以便计数。如果要做能谱分析，不用成形电路。

(3) 记录单元

计数、显示和报警电路是将测量结果显示给操作人员、储存在各种介质上并在必要时给出报警信号。

以上电子学单元根据其安装位置和功能组合，可做成就地信号处理单元、就地显示和报警单元、远程显示和报警单元及数据处理储存单元。

2.2.2 核电子学系统

核电子学系统可分成两个主要的类型：脉冲型和电流型，其相应的输入分别为脉冲型探测器和电流型探测器。每一种类型都会涉及线性电路和非线性电路，模拟和数字电路。在线性脉冲电路中，如线性放大器，其输出幅度与输入幅度成正比；而在非线性电路中，如对数放大器，其输出幅度与输入幅度不再成正比。

直流电路在辐射监测仪器中的应用十分广泛。输入一般是来自电离室的小电流，采用直流放大器将小电流放大到能够推动表头、记录仪或其他器件的水平。由于在辐射监测中常常遇到电流范围变化很大的情况，在线性放大器中经常使用自动量程转换的技术；对数直流放大器可省去量程转换，但其读数没有线性仪器精确。

2.2.3 脉冲计数系统

脉冲计数系统的功能是记录探测器输出的脉冲数目，图2-19是一个简单的脉冲计数系统的方块图。

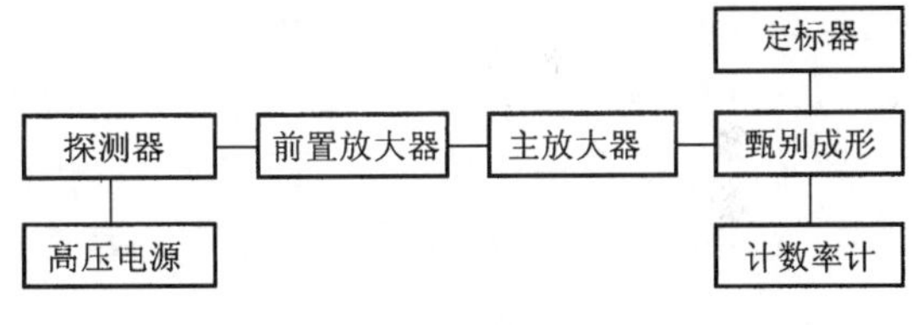

图2-19　脉冲计数系统

通常探测器的位置处于强辐射场中，它离主放大器和系统的其他单元有一定的距离。探测器和放大器之间的电缆将使脉冲幅度衰减、上升时间增大，并引入噪声。为避免这种情况发生，在靠近探测器处配设前置放大器。前置放大器与探测器直接连接或至多用2 m长的低损耗和小电容的同轴电缆连接。前置放大器再通过较长的同轴电缆与主放大器连接。前置放大器的主要功能是将探测器的高阻抗输入转变为低阻抗(75 Ω或50 Ω)输出，可有一定的增益以提高信号幅度超过噪声，可改变极性或不改变极性。

线性脉冲放大器的主要作用是放大探测器的幅度，而又要使引入的噪声和非线性尽可能小，其辅助作用包括脉冲成形和阻抗变换需要考虑的其他特性为上升时间(频宽)、处理高计数的能力、接受过高幅度(过载)的脉冲后良好的恢复能力和增益的稳定性。系统的大部分增益是由主放大器提供的。放大器的输出是标准化的，一般最大是5 V或10 V。探测器脉冲幅度为毫伏量级，所以总的增益为10^3～10^4倍。闪烁探测器要求的增益较小，为减少脉冲堆积和噪声，以及提供适合后接仪器工作的波形，在放大器中要对脉冲整形。

甄别器的功能是当信号幅度超过定值时产生一个逻辑脉冲输出。通过甄别器阈电压的定值可以剔除系统的电噪声和本底脉冲。

定标器能存储来自甄别器的脉冲数目，根据定时器确定的时间间隔内积累的脉冲数目可求得计数率。计数率计给出一个正比于平均计数率的直流输出。现在定标器和计数率计的显示都是数字的。

2.2.4 单道分析器和多道分析器

单道分析器是由上限和下限甄别器和一个接在它两输出端的反符合电路所组成,仅当输入脉冲幅度超过下限甄别器的阈值而又没有超过上限甄别器的阈值时,单道分析器才输出一个逻辑脉冲。

用单道分析器测量能谱是可能的,但更好的方法是将放大器的输出脉冲送入多道脉冲幅度分析器。现代多道分析器由一个与计算机型存储器相连接的模拟-数字变换器和其控制电路以及输出装置组成。模拟-数字变换器将输入的脉冲幅度数字化,整个分析范围可分成 256 道到 16 384 道,256 道分析器对闪烁谱仪已经足够,高纯锗谱仪需要更多的道数。

2.3 辐射测量的统计学

放射性衰变是一种统计过程,因此,核衰变中辐射的测量都有统计涨落。这种固有的统计涨落是所有核测量的不确定性的一种不可避免的来源,而且往往可能是不精密程度或误差的主要来源。辐射测量的统计学包括为处理实验结果和预测从这些测量中导出的量值的精密度所需要的统计分析的基本内容。

辐射测量统计学的意义归结为两个方面。首先是用于检验一台核计数装置的正常功能。在所有实验条件尽可能保持不变的情况下记录一组测量数据,由于统计涨落的影响,这些测量结果并不总是相同的,而是在某一范围内变化。这个涨落可以定量地计算出来,并且可以与统计模型的预估值相比较,若观察的涨落与预估值不符,则可以断定该计数系统存在某种异常。第二种用途用于处理只有一次测量的情况,这时可以用辐射测量统计学预测其固有的统计不确定性,从而估计该单次测量应有的精确度。

2.3.1 概率分布

2.3.1.1 数据的特征

假定在相同条件下对某一物理量有 N 个相互无关的测量值:

$$x_1, x_2, \cdots, x_i, \cdots, x_N$$

进一步假定,这些数据的单次值 x_i 只能取整数值,因此这个数据可以代表诸如辐射计数器在相等的时间间隔内,测得的几个相继读数。这组数据的两个基本特性为

$$\text{“总和”}\ \Sigma = \sum_{i=1}^{N} x_i \tag{2-19}$$

$$\text{“实验平均值”}\ \overline{x}_e = \Sigma / N \tag{2-20}$$

实验平均值用脚标 e 标注以便与下边将要介绍的特定统计模型导出的平均值相区别。

用频度分布函数 $F(x)$ 表征数据组是很方便的。$F(x)$ 的值是该数在数据组中出现的相对频率,即

$$F(x) = \text{“}x\text{”值出现的次数 / 测量次数} \tag{2-21}$$

频度分布函数是归一化的

$$\sum_{x=0}^{\infty} F(x) = 1 \tag{2-22}$$

只要不注重这些数字的具体顺序，完整的数据分布函数 $F(x)$ 即可给出原始数据组所包含的全部信息。

表 2-4 给出含有 20 个数据的一组假设数据，相应的 $F(x)$ 值也列于其中。由于这些数据的值在 3～14 之间，所以仅当自变量 x 在这两个极值之间时，分布函数才可能是非零值。

这些数据表明，$\overline{x}_e = 8.8$。在某种意义上分布函数是以实验平均值为中心的。此外，分布函数的相对形状还定性地表示出这组数据固有涨落的大小。

可用数据分布函数计算实验平均值，因为任何分布的平均值都是该分布的线性矩：

$$\overline{x}_e = \sum_{i=1}^{N} x_i F(x_i) \tag{2-23}$$

也可以导出另一个参数，称为样本方差，用它定量量度数据固有涨落的大小。先求出任一数据点相对于平均值的偏差

$$\varepsilon_i = x_i - \overline{x}_e \tag{2-24}$$

表 2-4　数据分布函数举例

数据		频数分布函数	
8	14	$F(3)=1/20$	$=0.05$
5	8	$F(4)$	$=0$
12	8	$F(5)$	$=0.05$
10	3	$F(6)$	$=0.10$
13	9	$F(7)$	$=0.10$
7	12	$F(8)$	$=0.20$
9	6	$F(9)$	$=0.10$
10	10	$F(10)$	$=0.15$
6	8	$F(11)$	$=0.05$
11	7	$F(12)$	$=0.10$
		$F(13)$	$=0.05$
		$F(14)$	$=0.05$
		$\sum_{x=0}^{\infty} F(x)$	$=1.00$

正偏差和负偏差的贡献一定是相等的，所以

$$\sum_{i=1}^{N} \varepsilon_i = 0 \tag{2-25}$$

但是如果取每个偏差的平方，结果总是正数。可以引进样本方差 S^2

$$S^2 = \frac{1}{N-1} \sum_{i=1}^{N} \varepsilon_i^2 \tag{2-26}$$

样本方差就是原始数据组固有涨落的一种量度。

只要数目 N 足够大，样本方差就是每个数据点方差的平均值。确切地说，样本方差更基本的定义是每个数据点相对于在数据点累积到无限多时才能求出的真平均值的偏差平方的平均值：

$$S^2 = \frac{1}{N}\sum_{i=1}^{\infty}(x_i - \overline{x}_e)^2 \tag{2-27}$$

由于不能从有限次数的一组测量数据求出$\overline{x}$，因而用$\overline{x}_e$计算偏差值。按统计学的说法，系统的自由度个数减少了 1，出现在式(2-26)分母中的－1 就是表示这种自由度个数减少效应的。

样本方差是数据组离散程度的绝对量度，在一级近似下与数据组中的数据个数无关。例如，对表 2-4 所示的数据，用同样的方法再收集另外 20 个数据而加以扩充时，不能期望从扩充后的 40 个数据集合中算出的样本方差显著不同于原来的结果。

由分布函数 $F(x)$能够直接计算样本方差。由于式(2-27)表示的 S^2就是$(x_i-\overline{x}_e)^2$ 的平均值，因此

$$S^2 = \sum_{i=1}^{\infty}(x_i - \overline{x}_e)^2 F(x) \tag{2-28}$$

展开上式，将得到众所周知的结果：

$$S^2 = \overline{x_i^2} - \overline{x}_e^2 \tag{2-29}$$

由以上讨论可得出两点结论：

1）任一数据组都能用其频度分布函数 $F(x)$完整地描述；

2）频度分布函数的两个特征：实验平均值和样本方差是特别重要的。

2.3.1.2 统计模型

在某些情况下，能够使用描述多次重复某一测量的结果的分布函数，预测在给定的次数中成功的次数。设每次试验都是只有两种结果的二元过程：试验不是成功就是不成功。对下边提到的每件事，假定所有成功的概率是恒定的。

表 2-5 给出了三个独立的例子，说明这些条件如何应用于实际情况。第三个例子为应用于统计核辐射事件提供了依据。在这个事例中，试验是在时间 t 内观察某种放射性核，试验数等于所观察的样品中的核子数，而测量是记录衰变的核子数。把任一次试验成功的概率用 p 表示。在放射性衰变试验中，这个概率等于$(1-e^{-\lambda t})$，其中 λ 是该放射性样品的衰变常数。

表 2-5 二元过程的例子

试验	成功的定义	成功的概率 p
掷硬币	“分值面”	1/2
掷骰子	“6”面	1/6
在时间 t 内观测既定的放射性核素	在观测期间内核发生衰变	$1-e^{-\lambda t}$

(1) 二项式分布

这是一种通用的模型，广泛应用于所有的概率 p 恒定的过程。然而，在放射性衰变试

验中核子数目总是很大的，二项式分布的计算任务是很繁重的，很少用于核现象试验中。检验高计数效率探测器测量很短寿命的放射性同位素获取的数据，必须使用二项式分布。

如果试验的次数为 n，而每次试验成功的概率为 p，则记录到整数 x 次成功的概率的预测值可以写成

$$p(x)=\frac{n!}{(n-x)!x!}p^{x}(1-p)^{n-x} \tag{2-30}$$

式中，$p(x)$—— 按二项式分布给出的预测概率分布函数，且只限于 n 和 x 为整数值的情况。

对核衰变而言，设 $t=0$ 时，放射性原子核数目为 N_0；t 时刻，放射性核的数目 $N(t)=N_0\mathrm{e}^{-\lambda t}$。从 $0\sim t$ 间隔内，记录到核衰变的数目 x 为 $N_0(1-\mathrm{e}^{-\lambda t})$，则在 t 时内，任何一个单个核衰变的概率为

$$p=\frac{N_0(1-\mathrm{e}^{-\lambda t})}{N_0}=1-\mathrm{e}^{-\lambda t} \tag{2-31}$$

而不衰变的概率是 $q=1-p=\mathrm{e}^{-\lambda t}$。将上述 p 和 q 代入二项式分布中，则在 t 时间间隔内有 n 个核衰变的概率

$$p(x)=\frac{N_0!}{(N_0-n)!x!}(1-\mathrm{e}^{-\lambda t})^{x}(\mathrm{e}^{-\lambda t})^{N_0-x} \tag{2-32}$$

再举一个应用二项式分布的例子。设想有一个理想的骰子，掷到 1～6 的概率完全相同。规定掷得数 3、4、5 或 6 之任一数都为成功。由于在六种可能的结果中占了四种，因此单次成功的概率 p 为 4/6 或 0.667。现在总共掷十次骰子并记录按上述规定属于成功的次数。可用二项式分布计算在十次试验中正好 x 次成功的概率。x 可在 0～10 之间变化。表 2-6 给出了参数 $p=2/3$ 和 $n=10$ 时，由式(2-30)预测的概率分布值。

表 2-6　参数为 $p=2/3, n=10$ 时二项式分布的值

x	$p(x)$
0	0.000 02
1	0.000 34
2	0.003 05
3	0.016 26
4	0.056 90
5	0.136 56
6	0.227 61
7	0.260 12
8	0.195 09
9	0.086 71
10	0.017 34
	$\sum_{x=0}^{10}p(x)=1.000\ 00$

在掷十次骰子中，最可几的成功次数是 7，它出现的概率稍大于 1/4。由 $p(0)$ 的值可以

看出，在 10 000 组试验中，仅有两组在每组掷十次骰子中全不成功。

二项式分布有如下重要性质：

1）分布是归一化的，即

$$\sum_{x=0}^{n} p(x) = 1 \tag{2-33}$$

2）分布的平均值由下式给出

$$\overline{x} = \sum_{x=0}^{n} xp(x) \tag{2-34}$$

如果利用式(2-30)代替 $p(x)$ 并算出总和，则推导出非常简单的结果：

$$\overline{x} = pn \tag{2-35}$$

就是说可以用试验次数 n 乘以任一次试验成功的概率 p 计算期望的平均成功次数。在刚刚讨论的例子中，期望的平均成功次数为

$$\overline{x} = pn = (2/3) \times 10 = 6.67$$

平均值显然是任何预测的分布基本而又重要的特征。

3）预测方差是描述给定分布所预测的涨落的唯一参数。对一组实验数据，定义了一个如式(2-28)的参数，称为样本方差。与其类似，定义一个预测方差 σ^2，它是偏离由特定的统计模型 $p(x)$ 所预测的平均值的程度的量度：

$$\sigma^2 = \sum_{x=0}^{n} (x - \overline{x})^2 p(x) \tag{2-36}$$

习惯上 σ^2 称为方差，为强调它与预测的概率分布函数相关，称它为预测方差。习惯上还定义标准偏差为 σ^2 的平方根。在某种意义上方差是相对于平均值的偏差的平方的典型值。因此，σ 表示偏差的典型值，从而称为"标准偏差"。

如果求出在二项式分布给定的 $p(x)$ 的特定情况下，由式(2-36) 所示的总和，将得到如下结果：

$$\sigma^2 = np(1 - p) \tag{2-37}$$

由于 $\overline{x} = np$，可将上式写为

$$\sigma^2 = \overline{x}(1 - p) \tag{2-38}$$

$$\sigma = \sqrt{\overline{x}(1 - p)} \tag{2-39}$$

如此，就有了一个表示式，它将根据某一二项式分布的基本参数 n 和 p 立即预测该分布所固有的涨落量。

对于前边的例子，规定的成功概率 $p = 2/3$，每组测量掷十次骰子，即 $n = 10$，预测方差为

$$\sigma^2 = np(1 - p) = 10 \times 0.667 \times 0.333 = 2.22$$

取上式的平方根，得到预测的标准偏差

$$\sigma = \sqrt{\sigma^2} = \sqrt{2.22} = 1.49$$

（2）泊松分布

许多二元过程的特征都是每次实验的成功概率低。大多数核计数实验，样品中的核子数很大，而其中仅相当少的部分引起计数。在这种情况下 $p \ll 1$ 的近似将成立，从而对二项式分布进行一些数学简化。可以证明，在这种限制条件下二项式分布简化成如下形式

$$p(x) = \frac{(pn)^x e^{-pn}}{x!} \tag{2-40}$$

由于 $\overline{x}=np$ 对这种分布和二项式分布都成立，所以

$$p(x)=\frac{\overline{x}^{x}\mathrm{e}^{-x}}{x!} \tag{2-41}$$

这就是泊松分布的常见形式。泊松分布的重要性质：

1）分布是归一化的，即

$$\sum_{x=0}^{n}p(x)=1 \tag{2-42}$$

2）由分布计算的平均值为

$$\overline{x}=\sum_{x=0}^{n}xp(x)=pn \tag{2-43}$$

3）预测方差不同于二项式分布的预测方差。由定义，可得到

$$\sigma^2=\sum_{x=0}^{n}(x-\overline{x})^2p(x)=pn \tag{2-44}$$

这个结果也可由式(2-38)在 $p\ll 1$ 的条件下直接得到。由式(2-43)可得

$$\sigma^2=\overline{x} \tag{2-45}$$

预测的标准偏差为

$$\sigma=\sqrt{\overline{x}} \tag{2-46}$$

任何泊松分布的预测标准偏差正好是表征该分布的平均值的平方根。在 $p\ll 1$ 的限度内，由式(2-39)也可得到式(2-46)。

举一例子说明泊松分布的使用。随机地选择 1 000 人为一组，且规定测量是统计全组成员的生日。测量由 1 000 次试验组成，每次试验仅当天正好是他或她的生日时为成功。设生日在 1 年内是随机分布的，则成功的概率等于 1/365。由于 $p\ll 1$，可使用泊松分布描述这个试验。对于此例：$p=1/365=0.002\,74$，$n=1\,000$。由此可以得出：$\overline{x}=2.74$，$\sigma=1.66$。用下式

$$p(x)=\frac{(2.74)^{x}\mathrm{e}^{-2.74}}{x!}$$

可算出表 2-7 中所列的内容。

表 2-7　1 000 人中观察到 x 个人同日出生的概率

x	$p(x)$
0	0.064
1	0.177
2	0.242
3	0.221
4	0.152
5	0.083
6	0.038
7	0.014

$p(x)$ 给出在 1 000 人中作随机抽样将观察到恰恰 x 个人生日的预测概率。图 2-20 画出

了各个数值，数据表明最可几的结果是 $x=2$。平均值 2.74 也画在图中，在平均值两旁还画有标准偏差值。这种分布是以平均值为中心的，但对很低的平均值有明显的非对称性。

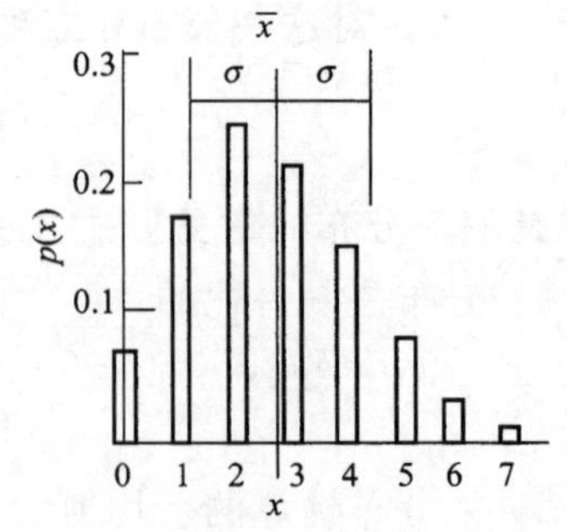

图 2-20 平均值$\overline{x}=2.74$ 的泊松分布

(3) 高斯分布或正态分布

泊松分布是二项式分布在 $p\ll1$ 限制下的数学简化。如果分布的平均值较大，例如，平均值大于等于 20，泊松分布可进一步简化而导致高斯分布：

$$p(x)=\frac{1}{\sqrt{2\pi\overline{x}}}e^{-\frac{(x-\overline{x})^2}{2\overline{x}}} \tag{2-47}$$

这又是一个仅对 x 整数值所定义的点状分布函数。它与泊松分布具有下述共同性质：

1) 分布是归一化的：$\sum\limits_{x=-\infty}^{+\infty}p(x)=1$；

2) 分布是由 np 乘积所给定的单参数$\overline{x}$ 表征的；

3) 预测方差 σ^2 仍然等于平均值$\overline{x}$。

高斯分布另有两个特点：

1) 分布对平均值是对称的。

2) 因为$\overline{x}$ 值大，所以 x 值相近的 $p(x)$ 值彼此相差不大。换句话说，分布是缓慢变化的。

回到先前那个从一群随机选择的个体统计生日的例子。但现在人的群体为 10 000 人。对此例，$p=1/365$，$n=10\ 000$，因而分布的预测平均值为$\overline{x}=np=27.4$。预测的平均值大于 20，可以用高斯分布预测许多次测量结果的分布，其中每次测量都是统计不同的万人组的生日数。观察到某一特点统计数 x 的预测概率由下式给出：

$$p(x)=\frac{1}{\sqrt{2\pi(27.4)}}e^{-\frac{(x-27.4)^2}{54.8}}$$

此例的预测标准偏差是

$$\sigma=\sqrt{27.4}=5.23$$

式(2-47)可以改写成如下形式

$$p(x)=\frac{1}{\sqrt{2\pi}\sigma}e^{-\frac{(x-\overline{x})^2}{2\sigma^2}} \tag{2-48}$$

由于高斯分布对称，且连续，利用这一特点可方便地计算出测量值出现在区间内的概率 $\Phi(\overline{x}\pm Z\sigma)$ 为

$$\Phi(\overline{x}\pm Z\sigma)=\frac{1}{\sqrt{2\pi}\sigma}\int_{x-Z\sigma}^{x+Z\sigma}e^{-\frac{(x-\overline{x})^2}{2\sigma^2}}dx \tag{2-49}$$

为便于计算，将式(2-49)换成一种标准化的高斯分布形式，令

$$Z=\frac{\overline{x}-x}{\sigma}$$

则

$$p(z)dz=\frac{1}{\sqrt{2\pi}}e^{-\frac{z^2}{2}}dz \tag{2-50}$$

此时，Z 坐标的原点在平均值$\bar{x}$处，它的坐标以 σ 为单位。式(2-50)也就是平均值为 0、标准偏差 σ 为 1 的分布，称 $N(0,1)$ 分布，又称标准正态分布。

利用标准化高斯分布做了大量计算，对不同 Z 值计算了测量值出现在 $0\pm Z$ 区间内的各种概率。例如，当 $Z=1$ 时，其概率 $\Phi(1)$ 由下式求得：

$$\Phi(1)=\int_{x-\sigma}^{x+\sigma}\frac{1}{\sqrt{2\pi}\sigma}e^{-\frac{(x-\bar{x})^2}{2\sigma^2}}dx=\frac{1}{\sqrt{2\pi}}\int_{-1}^{+1}e^{-\frac{Z^2}{2}}dZ=0.683 \tag{2-51}$$

式(2-51)表明一组服从高斯分布的测量值，其值落入平均值左、右一倍标准偏差范围内的概率是 68.3%，同理可以求得测量值出现在平均值左右两倍和三倍标准偏差范围内的概率。表 2-8 给出了对不同 Z 值算出的概率。

表 2-8　概率 $\Phi(Z)$ 和 Z 的数值关系

Z	$\Phi(Z)$
0.000	0.000
0.320	0.251
0.674	0.500
1.000	0.683
1.150	0.750
1.650	0.901
1.960	0.950
2.000	0.954
2.250	0.975
2.500	0.987
2.580	0.990
3.000	0.997
3.090	0.998
3.290	0.999
3.500	0.999 53
4.000	0.999 94

2.3.1.3　统计模型的应用

辐射测量统计学在核测量中有两种主要应用。第一种应用称之为“应用 A”，用统计模型分析确定多次测量同一个物理量的一组数据的固有涨落是否与统计预测相一致，其目的通常在于确定一个具体的计数系统工作是否正常。第二种应用称为“应用 B”：它是预测单次测量由于不可避免的统计涨落所造成的不精确的方法。

(1) 应用 A：确定计数系统工作是否正常

在全部实验条件尽可能保持不变的情况下，定期地用计数系统连续记录 20～50 次计数。用下述的分析方法，可以确定这些重复测量的量所呈现的固有涨落是否与仅有统计涨落时期望的涨落量相一致。用这种方法可以检测出计数系统某一部分工作异常的异常涨落量。

图 2-21 给出代表这种应用的一系列事项。实验数据的各种特性在图的左半部，而右半部是合适的统计模型的一些特性。设 N 次独立的测量的这组数据是由探测器相继得到的 1 min 的计数。可以编制由式(2-21)定义的分布函数 $F(x)$，然后计算出试验平均值$\overline{x}_e$ 和样本方差 S^2。下一步是为这些实验数据选择适当的统计模型。几乎普遍都希望选择泊松分布或高斯分布(取决于平均值大小)。这两种分布完全由各自的平均值 $\overline{x}$ 确定。$\overline{x}_e$ 是测量数据的分布的唯一最佳估计。令$\overline{x} = x_e$ 就为从图的左边过渡到右边提供了桥梁，于是有了完全确定的统计模型。当令 $p(x)$ 表示$\overline{x} = \overline{x}_e$ 的泊松分布或高斯分布时，只要统计模型精确地描述数据分布情况，测得的数据分布函数 $F(x)$ 应该近似地等于 $p(x)$，将 $p(x)$ 和 $F(x)$ 画在同一张图上，比较这两个分布的形状和幅度。

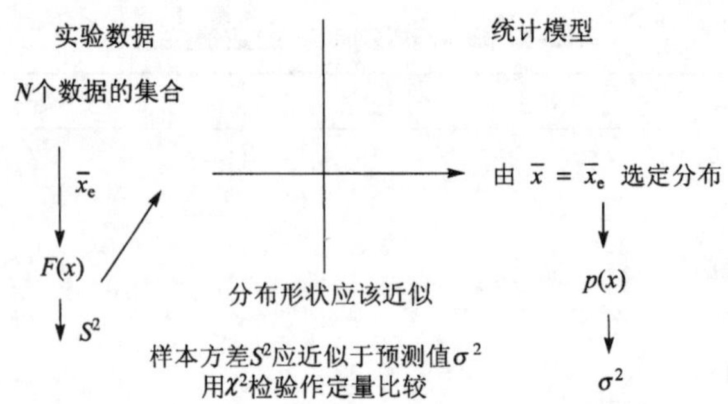

图 2-21 统计学“应用 A”的示例——数据集与统计模型一致性的检验

上述两个函数 $F(x)$ 和 $p(x)$ 的比较仅是定性的。希望从每个分布再选取一个参数，以便对它们进行定量比较。最基本的参数是平均值，但平均值已对比过，认为它们是相等的。第二个参数是方差，可以通过选定的统计模型的预测方差σ^2 并与测得的数据样本方差 S^2 相比较来进行定量对比。如果这些数据精确地由统计模型所表征，并呈现与统计预测相一致的固有涨落程度，则这两个方差值应该大致相同。进行这种对比而导出定量结论的方法为“χ^2 检验”。

参考表 2-4 的数据，由于收集的实验数据只有 20 次，所以各点的 $F(x)$ 值有较大的涨落。如果收集更多的数据，实验点和选定分布预测值的差距应该缩小而数据分布函数 $F(x)$ 应越来越接近于预测的概率分布函数 $p(x)$，只要数据确实是从预测的统计模型取的真样本。

对样本方差与统计模型预测的方差作进一步相互比较。由于数据的平均值不大，只能选择泊松分布。对同一组数据用式(2-26) 计算得到的样本方差为

$$S^2 = 7.36$$

而泊松分布预测的方差为

$$\sigma^2 = \overline{x} = 8.80$$

这两个结果表示，这组数据的涨落小于假定数据是同样平均值的泊松分布的理想样本时所预测的涨落。但是经有限次数的抽样，不应期望这两个参数精确的相同。要确定所观察的差别是否真有意义有待详细定量的检验，这种功能由“χ^2 检验”来实现。

χ^2 是实验数据分布的另一个参数，定义为

$$\chi^2 = \frac{1}{\overline{x}_e}\sum_{i=1}^{N}(x_i - \overline{x}_e)^2 \tag{2-52}$$

这里求和是对每个独立的数据点 x_i 进行的。χ^2 与样本的方差密切相关，其关系为

$$\chi^2 = \frac{(N-1)S^2}{\overline{x}_e} \tag{2-53}$$

如果数据的固有涨落量可由泊松分布严格地模拟，则 $S^2 \cong \sigma^2$，而对泊松分布 $\sigma^2 = \overline{x}$，且已选择 $\overline{x} = \overline{x}_e$。因此 $S^2/\overline{x}$ 偏离 1 的程度是观察的样本方差偏离预测方差的程度的直接量度。而式(2-53) 中 χ^2 与 $N-1$ 的差异程度是这些数据偏离泊松分布预测值的相应量度。

具体计算时，先按式(2-52) 计算出 χ^2 的值和自由度 $f = N-1$，然后给定一个显著性水平 α。再从附表 2-1 χ^2 分布表，按给定的显著性水平查出 $\chi^2_{\alpha,f}$ 和 $\chi^2_{1-\alpha,f}$ 值，如果

$$\chi^2_{1-\alpha,f} < \chi^2 < \chi_{\alpha,f} \tag{2-54}$$

则测量数据分布与预测的统计分布无显著性差异。

对于上边的例子，$\chi^2 = 15.89$，如果给定 α 为 0.05，由附表 2χ^2 分布表查出

$$\chi^2_{0.05,19} = 30.14 \qquad \chi^2_{0.95,19} = 10.12$$

结果表明：$\chi^2_{0.95,19} < \chi^2 < \chi^2_{0.05,19}$，所以产生那组数据的装置没有异常。

(2) 应用 B：单次测量的精确度估计

辐射测量统计学更有价值的应用是对单次测量值的不确定度的估计。换句话说，想要估计假设能重复测量许多次的话可期望的样本方差。这个样本方差的平方根应该是任一次测量相对于真平均值的典型偏差的量度，因此它将是该组测量中一次典型测量的精确度的单一指标。但是由于只有一次测量，所以不能直接计算样本方差而必须用与适当的统计模型类比的方法进行估计。

估计方法在图 2-22 给予说明。该图左边只与实验数据有关，而右边只与统计模型有关。从左上角单次测量值“x”开始。如果假定该单次测量值取自其理论分布函数服从泊松分布或高斯分布的一组测量，则必须给现有的数据选配适当的理论分布。无论选用哪一种统计模型，都必须从分布的平均值$\overline{x}$开始。由于单次测量值 x 是现有的唯一信息，所以除假定分布的平均值等于单次测量值($\overline{x} = x$) 以外别无选择。有了假定的$\overline{x}$值之后，就可确定所有 x 值的整个预测概率分布函数 $p(x)$，进而求出该分布的预测方差 σ^2 值。如果数据的 $F(x)$ 与分布函数 $p(x)$ 一致，则这组数据的样本方差 S^2 应该由 σ^2 给出。经过这个过程得到了对一组实际上不存在的重复测量值的样本方差的统计，它只是代表假定单次测量重复许多次的话所期望的结果。于是得出结论：

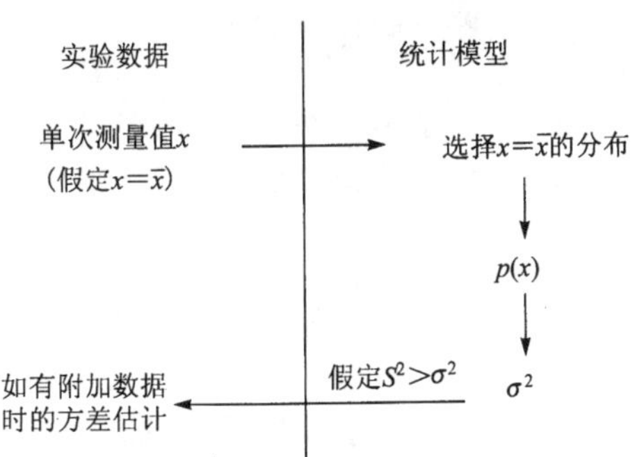

图 2-22　计数统计学“应用 B”的示例——单次测量的精密度估计

$$\sqrt{S^2} \cong \sigma = \sqrt{x} \tag{2-55}$$

是相对于表征单次测量值“x”的真平均值的偏差的最佳估计。

若概率分布函数是高斯分布(x 大),那时在 $x\pm\sigma$ 或 $x\pm\sqrt{x}$ 范围内包含真平均值 $\overline{x}$ 的概率为 68%。这点结论是直接从以前有关高斯曲线形状的说明中得出的。通常将单次测量的不确定程度或"误差"称为一倍标准偏差 σ 值。如果标出较大的不确定程度,则在标出的范围内包含真平均值的概率增大,反之亦然(见表 2-8)。

举例说明,有一个单次测量值 $x=100$,则 $\sigma=\sqrt{x}=\sqrt{100}=10$,由于抽出这个测量值的分布的最佳估计平均值(即测量值)较大,假定原来的分布是高斯分布,对这个具体例子可以列出表 2-9。

表 2-9 单次测量值 $x=100$ 的误差区间例

误差区间		包含真平均值的概率
$x\pm0.67\sigma$	93.3～106.7	50%
$x\pm\sigma$	90～110	68%
$x\pm1.64\sigma$	83.6～116.4	90%
$x\pm2.58\sigma$	74.2～125.8	99%

单次计数测量值的相对标准偏差定义为 σ/x,由 $\sqrt{x}/x$ 即 $1/\sqrt{x}$ 给出。因此记录到的计数总数 x 完全决定了该测量值的相对误差,计数为 100 时,相对标准偏差为 10%,计数为 10 000时,相对标准偏差为 1%。

必须注意,单次计数测量值精确度的全部结论只适用于成功次数的测量。在放射性衰变中,只有当 x 表示在给定的时间间隔内由探测器得到的事件数时,才可以直接使用 $\sigma=\sqrt{x}$。不能把标准偏差 σ 与除直接测量的计数以外的任何量的平方根联系在一起。例如,这种关系不适用于:

1) 计数率;2) 计数的和或差;3) 多个单次计数的平均值;4) 任何导出值。

2.3.2 标准偏差

由前边的讨论可知,辐射测量的计数服从统计分布规律。当平均值 $\overline{x}$ 较小时,它服从泊松分布;$\overline{x}$ 较大时,服从高斯分布。用样本标准偏差 σ 表示计数的统计涨落时有

$$\sigma=\sqrt{\overline{x}}$$

$\overline{x}$ 是数学期望值即真平均值,它实际上是在测量次数 m 趋向无穷时定义的,σ 值是未知的,实际上是测量不到的。

2.3.2.1 样本标准偏差的估计及测量结果的表示

利用计数值服从统计分布的特点,可用有限次测量的平均值 $\overline{X}_e$ 或一次测量值 x_i 求得 σ 的近似值。

在有限次数的测量中,定义样本容量为 m 的样本的标准偏差为

$$S=\sqrt{\frac{1}{m-1}\sum_{i=1}^{m}(x_i-\overline{x}_e)^2} \tag{2-56}$$

在实际测量中,把有限次数测量的样本的标准偏差作为总标准偏差的估计值,这是以测量值服从正态分布为前提的。在正态分布中,σ 的无偏估计 $\hat{\sigma}$ 和 S 的关系为

$$\hat{\sigma}=KS \tag{2-57}$$

K 为对 S 的修正系数。K_σ 是测量次数 m 的函数，表 2-10 列出了 K 与 m 的关系。

表 2-10　K 与 m 的关系

m	K	m	K	m	K	m	K	m	K
2	1.253 3	5	1.063 8	8	1.036 2	15	1.018 0	30	1.008 7
3	1.128 4	6	1.050 9	9	1.031 7	20	1.013 2	40	1.006 4
4	1.085 4	7	1.042 4	10	1.028 1	25	1.010 5	50	1.005 1

从表中可以看出，当 m 足够大时，K 趋近于 1。因此可得

$$\sigma \approx S = \sqrt{\frac{1}{m-1}\sum_{i=1}^{m}(x_i - \overline{x}_e)^2} \tag{2-58}$$

样本的标准偏差是衡量样本内个体与个体间差异的程度，其值 S 随选取的样本而异，故 S 是随机变量。若测量结果用单个测量值 x_i 表示，则为

$$x \pm \sigma \approx x_i \pm S \tag{2-59}$$

假设仅做了一次辐射计数的测量，其数值为 N。高斯分布的特点是计数值 N 出现在$\overline{x}$附近的概率大而远离$\overline{x}$ 的概率小。当$\overline{x}$ 值较大时，$\overline{x}$ 和任一次计数值 N 的差别$\overline{x} - N \ll \overline{x}$，而与$\overline{N}$(测量计数的平均值) 的差别就更小了，因而

$$\sigma = \sqrt{\overline{x}} \approx \sqrt{\overline{N}} \cong \sqrt{N} \tag{2-60}$$

这样对计数测量而言，就得到了一种简便的标准误差计算方法。

在很多只能对计数值进行一次测量时，那么可以用

$$N \pm \sigma_N = N \pm \sqrt{N} \tag{2-61}$$

来表示这样一个置信区间，该区间中包含真平均值的概率为 68.3%。这是因为对任何一个计数 N，写出 $N \pm \sigma_N$ 就表示确定了一个区间。N 不同，σ_N 也不同，因而该区间位置也不同，故该区间是随机的。对任何一个 $N \pm \sigma_N$ 区间而言，真平均值$\overline{x}$ 可能落入此区间，也可能没有落入此区间内，要视 N 与$\overline{x}$ 之差是否超过了 σ_N。如果设想对每一个 N 都做出这样的区间，可以说每 100 个这样的区间，平均有 68 个区间包含了真平均值。因此，用一次测量值 $N \pm \sigma_N$ 来表示该测量值时，它表示在 $N \pm \sqrt{N}$ 这样的一个置信区间内，包含真平均值的概率为 68.3%。由此可见，标准偏差 σ 并不是一个具体偏差，它表示了一个具有一定置信概率的置信区间。

需要再一次指出的是 $\sigma_N = \sqrt{N}$，只适用于类似于核事件这种随机变量，它不能用于一般物理量的标准偏差计算。后者就要按式(2-26) 进行计算，故必须对物理量进行多次测量。

2.3.2.2　样本平均值的标准偏差及测量结果的表示

如果从同一个总体中，分别抽取不同的样本，每个样本容量为 m，一个样本 m 次测量的算术平均值为

$$\overline{x}_e = \sum_{i=1}^{m}\frac{x_i}{m} \tag{2-62}$$

理论可以证明，$\overline{x}_e$ 的数学期望值为$\overline{x}$。但必须指出$\overline{x}_e$ 本身也是一个随机变量。由于真值不知道，实际工作中，往往把有限次数测量的平均值$\overline{x}_e$ 作为$\overline{x}$ 的估计值。

正态分布的随机变量之和，仍服从正态分布，故$\overline{x}_e$ 也服从正态分布。因此可用样本平均

值的标准偏差 $\sigma_{\bar{x}_e}$ 表示$\bar{x}$的精确度。由误差理论可导出如下关系：

$$\sigma_{\bar{x}_e} = \sigma / \sqrt{m} \tag{2-63}$$

即

$$\sigma_{\bar{x}_e} \approx \frac{S}{\sqrt{m}} = \sqrt{\frac{\sum_{i=1}^{m}(x_i - \bar{x}_e)^2}{m(m-1)}} \tag{2-64}$$

一般测量结果多用平均值表示

$$\bar{x}_e \pm \sigma_{\bar{x}_e} \tag{2-65}$$

式(2-65)表示随机区间 $\bar{x}_e \pm \sigma_{\bar{x}_e}$ 包含总体真值的置信概率为68.3%。也就是说，如果重复抽取样本容量为 m 的样本，并计算对应于每一个随机样本的区间，则可望68.3%这些随机区间中包含着总体真值$\bar{x}$。显然，随着测量次数 m 的提高，$\sigma_{\bar{x}_e}$ 下降，说明$\bar{x}_e$作为$\bar{x}$的估计值的精度提高了。

关于测量次数 m，对等精度重复测量的次数，一般不需超过20。过多地增加测量次数，对提高测量结果的可靠性并无明显的好处，故一般选取的测量次数为4～20。

2.3.2.3 误差传递公式

在一般核测量中，人们很少对直接测量的某一时间间隔的计数数据感兴趣。通常这种数据都要经过四则运算或其他函数计算导出一个更加关心的数值。于是必然关心原始计数误差经过这些计算传递并作为导出量的相应不确定度的计算方法。

可以证明，如果各误差各自都较小并对零点对称，则可以求得有任意个独立变量的函数的标准偏差的通用表示式。若 $x,y,z,\cdots$ 是直接测量的计数或有关的变量，已知它们的 $\sigma_x,\sigma_y,\sigma_z,\cdots$，则函数 $u=f(x,y,z,\cdots)$ 的标准偏差为

$$\sigma_u = \left[\left(\frac{\partial f}{\partial x}\right)^2\sigma_x^2 + \left(\frac{\partial f}{\partial y}\right)^2\sigma_y^2 + \left(\frac{\partial f}{\partial z}\right)^2\sigma_z^2 + \cdots\right]^{1/2} \tag{2-66}$$

式(2-66)通常称为误差传递公式，几乎对一切核测量情况都适用。但是变量 $x,y,z,\cdots$必须选用真正独立的，以避免相关效应。同样的计数只能提供给一个变量值。

常见例子是计算计数率及其标准偏差。如果 N 是在 t 时间间隔内记录到的计数，t 为常数，则计数率 n 为

$$n = \frac{N}{t}$$

可以使用式(2-66)计算计数率的标准偏差。设 N=1 120计数、t=5 s，则

$$n = \frac{1120\text{ 计数}}{5\text{s}} = 224.0\text{ 计数}/\text{s}$$

相应的标准偏差

$$\sigma_n = \frac{\sigma_N}{t} = \frac{\sqrt{1120\text{ 计数}}}{5\text{s}} = 6.7\text{ 计数}/\text{s}$$

因此计数率表示为

$$n \pm \sigma_n = (224.0 \pm 6.7)\text{ 计数}/\text{s}$$

增加测量时间可以减少统计误差。而相对误差的大小唯一地由计数 N 值决定。

2.3.2.4　不等精度的独立测量值组合的标准误差计算

如果对一个值进行了 N 次测量，而它们的精确度不都是近于相同的，则简单的平均不再是计算一个“最佳值”的最适宜的方法。应该给予 σ_{x_i} 值（x_i 的标准偏差）小的那些测量值以较大的权重，而给统计误差大的那些测量值以较小的权重。

给每个独立测量值 x_i 一个权重因子 a_i，而“最佳平均值” $\bar{x}$ 由下列线性组合计算：

$$\bar{x} = \left(\sum_{i=1}^{N} a_i x_i\right) \Big/ \sum_{i=1}^{N} a_i \tag{2-67}$$

使用误差传递公式(2-66) 和在权重归一化的情况下，可求得

$$a_i = \frac{1}{\sigma_{x_i}^2}\left(\sum_{i=1}^{N} \frac{1}{\sigma_{x_i}^2}\right)^{-1} \tag{2-68}$$

在最佳加权情况下，可得到下式

$$\frac{1}{\sigma_{\bar{x}}^2} = \sum_{i=1}^{N} \frac{1}{\sigma_{x_i}^2} \tag{2-69}$$

根据式(2-69)，标准偏差 $\sigma_{\bar{x}}$ 可以从每个独立测量值的标准偏差 σ_{x_i} 计算出来。

2.3.3　两类误差

实验测量数据不可避免地存在着一定的误差，数据的使用价值取决于误差。通常，由于真值不知道，所以误差也不知道。误差一词还作为范围的意义使用，这时使用“不确定度”表示。

除明显的过失误差外，误差按其性质和产生的原因分为两类：

1) 随机误差(随机不确定度)测量中不可避免的随机性因素造成的。

2) 系统误差(系统不确定度)仪器设备、测量条件、技术方法或参考数据等方面存在某种固有的因素造成的，使测量结果与真值之间有一个恒定的或按某种规律变化的误差。

时常遇到精确度和准确度两个名词。精确度是指测量数据的重复性，准确度是指测量结果与真值符合的程度。一般而言，随机误差决定数据的精确度，如随机误差大，说明数据离散大，即重复性不好，因而精确度低。但若进行多次测量取测量的平均值，随机误差可抵消一部分，平均值的准确度不见得很差。若系统误差大，即使数据重复性好数据的准确度仍然可能不高。准确度是随机误差和系统误差共同决定的。

这种传统的分类也有一定的问题。首先，在某些情况下严格区分它们是很困难的。一个测量的物理量的随机误差作为一个数据用在以后的实验和计算公式时，又要作为系统误差考虑。测量的物理量在一个范围内波动可给结果带来系统误差，但若波动是随机的且在较长时间内考虑，对结果带来的误差又可认为是随机误差。其次，综合两类误差时，无法用统一的公式处理。

鉴于上述存在的问题和误差处理的重要性，1980 年国际计量局对此作了有关的建议。建议应避免使用“系统不确定度”这个术语，不再将实验不确定度分为系统和随机两类，而是按其数值评定方法归入 A 和 B 两类。相应的表示和合成方法也有不同的建议。用统计方法计算的各分量归入 A 类，用其他方法计算的各分量归入 B 类。详细情况可查阅国际计量局的建议书 INC-1(1980)。

2.3.4　探测限和灵敏度

在辐射测量中，经常需要对监测的结果做出判断。例如，样品中是否有放射性？环境是

否发生了新的污染等。

一般情况下，环境样品放射性水平低，有时几乎和本底相近。由于放射性测量的统计涨落，当判断低水平放射性样品中是否有放射性时，难免发生判断错误。如果样品中没有放射性（即 $\mu=0$），测量结果等于或大于判断限，而竟然判断它有放射性，这种性质的判断错误，在统计假设的检验上称为犯了第一类错误。如果样品中实际存在有放射性（即 $\mu=\mu_s$），测量结果小于判断限，竟然判断它没有放射性，这种性质的错误，在统计假设的检验上称为犯了第二类错误。通常，犯第一类错误的概率用 α 表示，犯第二类错误的概率用 β 表示。例如 $\alpha=0.05$，表示 100 次观察中，大约只有五次判断错误，而 95 次判断是正确的（$\mu=0$），也就是说犯第一类错误的概率为 5%。

α 称为显著性水平，$(1-\alpha)$ 称为置信度；而把 $(1-\beta)$ 称为实验的检出力。

在制订检验计划时，总是希望 α、β 同时愈小愈好。但 α 和 β 值不能同时都减小，当 α 变小时，β 增大（见图 2-23）。实际上 α 值总是事先指定的，而 β 值则与指定的 α 值及样品中含有的放射性活度有关。在污染监测中，往往把 α 值设定得大一些，而相应地压小 β 值。

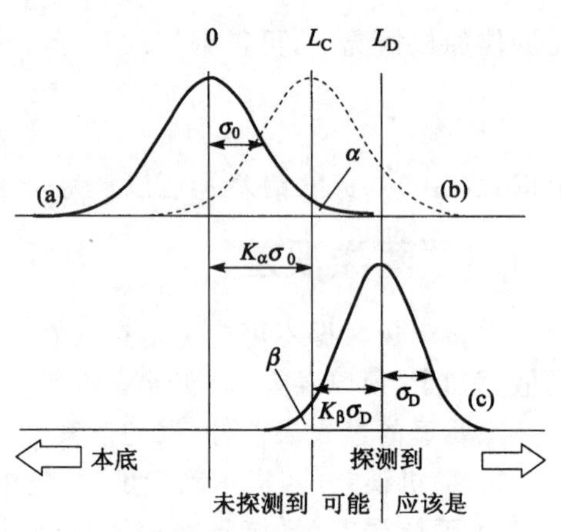

图 2-23 犯两类错误的示意图

L_C—判断限；L_D—探测限

以下讨论假定：本底测量时间间隔 t_B 与样品测量时间间隔 t_{S+B} 相同，所以给出的公式中的计数均是测量时间间隔内的计数；本底计数 N_B 足够大，使本底计数 N_B 和样品总计数 N_{S+B} 的分布满足正态分布，这样样品净计数 N_S 可按正态分布处理。

2.3.4.1 判断限 L_C

为了判断样品中有无放射性，通常引入判断限 L_C 的概念。

判断限是允许发生第一类错误的概率为 α 时判断样品中有放射性存在的样品净计数最小测量值。当观察到样品的净计数等于大于 L_C 时，就可断定样品中存在放射性；反之样品中无放射性。

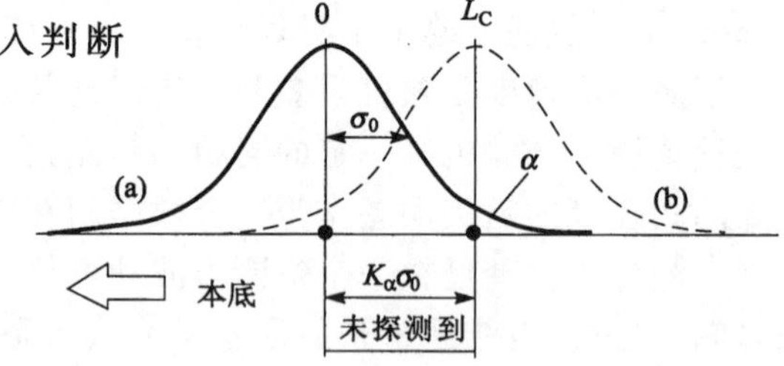

图 2-24 样品中没有待测放射性时计数的统计分布

设样品放射性真值 $\mu=0$，观察到的样品净计数为 x，判断限为 L_C（见图 2-24）。那么

$$L_C = K_\alpha\sigma_0 \tag{2-70}$$

式中，σ_0—— 样品中 $\mu=0$ 时，测得的样品净计数的标准偏差；

K_α—— 相应于显著性水平为 α 时的常数，其物理意义表示样品净计数 $N_S > K_\alpha\sigma_0$ 的概率等于 α。对于给定的 α 值，相应的 K_α 值可从正态分布函数表中查出（见表 2-11）。

表 2-11　常用的 α、β 与 K_α、K_β 值关系表

α、β	K_α、K_β
0.005	2.567
0.010	2.326
0.025	1.960
0.050	1.645
0.100	1.282

由式(2-70)可知，L_C 的具体计算，可归结为 σ_0 的具体计算，分两种情况讨论。

(1) 本底的数学期望值未知

当不知道本底的数学期望值时，样品的计数测量值 $N_S = N_{S+B} - N_B$，期望值 μ_{S+B} 和 μ_B 的值未知，用估计值 N_{S+B} 和 N_B 代替，则样品计数的标准偏差为

$$\sigma_0 = \sqrt{\sigma_{S+B}^2 + \sigma_B^2} \approx \sqrt{N_{S+B} + N_B} \tag{2-71}$$

将式(2-71)代入式(2-70)得

$$L_C = K_\alpha \sqrt{N_{S+B} + N_B} \tag{2-72}$$

式中，N_{S+B}——样品中放射性的净计数加本底计数；

N_B——本底计数。

当样品的计数接近于本底计数时，即 $N_{S+B} \approx N_B$，则，式(2-72)变为

$$L_C = K_\alpha \sqrt{2N_B} \tag{2-73}$$

(2) 已知本底计数的数学期望

当本底计数的数学期望已知为 $\mu_B = B$ 时，$\sigma_0 = \sqrt{B}$，所以，式(2-70)变为

$$L_C = K_\alpha \sqrt{B} \tag{2-74}$$

如果犯第一类错误的概率要小，即 α 值要小，相应的 K_α 大，则要求 L_C 的值较大；同样若 B 大，要求 L_C 较大。显然 L_C 越大，犯第一类错误的概率越小。

如果测量本底和样品的计数时间间隔相等，且使累积的本底计数满足 $\sqrt{N_B} \gg K_\alpha$，则判断限的相对误差为 $1/K_\alpha$。若 $\alpha = 0.05$、$K_\alpha = 1.645$，则判断限的相对误差约为 60%。就是说，当净计数率等于判断限时，认为有放射性存在，虽然判断不正确的可能性很小，但相对误差很大，因此，只能把判断限作为有无放射性的定性标志。

2.3.4.2　探测限 L_D

以上讨论的 L_C 不应过大，过大要发生第二类错误，即把本来是放射性贡献的计数也算作本底涨落。所以还要规定另一个计数限值，即仪器的探测限 L_D：它表示为了以预定的置信度精确地推断低水平放射性的存在，要求样品必须含有的最小放射性活度所相应的计数。

如图 2-23 所示，设样品中含有放射性 $\mu = \mu_0$，对样品进行测量的净计数值 N_S 服从正态分布，由此可得

$$L_D = L_C + K_\beta \sigma_D = K_\alpha \sigma_0 + K_\beta \sigma_D \tag{2-75}$$

式中，K_β—— 样品净计数误差小于 $K_\beta \sigma_D$ 的概率为 β 时有关的常数，对于给定的 β 值，K_β 值可由正态分布函数表中查出。

(1) 不知本底计数的数学期望

当不知道本底计数的数学期望时，同样可得样品中含有放射性 $\mu = \mu_0$ 时测量值的标准偏差为 $\sigma_D = \sqrt{N_{S+B} + N_B}$，代入式(2-75)得

$$L_D = (K_\alpha + K_\beta)\sqrt{N_{S+B} + N_B} \tag{2-76}$$

当 $N_{S+B} \approx N_B$ 时，

$$L_D = (K_\alpha + K_\beta)\sqrt{2N_B} \tag{2-77}$$

(2) 已知本底计数的数学期望值

设本底计数的数学期望值已知为 $\mu_B = B$，在此条件下，样品的净放射性计数 $L_D = N_{S+B} - B$，它的标准偏差为

$$\sigma_D = \sqrt{\sigma_{S+B}^2 + \sigma_B^2} = \sqrt{\sigma_{S+B}^2} = \sqrt{\mu_S + B}$$

因为 $\mu_S = L_D$，因此

$$\sigma_D = \sqrt{L_D + B}$$

式中，μ_S——净放射性计数的数学期望值。

将上述 σ_D 的表示式代入式(2-75)且注意到 $L_D \ll B$ 得

$$L_D = K_\alpha \sqrt{B} + K_\beta\sqrt{B} \tag{2-78}$$

判断限通常用于检验测量结果是否在统计上与本底有显著性差异；而探测限则说明一种特定测量(包含仪器、方法和样品特征等)的技术指标，用来评价特定测量的检测能力。两者均不能用于表述测量结果。

在式(2-76)和式(2-78)中假设样品的净计数比本底计数小得多，而使样品总计数标准偏差等于本底计数标准偏差。否则，以本底计数形式推导探测限 L_D 时，L_D 的表达式为

$$L_D = L_C + K_\beta \sigma_D = L_C + K_\beta (L_D + \sigma_0^2)^{1/2}$$

对 L_D 求解上式，导出

$$L_D = L_C + \frac{1}{2}K_\beta^2\left[1 + \left(1 + \frac{4L_C}{K_\beta^2} + \frac{4L_C^2}{K_\beta^2 K_\alpha^2}\right)^{1/2}\right] \tag{2-79}$$

在 $\alpha=\beta=0.05$、$K_\alpha = K_\beta = K$ 的情况下

$$L_D = K^2 + 2L_C = 2.7057 + 4.65\sqrt{N_B}$$

如果上式的第二项远大于第一项，则上式简化为

$$L_D = 2L_C = 4.65\sqrt{N_B} \tag{2-80}$$

(3) 探测限的其他表达方式

在探测限 L_D的数学推导过程中，只是推导出最小可探测计数(或计数率)LLD_n，它是最重要和最基本的，但在实际应用中，还有两种常见的扩展形式。

1) 最小可探测量(简称 MDA，是 Minimum Detectable Amount 第一个字母的缩写)，它表示在第一类误判概率为 α、第二类误判概率为 β 的条件下能被探测到的样品中一种被测对象的最小量(活度或质量)。

2) 最小可探测浓度(简称 MDC，是 Minimum Detectable Concentration 第一个字母的缩写)，它表示在第一类误判概率为 α、第二类误判概率为 β 的条件下能被探测到的样品中一种被测对象的最小浓度。

在使用过程中应严格区分所使用的探测限的名称。最小可探测计数(或计数率)LLD_n

只与仪器或空白样品的本底和测量时间有关。最小可探测活度除与 LLD_n 有关的因素外，还与仪器的效率、分支比、待测核素的衰变因子及积累因子等有关。最小可探测浓度除与 MDA 有关的因素外，还与样品量有关。因此，在提供方法的探测限时，不能只给出其数值，同时要给出它的定义和有关参数。

（4）使用简化计数率 LLD_n 公式的条件

$$LLD_n = 4.65\sqrt{n_B/t_B}$$

式中，n_B——t_B 时间间隔内的平均本底计数率。在推导过程中使用了如下假设条件：

1）本底计数和样品的总计数符合或近似符合正态分布；

2）样品的净计数比本底计数小得多，使得样品总计数的标准偏差等于本底计数标准偏差；

3）样品和本底成对测量，且样品测量时间和本底测量时间相同；

4）$\alpha=\beta=0.05$。

2.3.4.3　定量限

由探测限的讨论可知，当样品的放射性活度等于或大于 L_D 时，虽然不会犯第二类错误，但这时测量值的相对误差较大，于是提出了定量限的概念。定量限是在测量中达到预定精度时，要求样品中含有的最小期望的放射性水平，用 L_Q 表示。定量限表示为误差的倍数：

$$L_Q = K_Q\sigma_Q \tag{2-81}$$

式中，σ_Q——样品放射性计数等于 L_Q 时的标准偏差。

（1）不知本底计数的数学期望

式(2-81)可写为

$$L_Q = K_Q\sqrt{L_Q + 2N_B} \tag{2-82}$$

由上式可得

$$L_Q = \frac{K_Q^2}{2}\left(1+\sqrt{1+\frac{8N_B}{K_Q^2}}\right) \tag{2-83}$$

由式(2-81)可得定量限的相对标准误差为

$$\frac{\sigma_Q}{L_Q} = \frac{1}{K_Q}$$

习惯上该相对标准误差取 10%。代入式(2-83)得

$$L_Q = 50\left(1+\sqrt{1+0.08N_B}\right) \tag{2-84}$$

（2）已知本底计数的数学期望值

$$\sigma_Q = \sqrt{L_Q + B}$$

代入式(2-81)得到

$$L_Q = K_Q\sqrt{L_Q + B} \tag{2-85}$$

求解上式可得

$$L_Q = \frac{K_Q^2}{2}\left(1+\sqrt{1+\frac{4B}{K_Q^2}}\right) \tag{2-86}$$

2.3.4.4　灵敏度

辐射仪器的灵敏度，就是由单位辐射量（例如 1 Gy 吸收剂量或 1 R 照射量）所引起的响应（一般就是仪器的读数）。

辐射仪器在使用前,要对其进行刻度。仪器的刻度,就是在一定实验条件下,通过待刻度仪器的读数与某一辐射量的标准相比较而获得的。设待刻度仪器的刻度因子 N,是某一辐射量的标准值 S 除以待刻度仪器对辐射量的读数 M 而得的商,即

$$N = S/M \tag{2-87}$$

上述辐射量的标准值,是由国家计量部门根据辐射量及其单位的定义而确立的,它具有尽可能高的准确度。这个标准称为国家基准或初级标准。

不难看出,仪器灵敏度就是仪器刻度因子的倒数

$$\text{仪器灵敏度} = \frac{1}{N} = \frac{M}{S} = \text{单位辐射量的仪器响应}$$

假如某次测量中仪器的响应为 M',则在此种情形下,待测辐射量 $S_{待测}$ 数值上等于响应 M' 除以仪器灵敏度,即

$$S_{待测} = \frac{M'}{\frac{1}{N}} = \frac{M'}{\frac{M}{S}} = M'\frac{S}{M} \tag{2-88}$$

复习题

1. 在干燥空气中每形成一个离子对需要多少电子伏特能量?
2. 试述气体电离过程中,饱和区、正比区和盖革一弥勒区的特点。电离室、正比计数管和盖革—弥勒管各工作在哪个区?
3. 简述自由空气电离室和空腔电离室的相同处和不同处。
4. 何为组织等效电离室?
5. 电离室有哪几种工作方式?
6. 简述什么是盖革—弥勒管的死时间?
7. 闪烁计数器探头由哪几部分组成?其功能是什么?
8. 寻求中子探测的核反应的核素时,必须考虑什么因素?
9. 简述正态分布的特点。
10. 写出误差传播公式。
11. 在实验室使用某种探测器及相关仪器测量本底,共测量 30 次,测量数据如下:

    29 37 27 33 35 32 36 35 24 30 23 19 29 32 27

    27 27 26 30 21 28 28 33 24 34 14 30 24 24 30

    试计算这组数据的实验平均值及其方差。
12. 某次测量使用 5 min 时间测得总计数 100,试求这次计数的标准偏差,以分为单位的计数率及其标准偏差。如果测得计数为 1 000、10 000,试计算上述问题。
13. 何谓两类错误?
14. 何谓判断限、探测限和定量限?
15. 何谓仪器的灵敏度?

附表 2-1　χ^2 分布表　$P\{\chi^2(n)>\chi^2_\alpha(n)\}=\alpha$

n	α=0.995	0.99	0.975	0.95	0.90	0.75
1	—	—	0.001	0.004	0.016	0.102
2	0.010	0.020	0.051	0.103	0.211	0.575
3	0.072	0.115	0.216	0.352	0.584	1.213
4	0.207	0.297	0.484	0.711	1.064	1.923
5	0.412	0.554	0.831	1.145	1.610	2.675
6	0.676	0.872	1.237	1.635	2.204	3.455
7	0.989	1.239	1.690	2.167	2.833	4.255
8	1.344	1.646	2.180	2.733	3.490	5.071
9	1.735	2.088	2.700	3.325	4.168	5.899
10	2.155	2.558	3.247	3.940	4.865	6.737
11	2.603	3.053	3.816	4.575	5.578	7.584
12	3.074	3.571	4.404	5.226	6.304	4.438
13	3.565	4.107	5.009	5.892	7.042	9.299
14	4.075	4.660	5.629	6.571	7.790	10.165
15	4.601	5.229	6.262	7.261	8.547	11.037
16	5.142	5.812	6.908	7.962	9.312	11.912
17	5.697	6.408	7.564	8.672	10.085	12.792
18	6.265	7.015	8.231	9.390	10.865	13.675
19	6.844	7.633	8.907	10.117	11.651	14.562
20	7.434	8.260	9.591	10.851	12.443	15.452
21	8.034	8.897	10.283	11.591	13.240	16.344
22	8.643	9.542	10.982	12.338	14.042	17.240
23	9.260	10.196	11.689	13.001	14.848	18.137
24	9.886	10.856	12.401	13.848	15.659	19.037
25	10.520	11.524	13.120	14.611	16.473	19.939
26	11.160	12.198	13.844	15.379	17.292	20.843
27	11.808	12.879	14.573	16.151	18.114	21.749
28	12.461	13.565	15.308	16.928	18.939	22.657
29	13.121	14.237	16.047	17.708	19.768	23.567
30	13.787	14.954	16.791	18.493	20.599	24.478
31	14.458	15.655	17.539	19.281	21.434	25.399
32	15.134	16.362	18.291	20.072	22.271	26.304
33	15.815	17.074	19.047	20.867	23.110	27.219
34	16.501	17.789	19.806	21.664	23.952	28.136
35	17.192	18.509	20.569	22.465	24.797	29.054
36	17.887	19.233	21.336	23.269	25.643	29.973
37	18.586	19.960	22.106	24.075	26.492	30.893
38	19.289	20.691	22.878	24.884	27.343	31.815
39	19.996	21.426	28.654	25.695	28.196	32.737
40	20.707	22.164	24.433	26.509	29.051	33.660
41	21.421	22.906	25.215	27.326	29.907	34.585
42	22.133	23.650	25.999	28.144	30.765	35.510
43	22.859	24.398	26.785	28.965	31.625	36.436
44	23.584	25.148	27.575	29.787	32.487	37.363
45	24.331	25.901	28.366	30.612	33.350	38.291

续表

n	α=0.25	0.40	0.05	0.025	0.01	0.005
1	1.323	2.706	3.841	5.024	6.635	7.879
2	2.773	4.605	5.091	7.378	9.210	10.597
3	4.108	6.251	7.815	9.348	11.345	12.838
4	5.385	7.779	9.488	11.143	13.277	14.860
5	6.626	9.236	11.071	12.833	15.086	16.750
6	7.841	10.645	12.592	14.449	16.812	18.548
7	9.037	12.017	14.067	16.013	18.475	20.278
8	10.219	13.362	15.507	17.535	20.090	21.955
9	11.389	14.684	16.919	19.023	21.666	23.589
10	12.549	15.987	18.307	20.483	23.209	25.188
11	13.701	17.275	19.675	21.920	24.725	26.757
12	14.845	18.549	21.026	23.337	26.217	28.299
13	15.984	19.812	22.362	24.736	27.688	29.819
14	17.117	21.064	23.685	26.119	29.141	31.318
15	18.245	22.307	24.996	27.488	30.578	32.801
16	19.369	23.542	26.296	28.845	32.000	34.267
17	20.489	24.769	27.587	30.191	33.409	35.718
18	21.605	25.989	28.869	31.526	34.805	37.156
19	22.718	27.204	30.144	32.852	36.191	38.582
20	23.828	28.412	31.410	34.170	37.566	39.997
21	24.935	29.615	32.671	35.479	38.932	41.401
22	26.039	30.813	33.924	36.781	40.289	42.796
23	27.141	32.007	35.172	38.076	41.638	44.181
24	28.241	33.196	36.415	39.364	42.980	45.559
25	29.339	34.382	37.652	40.646	44.314	46.928
26	30.435	35.563	38.885	41.923	45.642	48.290
27	31.528	36.741	40.113	43.104	46.963	49.645
28	32.620	37.916	41.337	44.461	48.278	50.993
29	33.711	39.087	42.557	45.722	49.588	52.336
30	34.800	40.256	43.773	46.979	50.892	53.672
31	35.887	41.422	44.985	48.232	52.191	55.003
32	36.973	42.585	46.194	49.480	53.486	56.328
33	38.058	43.745	47.400	50.725	54.776	57.648
34	39.141	44.903	48.602	51.966	56.061	58.964
35	40.223	46.059	49.802	53.203	57.342	60.275
36	41.304	47.212	50.998	54.437	58.619	61.581
37	42.383	48.363	52.192	55.668	59.892	62.883
38	43.362	49.513	53.384	56.896	61.162	64.181
39	44.539	50.660	54.572	58.120	62.428	65.476
40	45.616	51.805	55.758	59.342	63.691	66.766
41	46.692	52.949	56.942	60.561	64.950	68.053
42	47.766	54.090	58.124	61.777	66.206	69.336
43	48.840	55.230	59.304	62.990	67.459	70.616
44	49.913	56.369	60.481	64.201	68.710	71.893
45	50.985	57.505	61.656	65.410	69.977	73.166

效应的概率非常低，一般放射性工作人员日常所受的那种小剂量情况下，极少会发生随机性效应，所以资料极其缺乏。到目前为止，在一般辐射防护所遇到的剂量水平下，随机性效应发生的概率与剂量之间究竟是什么关系，尚未完全肯定。为了慎重起见，辐射防护中把随机性效应与剂量的关系做了简化假设，如图 3-1a 所示，即所谓"线性"和"无阈"假设。线性是指随机性效应的发生概率与所受剂量之间成线性关系。这一假设是从大剂量和高剂量率情况下的结果外推得到的。已有资料表明这样假定对一般小剂量水平下的危险估计偏高，是偏安全的做法。无阈意味着任何微小的剂量都可能诱发随机性效应。这种假定势必导致应尽可能降低剂量水平的结论。

辐射的确定性效应是一种有阈值的效应，受到的剂量大于阈值，这种效应就会发生，而且其严重程度与受到的剂量大小有关，剂量越大后果越严重。但是具体阈值大小与每一个个体情况有关。图 3-1c 表示确定性效应的发生率与剂量的关系，在相当窄的剂量范围内，发生概率从零增加到 1。图 3-1d 表示确定性效应的严重性与剂量有关，但对不同个体严重程度有差别。

表 3-1 给出几个对辐照比较敏感的组织发生确定性效应的剂量阈值。值得注意，确定性效应的剂量阈值是相当大的，在正常情况下一般不可能达到这种水平，只有在大的放射性事故情况下才有可能发生。

在辐射防护通常遇到的剂量范围内，遗传效应是随机性效应。癌的发生可能是低剂量下最主要的随机性效应。辐射造成的眼晶体混浊、白内障、良性的皮肤损伤、造血功能障碍、生育能力减退、免疫功能降低等，均属于确定性效应。

表 3-1 引起成年人不同组织确定性效应的阈剂量估计值(ICRP,1984)

组织和效应		单次照射的总当量剂量/Sv	高度分割或持续照射的总当量剂量/Sv
睾丸			
	暂时不育	0.15	NA[1)]
	永久不育	3.5～6.5	NA
卵巢			
	不育	2.5～6.0	6.0
眼晶体			
	可检出的混浊	0.5～2.0	5
	视力障碍(白内障)	5.0	>8
骨髓	造血抑制	0.5	NA

注：1. 详见 ICRP Publication 41，1984。

1)NA 表示无意义。

就辐射防护的剂量评价而言，在辐射防护通常遇到的照射条件下，随机性效应的发生概率 P 与剂量 D 之间存在着线性无阈关系可表示为 $P=aD$。a 是根据观察和实验结果定出的常数。可把一个器官或组织受到的若干次照射的剂量简单地相加用以量度该器官或组织受到的总的辐射影响。

3.1.4 辐射照射的分类

从职业的特点来看，辐射照射可分为职业照射和非职业照射。人们每时每刻都受到天然本底辐射的照射。在生产、应用电离辐射源的过程中，放射性工作人员除了天然本底辐射的照射外，还受到附加的职业性照射。邻近生产、应用电离辐射源地区居住的或受人工放射性污染影响的公众，同样也受到天然本底辐射以外的附加照射，即公众照射。在某些医疗措施中，人们也会受到电离辐射的照射，即医疗照射。

根据受到的照射水平和它的时间分布，可将各种照射划分为两种类型。第一类是连续的或分散的低剂量率、低剂量水平下的照射；第二类是中等或高剂量率、大剂量水平下的短时间照射。

从受照射部位的大小及其均匀程度看，又有全身照射与局部照射，均匀照射与非均匀照射之别。

根据辐射源处于身体之外还是处于身体之内，照射可分为外照射和内照射。

3.1.5 辐射风险与其他行业风险的比较

辐射具有一定风险，这取决于接受剂量的大小，根据国内核电厂这几年运行经验，电厂辐射工作人员的年平均剂量一般小于 2 mSv。对应辐射工作人员的辐射风险系数 4%/Sv，那么辐射工作人员每年因从事辐射工作而增加的额外的辐射风险系数小于 0.008%。

辐射风险有两种表达方式，这两种表达方式可以使它更易与工业风险相比较。一种是在核电厂工作，那么每工作 1 年带来的额外的辐射风险为 0.008%(1/12 500)。如果你 1 年工作 2 000 h，则每小时风险为 $1/(12\,500\times2\,000)=0.04\times10^{-6}$。换句话说，每工作 25 h 所带来的风险为百万分之一。

与我们热衷的驾车做一下比较。在加拿大，驾车 1 英里发生交通事故致死的风险是 4×10^{-8}(1983 年数据)。如果你驾车时速 40 英里，则每小时风险为 $40\times4\times10^{-8}=1.6\times10^{-6}$。这是从事辐射工作风险的 40 倍。

如果想了解每日风险，只需要将每小时死亡概率乘以 8(每天工作小时数)即可。核电厂是每天 8 h 工作制，因此每天的辐射风险为 $8\times4\times10^{-8}=0.32\times10^{-6}$。如果开车上班的车程为 1 h，那么就得开车回去，来回开车导致的致命交通事故风险为 1.6×10^{-6} 的两倍即 3.2×10^{-6}。意思是说每天你从工作地方来回开车所面临的风险是从事辐射工作风险的 10 倍。

预期寿命损失(LLE)是风险的另外一种表达方式。假设一名辐射工作人员，预计工作 45 年(从 20 岁到 65 岁)，每年接受 2 mSv。那么所受的总剂量为 90 mSv，则患致死癌症的总风险为 $4\%\times0.09=0.36\%$。假设这名辐射工作者是这 0.36%不幸者的其中一位，那么，他将死于辐射引起的癌症，他的寿命将会损失一定的年份。

他损失了多少寿命呢？假设辐照引起的癌症在 40 岁时产生(处于工作年限的中期)，该癌症潜伏期为 15 a。因此，他的预期寿命从正常的 70 a 减少到 55 a。相对于 0.36%的辐射风险系数，我们从事辐射工作的平均预期寿命损失为：

$$\text{LLE}=0.36\%\times15\ \text{a}=0.0036\times15\ \text{a}=0.054\ \text{a}=20\ \text{d}$$

辐射工作人员每年接受 2 mSv 的预期寿命损失为 20 d(当已经患了癌症后，人员预期寿命假设就已经终止)。但是必须清楚地记住,就像买彩票一样,每年 2 mSv 所带来的辐射风险只是随机性效应。ICRP 已经进行了人员预期寿命损失(对应各种不同的致死癌症)的繁琐计算,参考人从 18 岁到 65 岁期间每年接受辐射照射,计算出的结果是,如果随机性效应发生在这个人身上(发生癌症),那么他将平均损失 13 a 的寿命。因此在我们上面的例子中,我们用的是 15 a。由此得出,预期寿命损失(LLE)是 17 d 而不是 20 d。

已经得出了来回开车上班的每日风险为 3.2×10^{-6}。1 年有 235 天工作日,因此得出每年风险为 $235\times3.2\times10^{-6}=7.5\times10^{-4}$。那么,工作 45 a,则总的风险为 $45\times7.5\times10^{-4}=0.034$。假设交通事故在某人 40 岁(工作寿命中期)发生并且立刻死亡,那么,他将失去 30 a 寿命。

$$\text{LLE}=0.034\times30\ \text{a}=1.02\ \text{a}=372\ \text{d}$$

这是个有趣的数字。在上班路上来回驾驶发生交通事故致死的风险是患癌症死亡的风险的 10 倍,但是,交通事故的 LLE 是患癌症 LLE 的 22 倍。这就反应了一个事实:患癌症损失的寿命比交通事故损失的寿命要小得多。表 3-2 是美国各种行为/职业的相应 LLE。

从表中这些数据,就可以清楚地认识到辐射工作所带来的风险远比其他工业行业要低得多。

表 3-2　美国各种行为/职业的相应 LLE

活动或风险	LLE/d
在贫困地区生活	3 500
男性	2 800
吸烟(男性)	2 300
心脏疾病	2 100
未婚者(对男性尤其有害)	2 000
煤矿工	1 100
癌症	980
划船	520
所有事故	435
越战	400
饮酒	230
骑摩托车发生的事故	180
肺炎和流行性感冒	130
吸毒	100
家中发生意外	95
工作中的意外	74
艾滋病	70
驾驶标准型轿车	50
溺水	40

续表

活动或风险	LLE/d
跌伤	39
家中的氡	35
火灾或烧伤	27
中毒	24
辐射工作(平均 2 mSv/a)	17
烧煤造成的空气污染	12
骑自行车发生的意外	5
摩托雪橇	2
飞行事故	1
暴风和龙卷风	1
被雷电击中	20 h
在核电厂附近生活(大约 20 μSv/a)	20 min
三哩岛事故中受到辐照	6 min

3.2 辐射防护原则

辐射防护关心的是:既要保护个人和他们的后代以及全体人类,又要不过分限制那些可能产生辐射照射的必要活动。所以辐射防护的目的在于防止有害的确定性效应的发生,并将随机性效应的发生率降低到可合理达到的尽可能低的水平,从而在取得效益的同时保证人类免受辐射之害。

辐射对人体的照射方式有外照射和内照射两种,外照射是体外辐射源对人体造成的照射,而内照射是指进入人体内部的放射性核素对人体造成的照射。前者主要是由 X 射线、γ 射线、中子束、高能带电粒子和 β 射线引起的。后者主要是通过吸入、食入、完好皮肤或带伤皮肤吸收放射性核素造成的。对于两种照射方式,有两种不同的防护方法。

3.2.1 外照射防护原则

外照射防护的目的是控制辐射对人体的照射,使之保持在可合理达到的尽可能低水平。外照射剂量计算是辐射防护和屏蔽计算的基础。

就外照射防护而言,首先要尽可能地降低辐射源的活度;在辐射源的活度不能再降低的情况下,采用下述方法的一种或几种方法的联合使用来达到外照射防护的目的:缩短受照时间;增大与辐射源的距离;在人与辐射源之间增加屏蔽体。详细情况将在 3.4 节介绍。

3.2.2 内照射防护原则

放射性废物向环境中排放和放射性物质泄漏事故,可能是导致放射性物质进入人体的机会。在反应堆厂房中,即使没有放射性物质向外扩散和泄漏,也会因强照射使空气的成分和空气中的尘埃活化，同样存在对人体产生内照射的可能。

就内照射防护而言，最根本的防护原则是尽量减少放射性物质进入体内的机会。制订合理的管理制度、通风、密闭存放和操作及个人防护等，都是从这一基本原则出发的。

内照射防护的一般措施为：包容、隔离、净化、稀释。

3.3　“实践”与“干预”

3.3.1　实践

任何引入附加的照射源或照射途径，或扩大对附加人员的照射范围或改变现有源照射途径的网络从而使人们受到的照射或人员照射的可能性或受照人数增加的人类活动，称之为实践。

按照 GB18871-2002 的定义，实践包括：

(1) 源的生产和辐射或放射性物质在医学、工业、农业或教学与科研中的应用，包括涉及或可能涉及辐射或放射性物质照射的应用有关的各种活动；

(2) 核能的产生，包括核燃料循环中涉及或可能涉及辐射或放射性物质照射的各种活动；

(3) 审管部门规定需加以控制的涉及天然源照射的实践；

(4) 审管部门规定的其他实践。

3.3.2　对实践的防护要求

3.3.2.1　实践的正当性

在实行伴有辐射照射的任何实践之前要经过充分论证，权衡利弊。只有在考虑了社会、经济和其他有关因素之后，其对受照个人或社会所带来的利益足以弥补其可能引起的危害时，才能认为该项辐射实践是正当的。需要注意的是，这里所说的利益是社会的总利益，不仅仅是某些团体或个人得到的好处。同样，代价也是指由于引进该项实践后的所有消极方面的总和，它不仅包括经济上的代价，而且还包括对人体健康及环境的任何损害，同时也还包括在社会心理上带来的一切消极因素。由于利益和代价在群体中的分布往往不相一致，付出代价的一方并不就是直接获得利益的一方。所以这种广泛的利弊权衡过程只有在保证每一个个体所受的危害不超过可以接受的水平这一条件下才是合理的。在判断辐射实践的正当性时，一般需要综合考虑政治、经济、社会等许多方面的因素，辐射防护仅是其中一个方面。

3.3.2.2　防护与安全的最优化

辐射防护最优化在实际的辐射防护中有重要地位。在实施某项辐射实践的过程中，可能有几个方案可供选择，在对这几个方案进行选择时，应当运用最优化程序，也就是在考虑了经济的和社会的因素之后，个人受照剂量的大小、受照射的人数以及受照射的可能性均保持在可合理达到的尽可能低的水平。在考虑辐射防护时，并不是要求剂量越低越好，而是在考虑到社会和经济因素的条件下使照射水平降低到可以合理达到的程度。这种最优化应以该放射源导致的个人剂量和潜在照射危险分别低于剂量约束和潜在照射危险约束为前提条件。

防护与安全最优化的过程，可以从直观的定性分析一直到使用辅助决策技术的定量分析，但均要以某种适当的方法将一切有关因素加以考虑，以实现如下目标：

1）相对于主导情况确定出最优化的防护与安全措施，确定这些措施时要考虑可供利用的防护与安全选择以及照射的性质、大小和可能性；

2）根据最优化的结果制定相应的准则，椐此采取预防事故和减轻事故后果的措施，从而限制照射的大小及受照的可能性。

有很多最优化的方法，代价－利益分析的方法是定量分析方法之一，其目的在于确定某一个防护水平，达到此防护水平后，若再继续降低照射水平，则从经济和社会方面考虑就不适宜了，也就是说不合理了。引进伴有辐射照射的某项实践（例如某种产品或某种作业）后，带来的纯利益 B 可用下式表示：

$$B = V - (P + X + Y) \tag{3-1}$$

式中，V——毛利益；

P——基本的生产代价；

X——为达到某种防护选定的防护水平而需付出的防护代价；

Y——在这种作业或者产品的生产、使用和废弃中所包含的危害的代价。

这里所说的危害的代价，除纯粹的经济上的代价以外还包括社会的代价在内。

若能使式（3-1）中的纯利益达到极大，即可认为辐射照射已保持在可合理达到的尽可能低的水平。这里独立的变量是与所考虑的实践相关的集体剂量 S。因此，辐射防护最优化的条件是：

$$\frac{dV}{dS} - (\frac{dP}{dS} + \frac{dX}{dS} + \frac{dY}{dS}) = 0 \tag{3-2}$$

一般情况下，对于给定的实践来说毛利益和生产代价 P 可认为不随集体剂量而变化，因而最优化主要取决于防护代价 X 和危害代价 Y。

X 与集体剂量 S 呈函数关系，为降低集体剂量必然会增加一定的防护代价。Y 也与 S 呈函数关系。若只考虑健康危害，则按线性无阈假设，Y 与 S 成正比。

于是根据式（3-2），可找到一个集体剂量 S_0，在这个集体剂量下存在如下关系：

$$(\frac{dX}{dS})S_0 = -(\frac{dY}{dS})S_0 \tag{3-3}$$

即在这种情况下为减少单位集体剂量所付出的防护代价刚好与减少的危害相抵。S_0 即为与最优化条件相对应的集体剂量。图 3-2 给出了最优化过程中各个量的变化及其相应关系。

在实际工作中，辐射防护最优化主要在防护措施的选择、设备的设计和确定各种管理限值的使用。当然，最优化不是唯一的因素，但它是确定这些措施、设计和限值的重要因素。

辐射防护最优化的实施一般分为三个阶段进行，工作前辐射防护最优化计划的制订和相应的准备、工作实施过程中的跟踪检查和工作结束后的总结报告。ALARA 经验数据库是辐射防护经验教训的总结。

3.3.2.3 剂量限制和潜在照射危险限制

由于利益和代价在群体中分布的不一致性，虽然实践满足了正当性要求，辐射防护也做到了最优化，但还不一定能够对每个人提供足够的保护。因此，对于给定的某项实践，不论最优化的分析结果如何，必须用剂量限值对个人所受照射加以限制。

要对个人所受到的正常照射加以限制，以保证 GB 18871—2002 规定的特殊情况外，由来自各项获准实践的综合照射所致的个人总有效剂量和有关器官或组织的总当量剂量不超过表 3-3 中规定的相应剂量限值。

要对个人所受到的潜在照射危险加以限制，使来自各项获准实践的所有潜在照射所致的个人危险与正常照射剂量限值所相应的健康危险处于同一水平。

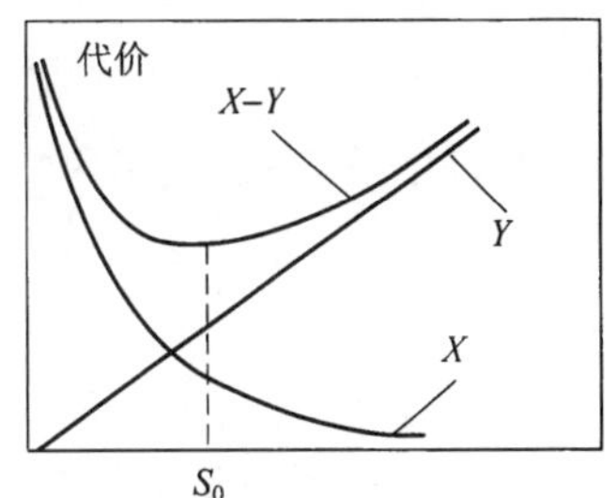

图 3-2　辐射防护的最优化示意图

X—防护的代价；

Y—健康损害的代价；

S_0—最优化的集体剂量

设置剂量限值的目标是：对来自一组确定的实践的经常和持续的照射，设定一个剂量水平，高于该水平的照射，对个人造成的后果将广泛地认为是不可接受的（Unacceptable）；恰恰低于剂量限值的照射虽不受欢迎，但却是可以合理地忍受的（Tollerable）；由有约束（受源相关的剂量约束值约束）的最优化决定的防护水平是可以接受的（Acceptable）。剂量限值是不可接受的与可忍受的剂量之间的界限（Boundary）。

（1）基本剂量限值

表 3-3 给出了 GB 18871—2002 规定的关于放射工作人员和公众的剂量限值。

表 3-3　GB 18871—2002 关于放射工作人员和公众的剂量限值

受照群体	照射条件	剂量限值
工作人员	全身	连续 5 年的年平均有效剂量 20 mSv，任何 1 年中的有效剂量 50 mSv
	眼晶体	$0.15\ Sv \cdot a^{-1}$
	四肢或皮肤	$0.5\ Sv \cdot a^{-1}$
公众	全身	年平均有效剂量 1 mSv
		5 个连续年的年平均剂量不超过 1 mSv，某单位 1 年份的有效剂量 5 mSv
	眼晶体	$0.015\ Sv \cdot a^{-1}$
	皮肤	$0.05\ Sv \cdot a^{-1}$
16～18 岁的徒工或学生	全身	年有效剂量 6 mSv
	眼晶体	$0.05\ Sv \cdot a^{-1}$
	四肢或皮肤	$0.15\ Sv \cdot a^{-1}$

（2）遵守剂量限值情况的确认

GB 18871—2002 所规定的剂量限值适用于在规定期间内外照射引起的剂量和在同一期间内摄入所致的待积剂量的和。计算待积剂量的期限，对成年人的摄入一般应为 50 年，对儿童的摄入则应算至 70 岁。应用下列方法之一来确定是否符合有效剂量的剂量限值的要求。

有效剂量与相应的剂量限值进行比较，总有效剂量 E_T 的计算公式：

$$E_T = H_P(d) + \sum_j e(g)_{j,ing} I_{j,ing} + \sum_j e(g)_{j,inh} I_{j,inh} \tag{3-4}$$

式中，$H_P(d)$——该年内贯穿辐射照射所致的个人有效剂量；

$e(g)_{j,ing}$和 $e(g)_{j,inh}$——同一期间内 g 年龄组食入和吸入单位放射性核素 j 后的待积有效剂量；

$I_{j,ing}$和 $I_{j,inh}$——食入和吸入放射性核素 j 的摄入量。

检验是否满足下列条件：

$$\frac{H_P}{DL} + \sum_j \frac{I_{j,ing}}{I_{j,ing.L}} + \sum_j \frac{I_{j,inh}}{I_{j,ing.L}} \leqslant 1 \tag{3-5}$$

式中，DL——相应的有效剂量的年剂量限值；

$I_{j,ing.L}$和 $I_{j,inh.L}$——食入和吸入放射性核素 j 的年摄入量限值(ALI)(即通过有关途径摄入的放射性核素 j 的量所导致的待积有效剂量等于有效剂量的剂量限值)

利用公式

$$I_{j,L} = DL/e_j \tag{3-6}$$

可以由相应的单位摄入量的待积有效剂量的值得到放射性核素 j 的年摄入量限值 $I_{j,L}$。其中，DL——相应的有效剂量的年剂量限值；e_j——GB 18871—2002 附录 B 中给出的放射性核素 j 的单位摄入量所致的待积有效剂量的相应值。对于职业照射，在一定的假设下可将 $I_{j,L}$用作 ALI。国际放射防护委员会第 61 号出版物(1990 年)给出了工作人员放射性核素年摄入量限值。

(3) 导出限值

辐射防护监测中，有许多测量结果很少能用剂量直接表示。但是可以根据基本限值，通过一定的模式导出有关供辐射防护监测结果比较用的限值，称为导出限值。

在实际工作中，可以针对辐射监测中测量的任意一个量推导相应的导出限值。例如导出空气浓度 DAC 就是根据下面模式导出的：假定参考人工作时每分钟吸入量为 0.02 m^3，放射工作人员 1 年工作 50 周，每周工作 40 h，1 年总计工作 2 000 h。在此时间内工作人员吸入的空气量为 2.4×10^3 m^3，于是导出空气浓度 DAC 就等于放射性核素年摄入量限值 ALI 除以参考人 1 年工作时间吸入的空气量，即

$$DAC = \frac{ALI(Bq)}{2.4\times10^3\ m^3} \tag{3-7}$$

根据式(3-7)和国际放射防护委员会第 61 号出版物，可以计算出放射性核素的导出空气浓度。

工作场所的表面污染控制水平在表 3-4 中给出。表中所列数值系指表面上固定污染和松散污染的总数。表面污染水平可按一定面积上的平均值计算：皮肤和工作服取100 cm^2，地面取 1 000 cm^2。其他有关规定请参阅 GB 18871—2002 附录 B11。

(4) 管理限值

管理限值是由主管当局或单位管理部门根据辐射防护最优化原则制定的限值。管理限值只用于稳定场合，如放射性流出物排放的管理限值。但是管理限值通常应低于基本限值或相应的导出限值，而且在管理限值和导出限值并存的情况下，优先使用管理限值。

(5) 参考水平

参考水平是决定采取某种行动的水平。对于辐射防护中测量的任何一种量,都可以建立参考水平,不管这些量是否确定了限值。参考水平不是一个限值,它的用途是当一个测量的量的数值超过或预计超过制定的参考水平时,提示应该采取某种行动。这些行动可以是单纯的数据记录;或调查原因和后果;或采取必要的干预行动等。最常用的参考水平有记录水平、调查水平和干预水平。

表 3-4　表面放射性物质污染的导出限值　$Bq \cdot cm^{-2}$

表面类型	区域	β放射性物质	α放射性物质	
			极毒性	其他
工作台、设备、墙壁、地面	控制区	4×10	4	4×10
	监督区	4	4×10^{-1}	4
工作服、手套、工作鞋	控制区 监督区	4	4×10^{-1}	4×10^{-1}
手、皮肤、内衣、工作袜		4×10^{-1}	4×10^{-2}	4×10^{-2}

1) 记录水平　记录水平是值得记录存档的水平。在监测过程中,超过此水平的测量结果,被认为有较大意义而应记录存档,低于此水平的测量结果可不予记录,在评价年剂量或摄入量时,可当作零看待。这样处理的好处是可以大大地简化监测结果的记录。ICRP 建议以年剂量限值或年摄入量限值的十分之一作为年记录水平。

2) 调查水平　调查水平是指应调查原因的剂量或摄入量水平。在监测过程中,超过此水平的测量结果,需要予以调查,且追查产生的原因。1977 年 ICRP 建议以年剂量值或年摄入量限值的十分之三作为调查水平。

在内照射情况下,个人监测中进行的测量有时不一定直接给出剂量或摄入量,对这样一类的监测结果可以建立一种导出调查水平。所谓导出调查水平是年剂量限值或年摄入量限值的十分之三的某一分数,这个分数相当于一次测量结果所包含的时间在全年时间中所占的分数。例如个人监测,一次热释光个人剂量计的测量值是反映该月的累积剂量,那么个人监测的导出调查水平为$(1/12)\times(3/10)=1/40$。即测量结果低于限值的 1/40,就意味着与此相应的剂量低于有关的调查水平。

3) 干预水平　干预水平是指需要采取干预行动(剂量或摄入量等)的水平。在监测过程中,超过此水平的测量结果应进行干预行动。"干预"就是指遇到事故或其他异常情况时需要采取与正常操作程序不同的一些行动。详细规定请参阅 GB 18871—2002 的有关章节。

3.3.2.4　剂量约束和潜在照射危险约束

剂量约束是指对源可能造成的个人剂量预先确定的一种限制,它是源相关的,被用作对所考虑的源进行防护和安全最优化的约束条件。对于职业照射,剂量约束是一种与源相关的个人剂量值,用于限制最优化过程所考虑的选择范围。对于公众照射,剂量约束是公众成员从一个受控源的计划运行中接受的年剂量的上限。剂量约束所指的照射是任何关键人群组在受控源的预期运行过程中、经所有照射途径所接受的年剂量之和。对每个源的剂量约束应保证关键人群组所受的来自所有受控源的剂量之和保持在剂量限值以内。

潜在照射是指预期不一定会受到但可能会因源的事故或某种具有偶然性质的事件或事件序列(包括设备故障和操作错误)所引起的照射。这里说的危险是一个用于表示与实际照射或潜在照射有关的危害、损害的可能性伤害后果等的多属性量,它与诸如特定有害后果可能发生的概率及此类后果的大小和特性等量有关。

对于一项实践中的任何一个特定的源,其剂量约束和潜在照射危险约束应不大于审管部门对这类源规定或认可的值,并不大于可能导致超过剂量限值和潜在照射危险限值的值。对任何可能向环境释放放射性物质的源,剂量约束还应确保对该源历年释放的累积效应加以限制,使得在考虑了所有其他有关实践和源可能造成的释放累积和照射之后,任何公众成员(包括其后代)在任何 1 年里所受到的有效剂量均不超过相应的剂量限值。

3.3.3 干预及干预原则

任何旨在减小或避免不属于受控实践的或因事故而失控的源所致的照射或照射可能性的行动,称之为干预。

适用 GB 18871—2002 的干预情况分为要求采取防护行动的应急照射情况和要求采取补救行动的持续照射情况。前者包括:已执行应急计划或应急程序的事故情况与应急情况;审管部门或干预组织确认有正当理由进行干预的其他任何应急照射情况。后者为:天然源照射,如建筑物和工作场所内氡照射;以往事件所造成的放射性残存物的照射,以及未受通知与批准制度控制的以往实践和放射源残存物所造成的的照射;审管部门或干预组织确认有正当理由进行干预的其他任何持续照射情况。

干预基本原则如下:

(1) 在干预情况下,为减少或避免照射,只要采取的防护行动和补救行动是正当的,则采取这类行动。

(2) 任何这类行动和补救行动的措施、规模和持续时间均应是最优化的,使在通常的社会和经济情况下,从总体上考虑能获得最大的净利益。

(3) 在应急照射情况下,除非超过或可能超过旨在保护公众成员的干预水平或行动水平,否则一般不需要采取防护行动。

(4) 在持续照射情况下,除非超过有关行动水平,否则一般不需要采取补救行动。

(5) 对任何特定的干预情况,各项有关要求的应用应与该干预的情况的性质、严重程度和所涉及的范围相适应。

关于干预的管理要求、辐射防护要求、应急照射情况的干预和持续照射情况的干预,请参阅 GB 18871—2002 有关内容。

3.3.4 事故预防和应急

3.3.4.1 事故预防原则

要求核电厂将核安全的重点首先放在获得安全的主要手段及事故预防上,特别要放在预防任何会造成堆芯严重损害的事故上。

核电厂的事故预防首先要求有可靠的高质量的设计和建造。在进行安全系统设计时，根据安全设备在安全中的不同作用将其进行分级，对不同级别的设备应用不同的设计和建造要求，同时考虑系统的冗余度、多样性和独立性等问题。在考虑冗余度时最重要的原则即单一故障原则。专设安全设施是核电厂特有的针对事故预防和缓解而设计的。

良好的运行实践是预防事故的重要方面，这种实践包括验证设计意图是否达到；依靠运行监测和实验发现或预测可能的事故；依靠良好的维修处理故障，确保运行偏差或故障不会发展为更为严重的事件或事故。

以纵深防御概念和安全原则为基础来预防事故。事故预防包含三个领域：纵深防御、管理问题和技术问题。

3.3.4.2 纵深防御概念

纵深防御概念贯穿于事故预防有关的全部活动，包括与组织、人员行为或设计有关的方面，来保证这些活动均置于重叠措施的防御之下，即使有一种故障发生，它将由适当的措施探测、补偿或纠正。在整个设计和运行中贯彻纵深防御，以便对由厂内设备故障或人员活动及厂外事件等引起的各种瞬变、预计运行事件及事故提供多层次的保护。纵深防御概念应用于压水堆核电厂的各个阶段，提供一系列多层次防御，用以防止事故并在未能防止事故时保证提供适当的保护。纵深防御可分5个层次。

(1) 第一层次防御的目的是防止偏离正常运行及防止系统失效。这一层次要求：必须按照恰当的质量水平和工程实践，例如多重性、独立性及多样性的应用，正确并保守地设计、建造、维修和运行核电厂。为此，应十分注意选择适当的设计规范和材料，并控制部件的制造和核电厂的建造、运行和维修。

(2) 第二层次防御的目的是控制（通过检测和干预）偏离正常运行状态，以防止预计运行事件升级为事故工况。尽管注意预防，反应堆在其寿期内仍然可能发生某些假设始发事件。这一层次防御要求设置在安全分析中已经确定的专用系统，并制定运行规程以防止或尽量减小这些假设始发事件所造成的损害。

(3) 设置第三层次防御是基于以下假定：尽管极少可能，某些预计运行事件或假设始发事件的升级仍有可能未被前一层次防御所制止，而演变成一种较严重的事件。这些不大可能的事件在压水堆核电厂设计基准中是可预计的，并且必须通过固有安全特性、故障安全设计、附加的设备和规程来控制这些事件的后果，使核电厂在这些事件后达到稳定的、可接受的状态。这就要求设置的专设安全设施能够将反应堆首先引导到可控制状态，然后引导到安全停堆状态，并且至少维持一道包容放射性物质的屏障。

(4) 第四层次防御的目的是针对设计基准可能已被超过的超设计基准事故，并保证放射性释放保持在可合理达到的尽量低的水平。这一层次防御最重要的目的是保护包容设施的功能。除了事故处理规程和干预措施之外，这可由防止事故进展的补充措施及规程，以及减轻选定的超设计基准事故后果的措施来达到。由包容提供的保护可用最佳估算方法来验证。

(5) 第五层次，即最后层次防御的目的是减轻可能由事故工况引起潜在的放射性物质释放造成的放射性后果。这方面要求有适当装备的应急控制中心及厂内和厂外应急响应计划。

纵深防御概念主要通过安全分析得到应用，以及在研究和运行经验的基础上使用完善的工程实践加以应用。在设计中应进行这种安全分析,以确保达到安全目标。它包括系统地严格审查核电厂的构筑物、系统和部件可能失效的方式,并确定失效的后果。因此,安全分析应审查核电厂一切有计划的正常运行方式,以及核电厂在预计运行事件、设计基准事故工况和可能导致超设计基准事故的事件序列中的性能。

3.3.4.3 安全管理

安全管理包括有关管理(包括人员管理)方面的所有原则,这些原则构成确保核电厂整个寿期内(包括退役)保持可接受安全水平所需措施的基础。安全管理的起点是所有相关单位的高级管理者。安全管理原则普遍适用于所有单位。因此,在通常情况下,所论述的有关营运单位的实践也适用于承担安全责任的其他单位。安全管理原则为:

(1) 从事安全重要活动的单位要制定将安全事务放在最优先位置的政策,并且要保证这些政策在具有明确的职责划分和明确的联系渠道的管理结构下加以实施。

(2) 从事安全重要活动的单位要制定和实施适当的质量保证大纲,质量保证大纲贯穿于核电厂的整个寿期,从选址、设计直至退役。

(3) 从事安全重要活动的单位要保证有足够数量的、受过充分培训和授权的工作人员按照批准的有效程序进行工作。

(4) 在核电厂寿期的所有阶段都要考虑人员的能力和局限性。

(5) 所有相关单位都要制订并适当演练事故工况下的应急计划。在设施开始运行之前,要落实实施应急计划的能力。

如果营运单位达到了高水平的安全文化,那么设施的安全管理将是有效的。安全文化将影响从事核技术相关活动的所有个人和组织的行为和相互关系。

3.3.4.4 安全验证

安全验证的原则为:

(1) 营运单位通过分析、监督、试验和检查来核实核电厂的实际状况及其运行符合运行限值和条件、安全要求和安全分析。

(2) 在核电厂的整个运行寿期内,按照监管要求对核电厂进行系统的安全再评价,并考虑从所有相关来源获得的运行经验和新的重要安全信息。

系统的定期评价活动包括定期审查,如自评价审查和同行评审,其目的是确定核电厂的安全分析报告和其他选定文件(如运行限值和条件、维修和培训方面文件)仍然有效;或在必要时进行改进。在这类审查中,需要考虑修改的累积效应、规程变化、部件老化、运行经验反馈的利用以及技术发展,并需要核实所选定的构筑物、系统和部件以及软件符合设计要求。

3.3.4.5 安全技术

对于核电厂安全技术的成功应用存在一些重要的基本技术原则。这些基本技术原则涉及:厂址的评价和选择、设计和建造、调试、运行和维修、放射性废物管理和退役。评价潜在厂址中可能对核电厂安全产生不利影响的人为因素和自然因素。还必须评价核电厂对周围公众和环境,例如由于土地和水的利用而可能产生的影响。

核电厂的设计和建造必须确保:(1) 尽量合理可能地限制所有运行工况下的辐射照射、放射性释放和放射性废物的产生;(2) 防止可能对现场人员、公众和环境造成影响的事故;(3) 一旦发生事故,限制和缓解事故的后果。因此,设计必须采用或应用:

1）具有高度可靠性的部件、系统和构筑物；

2）在设计中特别考虑尽量减少对人员的照射；

3）根据包括软件在内的构筑物、系统和部件等安全重要物项的安全重要性，对它们进行适当分级；

4）单一故障准则，以确保任何单一故障或单一维修活动或任何其他个人的行为均不会导致安全功能丧失；

5）利用设备的独立性、实体隔离和多样性最大限度地采取减少共因故障可能性的措施；

6）经验证的或通过经验或试验或者经由这两种途径证明合格，并满足保守的安全管理规定或准则，且有适当安全裕度的技术；

7）适当的固有安全设施和专设安全设施；

8）在实际可能的情况下，采用失效安全的设计概念。

设计还必须考虑运行人员和维修人员的能力。对人因的关注将确保核电厂能接受人为差错。尽量减少人为差错的合适要素是：对相关专设系统应用人机工程学原则；提供自动控制、保护和报警系统；消除危害安全的人员动作；清晰地显示数据；以及可靠的通讯。

营运单位通过核实已确信设计中的主要安全问题均已得到解决；国家核安全监管部门通过审查和评价已经证明所提交的安全分析是充分的，所建议的有关在整个建造过程中实施设计的安排、程序和质量保证大纲是适当的。营运单位承担保证按照设计和质量保证大纲建造的责任。

营运单位为核电厂运行建立合适的组织机构，该机构必须实施合适且充分的调试过程。调试的目的是验证核电厂的设计技术规范已经得到满足，并且已建成的核电厂可以正常运行。在以适当的安全分析和调试大纲为基础开始正常运行之前，必须获得国家核安全监管部门专门批准。调试大纲必须提供证据，表明已建成的核电厂符合设计和安全要求。在运行人员的参与下，在切实可行的范围内将验证运行规程作为调试大纲的一部分。

按照从安全分析，推导出的一整套可确定运行安全边界的运行限值和条件来控制核电厂的运行。对核电厂的运行提供合适的技术支持。由受过充分培训和具有充分授权的工作人员按照针对正常运行和预计运行事件的、有效的运行规程实施运行。制订质量保证大纲，落实管理事故工况的程序。按照经批准的计划对核电厂进行定期检查、试验和维修，这方面工作应遵照程序进行，以确保构筑物、系统和部件继续可以使用和按计划运行，并且仍然保持满足设计目的和安全分析要求的能力。落实有关核电厂安全应用和修改的计划。进行定期审查，并考虑当前的运行问题，如与老化、运行经验及当前可适用的安全标准有关的问题，以确保安全分析报告、运行限值和条件以及运行程序仍然正确。尽量减少并控制现场工作人员的辐射照射和放射性物质的释放。营运单位要制订有关收集和分析运行经验的计划，向所有相关机构分发安全重要信息。

通过适当的设计措施和运行实践将放射性废物的产生（活度和体积）保持在实际可能的最低水平。采取与最终处置的要求相一致的方式严格控制废物的处理和中间贮存。

核电厂的设计和退役计划要考虑需要将退役期间的照射限制在合理可行尽量低的水平。在启动退役活动之前，必须由监管部门核准退役计划。

3.3.4.6 应急

应急是指需要立即采取某些超出常规工作程序的行动，以避免事件、事故发生或减轻事故、事件后果与影响的状态。本节只涉及核电厂应急。

(1) 防护目标

确保采取所有合理措施，使剂量保持在相关的阈值之下，以防止个人的确定性效应发生，减少目前和将来在公众中出现随机性效应。

(2) 安全目标

保护个人、社会和环境免受损害。

(3) 实际目标

恢复对局面的控制；在现场防止和缓解后果；防止工作人员和公众中出现确定性健康效应；提供急救处理辐射损伤；尽可能防止在人群中出现随机性健康效应；尽实际可能防止在人群中出现非放射性影响；尽可能保护环境和财产；尽实际可能为恢复正常社会、经济活动做准备。

(4) 应急计划

描述应急响应行动的目标、政策、组织机构及功能和应急相应行动等的文件。

(5) 应急准备

在《国家核应急预案》中有详尽的描述。

关于应急的其他有关问题，本节不再详述。

3.4 辐射防护实践

无论是中子还是γ射线的剂量都与其注量成正比。在点源的情况下，注量与距离的平方成反比。对具有一定体积的非点源，虽然注量不是按照与距离成反比的规律变化，但总是随着离辐射源的距离增加而减少。在某些情况下，非点源可以简化成许多点源。在剂量率一定的情况下，人体接受的剂量与受照射的时间成正比。

所以对外照射的防护可以归结为三个基本手段：尽量增大与放射源的距离；尽量减少受照射时间；用屏蔽物质阻挡以降低辐照水平。

3.4.1 辐射场内影响照射的因素

在辐射防护的任何规则中，其根本的指导思想都是减少照射，无论内照射或外照射都要减至可合理达到的尽可能低的水平。假如去除辐射(源)是不可能做到的或不切实际时，就必须考虑其他措施以达到保护工作人员的目的。

在一个给定的辐射场内，决定个人所接受剂量的因素有以下三个：(1) 照射的时间；(2) 离开辐射源的距离；(3) 屏蔽的程度。

3.4.1.1 照射时间的控制

时间因素简单地说就是个人在辐射场内停留的时间越长，所受到的照射越大。有时，特别是在应对紧急事件的时候，必须在一个强的辐射场内进行工作。在这种情况下，必须预先在工作场所外面仔细计划工作程序以便用最短的时间去完成工作任务。假如一个人完成这样的工作所需要的时间过长，由此而遭受的照射将超过规定的限值，则应该组织一批人去完成这样的工作。就是说，用几个人的小量照射去替代一个人的大量照射。

在估算时间控制和距离控制时应使用剂量约束值或目标值。但为了简单地说明估算方法，使用年有效剂量限值。

年有效剂量限值为 20 mSv，1 年的工作日为 250 d，每天工作 8 h，则年剂量限值的每小时平均值为 $\dot{D}_L = 0.01$ mSv/h。设在辐射场内的 A 点，其剂量率为 $\dot{D}_A$，则在 A 点可以工作的最大时间 T_A 可由下式计算：

$$\dot{D}_L T_L = \dot{D}_A T_A \tag{3-8}$$

式中，T_L——每天工作的小时数，8 h。

例　设辐射场内某点，其剂量率为 $\dot{D}_A = 0.02$ mSv/h，仅考虑外照射，工作人员最多可在此处停留多长时间？

解　由式(3-8)可知

$$T_A = \dot{D}_L T_L / \dot{D}_A = (0.01\ \text{mSv/h} \times 8\ \text{h})/(0.02\ \text{mSv/h}) = 4.0\ \text{h}$$

即，在某点每日最多可工作 4.0 h。

3.4.1.2　辐射源距离的控制

某点的粒子注量率随着该点离开辐射源的距离而减小。假定我们考虑的是一个贯穿辐射的点源，则任意两点处的粒子注量率与两点到辐射源的径向距离的平方成反比。这个规律只适用于源和探测器件的尺寸小于它们之间的距离的情况，并且这个距离是在空气或真空中测量的。对其他非点源情况，粒子注量率将随距离的增加而减小，但不一定和距离的平方成反比。

设在辐射场内的 A 点，其剂量率为 $\dot{D}_A$，该点距点源的距离为 R_A，按年剂量限值的每小时平均值为 $\dot{D}_L = 0.01$ mSv/h，则每日工作 8 h 的安全距离 R_L 可由下式计算

$$\frac{\dot{D}_L}{\dot{D}_A} = \frac{R_A^2}{R_L^2} \tag{3-9}$$

例　若距点源 0.5 m 处的剂量率为 0.04 mSv/h，仅考虑外照射，工作人员每日工作 8 h 的安全距离 R_L 是多少？

解　根据式(3-9)，安全距离为

$$R_L = \sqrt{\frac{\dot{D}_A}{\dot{D}_L}} R_A = \sqrt{\frac{0.04}{0.01}} \times 0.5\ \text{m} = \sqrt{4.0} \times 0.5\ \text{m} = 2.0 \times 0.5\ \text{m} = 1.0\ \text{m}$$

即，在 1.0 m 处工作人员每日可工作 8 h。

在操作放射源或进行放化实验时，使用适当的长柄工具可以大大地减少操作人员所受的照射剂量。手柄长了，操作不灵便，可能会延长操作时间，所以距离防护和时间防护必须统筹灵活运用。

3.4.1.3　屏蔽体厚度

然而，通常所面临的是一个空间问题或是工作人员必须在非常接近辐射源的地方才能进行工作。这样就限制了从距离上去考虑问题。此时可在源和工作人员之间放置一种合适的屏蔽材料来降低辐射的危害。屏蔽材料的选择和厚度随辐射的类型和能量而定。

为了尽量减少外照射的危害，时间、距离和屏蔽这三个因素可以单独使用，也可以结合

使用。

在选择屏蔽材料时，首先要考虑人员的防护。但是，其他因素也影响材料的选择，如：材料是否经济；是否过于笨重；可以允许屏蔽体占有多大空间；是否具有适当的结构强度。此外，材料受到辐射损伤后会不会产生毒性或沾污的问题，以及为了不影响各种仪表在工作区内的准确测量，应把辐射减弱到什么水平。屏蔽体厚度的计算将在下节介绍。

3.4.2 对各种射线的防护

辐射对人体的照射有外照射和内照射两种。外照射是体外辐射源对人体造成的照射，而内照射是指进入人体内的放射性核素对人体造成的照射。前者主要是由 X、γ 射线、中子束、高能带电粒子和 β 射线引起的；后者则主要因人们通过吸入、食入、完好皮肤或皮肤伤口吸收了放射性核素造成的。针对这两种照射方式，有两种完全不同的防护方法。

外照射防护，一般采用 3.4.1 节讨论的三种方法的一种。下节将详细讨论在人和辐射源之间使用屏蔽材料的方法。

内照射防护，它与外照射防护方法完全不同。最根本的防护方法是尽量减少放射性物质进入体内的机会。例如制定合理的卫生管理制度、通风、密闭存放和操作辐射源，个人防护等等，都是从这一基本思想出发的。

对于核反应堆的辐射，经常遇见的是 γ 射线和中子。因此，只讨论 γ 射线外照射和中子外照射的防护。但在某些场合，β 射线引起的外照射也不容忽视。

3.4.3 γ 射线外照射的防护

外照射防护的目的，就是控制辐射对人体的照射，使之保持在可合理达到的尽量低的水平。外照射剂量计算是辐射防护和屏蔽计算的基础。

3.4.3.1 点状 γ 辐射源的剂量计算

如果辐射场中某点与辐射源的距离，比辐射源本身的几何尺寸大 5 倍以上，即可把辐射源看成是点状的，且称其为点状源。任何形状的辐射源都可以看成是点状源的叠加，所以这里只讨论点状源的情况。

(1) 比释动能 K

比释动能 K 是不带电电离粒子在质量为 $\mathrm{d}m$ 的某种物质中释放出来的全部带电粒子的初始动能总和 $\mathrm{d}E_{\mathrm{tr}}$ 除以 $\mathrm{d}m$，即

$$K = \frac{\mathrm{d}E_{\mathrm{tr}}}{\mathrm{d}m} \tag{3-10}$$

比释动能只适用于 γ 射线、X 射线和中子。初始动能包括可能的核反应能在内，不管这些初始动能最终沉积在什么地方。比释动能的国际制单位为 J/kg，专用单位是 Gy。

根据质量能量转移系数的定义，处于注量为 Φ、能量为 E 的单能不带电电离辐射中的介质的比释动能为

$$K = \Phi E\left(\frac{\mu_{\mathrm{tr}}}{\rho}\right) \tag{3-11}$$

比释动能率为

$$\dot{K} = \varphi E\left(\frac{\mu_{\mathrm{tr}}}{\rho}\right) \tag{3-12}$$

当能量为 E 的 γ 射线在空气中某一点处的注量率 φ 已知时，则根据上式 γ 射线在该点空气中的比释动能率为

$$\dot{K}_a = \varphi E\left(\frac{\mu_{tr}}{\rho}\right)_{a,E} \tag{3-13}$$

同样

$$K_a = \Phi E\left(\frac{\mu_{tr}}{\rho}\right)_{a,E} \tag{3-14}$$

式中，$(\mu_{tr}/\rho)_{a,E}$——能量为 E 的 γ 射线在空气中的质量能量转移系数。

(2) 点状源的照射量

对于单能 γ 射线，空气中某一点的照射量 X 与同一点处的能量注量 Ψ 有如下关系

$$X = K_a(1-g)\left(\frac{e}{W_a}\right) = \Psi\left(\frac{\mu_{tr}}{\rho}\right)_{a,E}(1-g)\left(\frac{e}{W_a}\right) \tag{3-15}$$

根据式(1-70)，式(3-15)可变为

$$X = \Psi\left(\frac{\mu_{en}}{\rho}\right)_{a,E}\left(\frac{e}{W_a}\right) \tag{3-16}$$

式中，$(\mu_{en}/\rho)_{a,E}$——空气对给定 γ 射线的质量能量吸收系数，单位为 $m^2 \cdot kg^{-1}$；

e——电子的电量，$1.602\times10^{-19}C$；

W_a——在干燥空气中每形成一对离子所消耗的能量，33.85 eV。

由式(3-16)，可得

$$X = f_X \Phi \tag{3-17}$$

式中，$f_X = E(\mu_{en}/\rho)_{a,E}(e/W_a)$称为照射量因子，它表示与单位光子注量相应的照射量，其单位是 $C \cdot kg^{-1} \cdot m^2$。表 3-5 给出了不同能量的 γ 射线的照射量因子 f_X。

按照式(3-17)，如果已知某种能量 γ 射线的注量，只要查得该能量 γ 射线在空气中的质量能量吸收系数$(\mu_{en}/\rho)_{a,E}$，就能算出照射量 X。附表 1-1 给出了干燥空气中各种能量 γ 射线的质量能量吸收系数。照射量率为

$$\dot{X} = f_X \varphi \tag{3-18}$$

例　^{137}Cs 源发射的 γ 射线能量为 0.662 MeV，距离源 1 m 处测得 γ 光子注量率为 $1\times10^7\ m^{-2} \cdot s^{-1}$，求该点的照射量率。

解　根据式(3-18)，照射量率为

$$\dot{X} = f_X \varphi$$

f_X应取光子能量为 0.662 MeV 的照射量因子 f_X值。由表 3-5，使用拉格朗日内插法，得 $f_X = 9.219\times10^{-18}\ C \cdot kg^{-1} \cdot m^2$，因而距离源 1 m 处的照射量率为

$$\dot{X} = f_X \varphi = 9.219\times10^{-18}\times1\times10^7 = 9.219\times10^{-11} C \cdot kg^{-1} \cdot s^{-1}$$

表 3-5 照射量因子 f_x值

光子能量/MeV	$f_x/(\mathrm{C\cdot kg^{-1}\cdot m^2})$	光子能量/MeV	$f_x/(\mathrm{C\cdot kg^{-1}\cdot m^2})$
0.01	2.200E−17	0.50	7.019 E−18
0.015	9.258 E−18	0.60	8.383 E−18
0.02	4.958 E−18	0.80	1.091 E−17
0.03	2.136 E−18	1.0	1.319 E−17
0.04	1.270 E−18	1.5	1.807 E−17
0.05	9.556 E−19	2.0	2.217 E−17
0.06	8.542 E−19	3.0	2.918 E−17
0.08	9.065 E−19	4.0	3.537 E−17
0.10	1.098 E−18	5.0	4.115 E−17
0.15	1.771 E−18	6.0	4.674 E−17
0.20	2.529 E−18	8.0	5.763 E−17
0.30	4.078 E−18	10.0	6.839 E−17
0.40	5.583 E−18		

注：1. 表中形如 2.200 E−17 的数据表示 2.200×10^{-17}。

(3) 照射量率常数

距点状单能 γ 辐射源距离为 r 空间点的注量率 φ 为

$$\varphi=\frac{An}{4\pi r^2} \tag{3-19}$$

式中，A ——放射性活度，Bq；

n——每一次衰变平均发射的 γ 光子数；

r——距离放射源的距离，m。

通常，γ 源不止发射一种能量的 γ 射线。设某种 γ 辐射源发射 K 种 γ 射线，在距离点状源 r 处的照射量率应该是各种能量 γ 射线之和

$$\dot{X}=\frac{Ae}{4\pi W_a r^2}\sum_{i=1}^{K}\left(\frac{\mu_{en}}{\rho}\right)_{a,E_i}n_iE_i \tag{3-20}$$

直接使用式(3-20)计算不太方便。为了计算方便，把式(3-20)中的一部分定义为照射量率常数：

$$\Gamma=\frac{e}{4\pi W_a}\sum_{i=1}^{K}\left(\frac{\mu_{en}}{\rho}\right)_{a,E_i}n_iE_i=3.766\times10^{-16}\sum_{i=1}^{K}\left(\frac{\mu_{en}}{\rho}\right)_{a,E_i}n_iE_i \tag{3-21}$$

式中，n_iE_i——所考虑核素每次衰变发射的第 i 种光子数目和能量的乘积，$\mathrm{MeV\cdot Bq^{-1}\cdot s^{-1}}$；

$(\mu_{en}/\rho)_{a,E_i}$——空气对第 i 种光子的质量能量吸收系数，$\mathrm{m^2\cdot kg^{-1}}$；

Γ——照射量率常数，$\mathrm{C\cdot m^2\cdot kg^{-1}\cdot Bq^{-1}\cdot s^{-1}}$。表 3-6 给出了一些放射性核素的照射量率常数 Γ 值。

表 3-6　一些 γ 放射性核素的 Γ 值

核素	照射量率常数 $\Gamma/(\mathrm{C \cdot m^2 \cdot kg^{-1} \cdot Bq^{-1} \cdot s^{-1}})$
^{24}Na	3.532 E−18
^{46}Sc	2.097 E−18
^{47}Sc	1.051 E−19
^{59}Fe	1.203 E−18
^{57}Co	1.951 E−19
^{60}Co	2.503 E−18
^{65}Zn	5.950 E−19
^{87}Sr*	4.490 E−19
^{90}Mo	3.261 E−19
^{110}Ag	3.000 E−18
^{111}Ag*	3.427 E−20
^{126}I	2.938 E−19
^{131}I	4.198 E−19
^{134}Cs	1.699 E−18
^{137}Cs	6.312 E−19
^{182}Ta	1.304 E−18
^{192}Ir	8.966 E−19
^{198}Au	4.488 E−19
^{199}Au	9.034 E−20
^{225}Ra	1.758 E−18
^{235}U	1.382 E−19
^{241}Am	2.298 E−20

将式(3-21)代入式(3-20)，得到当活度为 A(Bq)时，γ 点源距离 r 处的照射量率为

$$\dot{X} = \frac{A\Gamma}{r^2} \tag{3-22}$$

照射量率的单位为 $\mathrm{C \cdot kg^{-1} \cdot s^{-1}}$。

(4) γ 点源的空气吸收剂量率

在带电粒子平衡的条件下，由吸收剂量和质量能量吸收系数的定义，可得

$$D = \Psi\left(\frac{\mu_{en}}{\rho}\right) = \Phi E\left(\frac{\mu_{tr}}{\rho}\right)(1-g) \tag{3-23}$$

式中，Ψ——能量注量；

(μ_{en}/ρ)——单能 γ 射线对某物质的质量能量吸收系数。

由上式可知，当能量注量不变时，吸收剂量 D 与物质的质量能量吸收系数(μ_{en}/ρ)成正比，故有

$$\frac{D_1}{D_2} = \frac{(\mu_{en}/\rho)_1}{(\mu_{en}/\rho)_2} \tag{3-24}$$

脚码 1 和 2 分别表示物质 1 和物质 2。因此，只要知道在一种物质中的吸收剂量，就可用上式求出在带电粒子平衡条件下另一种物质的吸收剂量。

根据式(3-16)和式(3-23)，可得出在带电粒子平衡条件下，空气中照射量和吸收剂量的

关系为

$$D_a = (W_a/e)X \tag{3-25}$$

式中，D_a——空气中同一点处的吸收剂量。因而可以得出 γ 射线在空气中吸收剂量率与照射量率之间的关系

$$\dot{D}_a = (W_a/e)\dot{X} = 33.85\dot{X} \tag{3-26}$$

将式(3-25)代入(3-24)得

$$D_m = \frac{(\mu_{en}/\rho)_m}{(\mu_{en}/\rho)_a}\frac{W_a}{e}X = 33.85\frac{(\mu_{en}/\rho)_m}{(\mu_{en}/\rho)_a}X = f_m X \tag{3-27}$$

式中，D_m——处于空气中同一点处所求物质中的吸收剂量，Gy；

X——照射量，$C \cdot kg^{-1}$；

f_m——由以 $C \cdot kg^{-1}$ 为单位的照射量换算到以 Gy 为单位的吸收剂量的换算因子，$J \cdot C^{-1}$。

表 3-7 列出了不同光子能量时，与水、软组织、肌肉和骨效应的 f_m 数值。

表 3-7 不同光子能量对某些物质的 f_m 值

光子能量/MeV	f_m/ $J \cdot C^{-1}$			
	水	软组织	肌肉	骨
0.01	35.31	32.56	35.70	131.11
0.015	34.88	32.13	35.70	149.22
0.02	34.57	31.82	35.62	157.75
0.03	34.26	31.67	35.58	164.34
0.04	34.38	32.05	35.74	156.20
0.05	34.88	32.91	36.01	136.43
0.06	35.50	33.99	36.32	112.40
0.08	36.51	35.58	36.78	75.19
0.1	37.05	36.43	37.05	56.20
0.15	37.48	37.05	37.21	41.09
0.2	37.56	37.17	37.29	37.91
0.3	37.60	37.25	37.29	36.47
0.4	37.64	37.25	37.29	36.16
0.5	37.64	37.29	37.29	36.05
0.6	37.64	37.29	37.29	35.97
0.8	37.64	37.29	37.29	35.93
1	37.64	37.29	37.29	35.93
1.5	37.64	37.29	37.29	35.93
2	37.64	37.25	37.29	35.93
3	37.52	37.13	37.17	36.09
4	37.40	37.02	37.05	36.32
5	37.44	36.86	36.90	36.51
6	37.13	36.71	36.74	36.71
8	36.86	36.43	36.47	37.09
10	36.63	36.16	36.24	37.40

由式(3-27)可得空气中同一点处γ射线在物质m中吸收剂量率与照射量率$\dot{X}$之间的关系为

$$\dot{D}_m = f_m \dot{X} \tag{3-28}$$

例　试求3.7×10^{10} Bq的^{60}Co源在1 m处的照射量率为多少。在空气和皮下肌肉组织内的吸收剂量率为多少?

解　$A=3.7\times10^{10}$ Bq,$r=1$ m,由表3-6查得^{60}Co($E_\gamma=1.17$ MeV;1.33 MeV)的$\Gamma=2.50\times10^{-18}$ C·m^2·kg^{-1}·Bq^{-1}·s^{-1},将这些数值代入式(3-12),则得

$$\dot{X} = \frac{3.7\times10^{10}\times2.50\times10^{-18}}{1^2} = 9.25\times10^{-8}\ \mathrm{C\cdot kg^{-1}\cdot s^{-1}}$$

由式(3-26)得

$$\dot{D}_a = 33.85\times9.25\times10^{-8}\ \mathrm{Gy\cdot s^{-1}} = 3.13\times10^{-6}\ \mathrm{Gy\cdot s^{-1}}$$

由表3-7查得,对于^{60}Co,$f_{肌}=37.29$,代入式(3-28),得

$$\dot{D}_{肌} = 37.29\times9.25\times10^{-8} = 3.45\times10^{-6}\ \mathrm{Gy\cdot s^{-1}} = 1.24\times10^{-2}\ \mathrm{Gy\cdot h^{-1}}$$

(5) γ点源的吸收剂量率与粒子注量率的关系

由式(3-23),可得

$$\dot{D}_a = \varphi\left(\frac{\mu_{en}}{\rho}\right)_a E_\gamma \tag{3-29}$$

式中,$\dot{D}_a$——γ射线在空气中某一点处的吸收剂量率,单位是Gy·s^{-1};

φ——光子的注量率,单位为m^{-2}·s^{-1};

E_γ——γ射线的能量,单位为J。

3.4.3.2　宽束γ射线的减弱规律

窄束γ射线的指数减弱规律是一个简化的情况,因为如果发生康普顿效应,则散射光子可能穿出该物质,仅仅是能量减少和方向的改变,并没有被物质真正地吸收。这种情况只有在很好的准直射线束穿过较薄的物质层条件下才成立。

辐射防护中遇到的辐射大多是宽束辐射和较厚的物质层,如图3-3所示。在此情况下,光子经多次康普顿散射后仍有可能穿过物质,然后到达所考察的空间位置上。于是,在所考察的位置上,不仅有未经相互作用的入射光子,而且还有经多次康普顿散射后的散射光子。

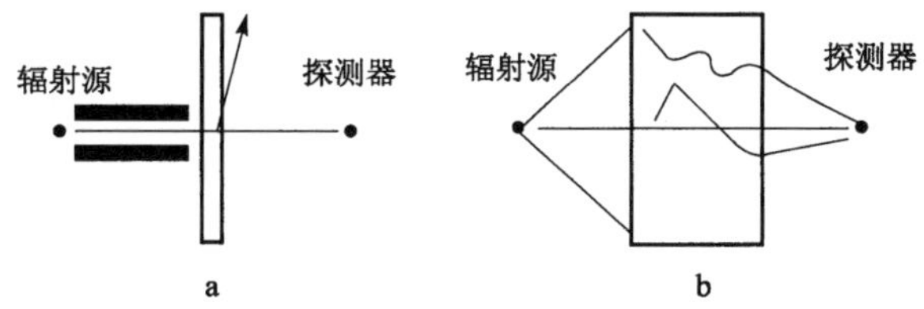

图3-3　窄束、宽束示意图

a. 辐射在薄屏蔽层中的散射;

b. 辐射在厚屏蔽层中的散射

为了考虑康普顿多次散射的影响,引进一个修正因子,用以对窄束减弱规律加以修正,即:

$$N = BN_0 e^{-\mu d} \tag{3-30}$$

式中,B称为积累因子。

对不同辐射量,有不同的积累因子。在式(3-30)中的B是光子数或注量率的积累因子。实际应用中,经常使用照射量积累因子B_X,即

$$X(d) = B_X N_0 e^{-\mu d} \tag{3-31}$$

式中，X、X_0分别表示厚度为 d 的屏蔽层和无屏蔽层时辐射场中同一点的照射量。

对于各向同性的点源，介质的积累因子 B_X 与材料厚度 μd 有关系，在一定条件下可用解析式近似地表示。常用的解析式是泰勒近似公式：

$$B_X = A_1 e^{-\alpha_1 \mu d} + (1 - A_1) e^{-\alpha_2 \mu d} \tag{3-32}$$

式中，μ——线减弱系数，m^{-1}，可由附表 1-1 查得；

d ——屏蔽介质的厚度，m。

对特定材料，α_1、α_2 和 A_1 仅是射线能量的函数，有关数值见表 3-8。

表 3-8 用泰勒式计算各向同性点源照射量积累因子的有关参数

材料	能量/MeV	A_1	$-\alpha_1$	α_2	材料	能量/MeV	A_1	$-\alpha_1$	α_2
水	0.5	100.845	0.126 87	−0.109 25	铁	0.5	31.179	0.068 42	−0.037 2
	1.0	19.601	0.090 37	−0.025 22		1.0	24.957	0.060 86	−0.024 3
	2.0	12.612	0.053 20	0.019 32		2.0	17.622	0.046 27	−0.005 6
	3.0	11.110	0.035 50	0.032 06		3.0	13.218	0.044 31	−0.000 7
	4.0	11.163	0.025 43	0.030 25		4.0	9.624	0.046 98	0.001 75
	6.0	8.385	0.018 20	0.041 64		6.0	5.867	0.061 50	−0.001 6
	8.0	4.635	0.026 33	0.070 97		8.0	3.243	0.075 00	0.021 23
	10.0	3.545	0.029 91	0.087 17		10.0	1.747	0.099 00	0.066 27
混凝土	0.5	38.225	0.148 24	−0.105 79	锡	0.5	11.440	0.018 00	0.031 87
	1.0	25.507	0.072 30	−0.018 43		1.0	11.426	0.042 66	0.016 06
	2.0	18.089	0.042 50	0.008 49		2.0	8.783	0.053 49	0.015 05
	3.0	13.640	0.032 00	0.020 22		3.0	5.400	0.074 40	0.020 80
	4.0	11.460	0.026 00	0.024 50		4.0	3.496	0.095 17	0.025 98
	6.0	10.781	0.015 20	0.029 25		6.0	2.005	0.137 33	−0.015 1
	8.0	8.972	0.013 00	0.029 79		8.0	1.101	0.172 88	−0.017 7
	10.0	4.015	0.028 80	0.068 44		10.0	0.708	0.192 00	0.015 52
铝	0.5	38.911	0.100 15	−0.063 12	铅	0.5	1.677	0.030 84	0.309 41
	1.0	28.782	0.068 20	−0.029 73		1.0	2.984	0.035 03	0.134 86
	2.0	16.981	0.045 88	0.002 71		2.0	5.421	0.034 82	0.043 79
	3.0	10.583	0.040 66	0.025 14		3.0	5.580	0.054 22	0.006 1
	4.0	7.526	0.039 73	0.038 60		4.0	3.897	0.084 68	−0.023 3
	6.0	5.713	0.039 34	0.043 47		6.0	0.926	0.178 60	−0.046 5
	8.0	4.716	0.038 37	0.044 31		8.0	0.368	0.236 91	−0.058 4
	10.0	3.999	0.039 00	0.041 30		10.0	0.311	0.240 24	−0.028 73

3.4.3.3 屏蔽计算中用的几个参数

在 γ 辐射场中某一点上的吸收剂量率或剂量率，与同一点上的照射量率 $\dot{X}$ 成正比。因此，宽束 γ 射线穿过屏蔽层后，描述它的吸收剂量率或剂量率的减弱时，也可借用照射量积累因子 $B_X(E,d)$，所以由(3-31)式可得

$$\dot{H}(d) = B_X \dot{H}_0 e^{-\mu d} \tag{3-33}$$

式中，$\dot{H}_0$——无屏蔽层时空间某点的剂量率；

$\dot{H}(d)$——屏蔽层厚度为 d 时空间某点的剂量率。

(1) 减弱倍数 K

减弱倍数 K 定义为

$$K = \frac{\dot{H}_0}{\dot{H}(d)} = \frac{e^{\mu d}}{B_X(E,\mu d)} \tag{3-34}$$

它表示辐射场中某点处没有屏蔽层的剂量率 $\dot{H}_0$，与设置厚度为 d 的屏蔽层后的剂量率 $\dot{H}(d)$的比值，即表示该屏蔽层材料对辐射的屏蔽能力。减弱倍数无量纲。

当光子能量确定、屏蔽材料选定后，那么线减弱系数 μ 和积累因子 $B_X(E,\mu d)$也就确定了。由式(3-34)即可求出 K-d 的依赖关系。

(2) 透射比 η

透射比 η 定义为

$$\eta = \frac{\dot{H}(d)}{\dot{H}_0} = \frac{B_X(E,\mu d)}{e^{\mu d}} \tag{3-35}$$

它表示辐射透过屏蔽材料的能力。透射比 η 无量纲，且与减弱倍数互为倒数。对式(3-35)两边取自然对数，以透射比的自然对数为纵坐标、以厚度 d 为横坐标，可做出不同屏蔽材料与不同能量相应的透射比曲线。

(3) 半减弱厚度 $\Delta_{1/2}$ 和十分之一减弱厚度 $\Delta_{1/10}$

半减弱厚度 $\Delta_{1/2}$ 定义为：将入射 γ 光子数(注量率或照射量率等)减弱一半所需的屏蔽层厚度。十分之一减弱厚度 $\Delta_{1/10}$ 定义为：将 γ 光子数(注量率或照射量率)减弱到十分之一所需的屏蔽层厚度。$\Delta_{1/2}$ 和 $\Delta_{1/10}$ 之间有下列关系

$$\Delta_{1/2} = 0.301\,\Delta_{1/10} \tag{3-36}$$

宽束 γ 光子在屏蔽介质中的减弱不是简单的指数规律，对于给定的辐射在屏蔽介质中的 $\Delta_{1/2}$ 和 $\Delta_{1/10}$ 值并不是一个常数，它们随着减弱倍数 K 的增加而略有变化，可用于评价材料对辐射的屏蔽能力和屏蔽厚度的近似估算。

3.4.3.4　点状 γ 辐射源的屏蔽计算

屏蔽计算的目的在于：设置足够厚的屏蔽层，使关心的辐射场中参考点处由各种辐射源造成的剂量率的总和 $\dot{H}(d)$，不超过事先规定的控制水平 $\dot{H}_L$。即

$$\dot{H}(d) \leqslant \dot{H}_L \tag{3-37}$$

初级 γ 射线指直接由 γ 辐射源发射出来的 γ 射线。若初级 γ 射线束是确定屏蔽层厚度的主要因素时，可得到如下关系式：

$$\dot{H}(d) = \frac{1.2 \times 10^5 A\Gamma\eta q}{r^2} \leqslant \dot{H}_L \tag{3-38}$$

于是，γ 射线束通过厚度为 d 的屏蔽层后的透射比为

$$\eta \leqslant \frac{\dot{H}_L r^2}{1.2 \times 10^5 A q \Gamma} \tag{3-39}$$

或屏蔽层厚度 d 对 γ 射线的减弱倍数为

$$K \geqslant \frac{1.2 \times 10^5 \ Aq\Gamma}{\dot{H}_L r^2} \tag{3-40}$$

式中，A ——γ 源的活度，Bq；

Γ ——照射量率常数，$C \cdot kg^{-1} \cdot m^2 \cdot Bq^{-1} \cdot s^{-1}$；

q——居留因子，表示在辐射源开启的时间内，工作人员在屏蔽层外侧停留的时间分数。在屏蔽设计中，按照工作人员在参考点位置上全部居留，部分居留或偶然居留三种情况，q 分别取为 1、1/4 或 1/16；

r——参考点到 γ 点源的距离，m；

$\dot{H}_L$——参考点上剂量率的控制水平，$Sv \cdot h^{-1}$。

不论算出 η 还是算出 K，然后可查有关曲线，就可得到所需屏蔽材料的屏蔽层厚度 d。

例 将放射性活度为 3.7×10^{14} Bq 的 ^{60}Co 辐射源置于一个铅容器中，要求容器的表面的剂量率小于 $2 \times 10^{-3} Sv \cdot h^{-1}$。设容器表面到源的距离 r 为 25 cm，求铅容器的屏蔽层厚度。

解 查表 3-6，知 $\Gamma = 2.503 \times 10^{-18}$ $C \cdot kg^{-1} \cdot m^2 \cdot Bq^{-1} \cdot s^{-1}$。取 $q=1$，由式(3-40)得

$$\begin{aligned} K &= \frac{1.2 \times 10^5 \ Aq\Gamma}{H_L \cdot r^2} \\ &= \frac{1.2 \times 10^5 \times 3.7 \times 10^{14} \times 2.503 \times 10^{-18} \times 1}{2 \times 10^{-3} \times (0.25)^2} \\ &= 0.89 \times 10^6 \end{aligned}$$

按照 K 值查有关曲线，可得铅屏蔽层厚度为 23.7 cm，实际可取 24 cm。

3.4.3.5 屏蔽 γ 射线的常用材料

如果仅从所用物质厚度足以使 γ 射线减弱到所要求的水平来看，则作为屏蔽 γ 射线的材料种类是相当多的。但是，在决定选用何种材料时，应根据防护最优化的原则，综合考虑所选材料的防护性能、结构性能、稳定性和经济成本等因素。常用的 γ 射线屏蔽材料有如下几种。

铅　原子序数 82、密度 11.3 g/cm^3，抗腐蚀性能良好，在射线照射下不易损坏。铅对低能和高能 γ 射线有很高的减弱能力，是屏蔽 γ 射线的理想材料。但是，在 1 MeV 到几个兆电子伏特的能区范围内，铅对 γ 射线的减弱能力最差，此外，铅的缺点是成本高，结构强度极差，并且不耐高温。常用于制造铅容器、活动屏、铅砖。用铅做较大容器和设备时要用钢材作结构骨架，否则会因自重而坍塌。

铁　原子序数 26、密度 7.89 g/cm^3（钢）、7.2 g/cm^3（铸铁），成本低且易获得。屏蔽性能比铅差。一般，若减弱倍数相同，铁的总质量大约比铅重 30 %。铁（钢）的机械强度很高，易加工，多用于防护铁门、铁沟盖板等。

混凝土　普通混凝土（水泥 1∶砂子 2∶碎石 2∶水 0.5）的有效原子序数为 18、密度是 2.3 g/cm^3。价格便宜且有良好的结构性能。在工程中多用作固定的屏蔽层。有时为了减少屏蔽厚度、缩小体积，使用高密度的混凝土（称为重混凝土），其办法是用铅砂、铁砂代替普通砂子，用重晶石（含 Ba）、铁矿石、铸铁块或废钢块代替碎石。重混凝土的密度可高达 6.9 g/cm^3，但这类混凝土的成本很高。

水 有效原子序数为7.4、密度是1 g/cm^3。屏蔽γ射线的性能比上述三种材料差。但它具有特殊的优点，透明度好和能随意将物品放入其中，因此常以水井、水池的形式分装固体γ辐射源。如水中含有可溶性盐类时，在强辐射作用下，水会发生辐射分解生产有害气体。因此为屏蔽目的，宜用去离子水。

另外，建筑上使用的砖、砂石、泥土也可以用以屏蔽γ射线。虽然不是专门为屏蔽使用它们的，但建筑上使用了它们，客观上起到屏蔽一部分射线的作用。

对于某些特殊需要，为了减少质量和减小体积，有时采用一些较为贵重的高密度材料如钨、铀等作局部屏蔽。

3.4.4 中子外照射的防护

3.4.4.1 中子剂量的计算

计算中子剂量主要采用下述两种方法。

(1) 比释动能的计算

单能中子的比释动能可用下式表示

$$K = f_K \Phi \tag{3-41}$$

式中，$f_K = (\mu_{tr}/\rho) \cdot E$——中子比释动能因子，它表示单位中子注量的比释动能；

Φ——对辐射场实际得到的单能中子注量。如果已知中子辐射场中某种物质(m)的比释动能K_m，则在同一点上受到照射的一小块组织(T)的比释动能K_T可由下式求得：

$$K_T = \frac{(\mu_{tr}/\rho)_T}{(\mu_{tr}/\rho)_m} K_m \tag{3-42}$$

在满足带电粒子平衡条件下，相关组织的中子吸收剂量即为

$$D_T = K_T = \frac{(\mu_{tr}/\rho)_T}{(\mu_{tr}/\rho)_m} K_m \tag{3-43}$$

通过实测和计算得到了单能中子的注量Φ后，从附表中查得与能量相对应的f_K值，即可算得比释动能K。将比释动能值看作吸收剂量的近似值。对于能量低于30 MeV的中子，由于这种近似引入的偏差常可忽略。

例 在壁厚为3 mm尼龙试管中装有1 ml血液样品。计算与14 MeV的单位中子注量相应的吸收剂量。

解 当$E_n = 14$ MeV时，反冲质子在尼龙中的射程为2 mm，尼龙管的壁厚3 mm，已满足带电粒子平衡条件。所以，血液的吸收剂量就等于血液的比释动能，即

$$D_{血} = K_{血} = \frac{(\mu_{tr}/\rho)_{血}}{(\mu_{tr}/\rho)_{尼龙}} K_{尼龙} = \frac{(\mu_{tr}/\rho)_{血}}{(\mu_{tr}/\rho)_{尼龙}} \Phi \cdot (f_K)_{尼龙}$$

由附表3-1查得$(f_K)_{尼龙} = 0.658 \times 10^{-10}$ Gy·cm^2；而$\Phi = 1$ cm^{-2}。近似地认为$(\mu_{tr}/\rho)_{血}$与$(\mu_{tr}/\rho)_{尼龙}$的比值为1，可得

$$\begin{aligned} D_{血} &= K_{血} = \Phi \cdot (f_K)_{尼龙} \\ &= 1 \times 0.658 \times 10^{-10} = 6.58 \times 10^{-11}\ \text{Gy} \end{aligned}$$

(2) 剂量计算

表3-9列出了与不同能量中子对应的辐射权重因数w_R；与单位中子注量相应的剂量因子$f_{H,n}$的数值；同时列出了与10 μSv·h^{-1}对应的中子注量率φ_L值。中子剂量率可按下式

计算:

$$\dot{H} = \varphi_n f_{H,n} \tag{3-44}$$

表 3-9 中子辐射权重因数 w_R,中子的剂量指数因子 $f_{H,n}$和对应 10 μSv·h^{-1}的中子注量率

E_n/MeV	辐射权重因数 w_R	剂量指数因子 $f_{H,n}$/(10^{-15} Sv·m^2)	中子注量率 φ_L/(cm^{-2}·s^{-1})
2.5×10^{-8}	2	1.068	260.1
1×10^{-7}	2	1.157	240.0
1×10^{-6}	2	1.263	219.9
1×10^{-5}	2	1.208	230.0
1×10^{-4}	2	1.157	240.0
1×10^{-3}	2	1.029	270.0
1×10^{-2}	2	0.992	280.0
1×10^{-1}	7.4	5.787	48.0
5×10^{-1}	11	19.84	13.6
1	10.6	32.68	8.61
2	9.3	39.68	6.83
5	7.8	40.65	6.83
10	6.8	40.85	6.80
20	6.0	42.74	6.50
50	5.0	45.54	6.10
^{210}Po—B $E_n=2.8$	8.0	33.1	8.40
^{210}Po—Be $E_n=4.2$	7.5	35.5	7.84
^{226}Ra—Be $E_n=4.0$	7.3	34.5	8.04
^{239}Pu—Be $E_n=4.1$	7.5	35.2	7.88
^{241}Am—Be $E_n=4.5$	7.4	39.5	7.04
^{252}Cf 源 $E_n=2.13$	9.15	33.21	8.36

例 活度为 3.7×10^{11} Bq 的^{210}Po—Be 中子源,求距离源 1 m 处的中子剂量率为多少。

解 查表 3-16 可求得中子源的发射率为

$$Ay = 3.7\times10^{11}\times67.6\times10^{-6}\ s^{-1} = 2.5\times10^{7}\ s^{-1}$$

查表 3-9,^{210}Po—Be 中子源的 $f_{H,n}$为 35.5×10^{-15} Sv·m^2。按照式(3-44)

$$\dot{H} = \frac{2.5\times10^{7}\ s^{-1}}{4\pi^2\times1^2\ m^2}\times35.5\times10^{-15}\ Sv\cdot m^2 = 254.4\ \mu Sv\cdot h^{-1}$$

3.4.4.2 中子在物质中减弱的特点

从中子屏蔽角度看,首先是快中子通过与物质的非弹性散射与弹性散射,使中子慢化变成热中子,然后,热中子被物质俘获吸收。

发生非弹性散射核反应的中子的部分能量变成了 γ 辐射能。非弹性散射的过程具有阈能,能量大于阈能的中子才有可能发生非弹性散射。对于质量数为 100～150 的原子核,靠近基态附近的那些能级分布较密,能级间距约为 0.1 MeV。而对于轻核,相应的能级间距则在 1 MeV 左右。中子一旦与原子核发生非弹性散射反应，能量将大幅度下降。当其能量降低到小于引起非弹性散射的阈能时，中子就只能靠弹性散射来降低能量。

在弹性散射中，与中子相碰撞的原子核越轻，中子转移给反冲核的能量就越多。中子与氢核发生弹性散射作用时，反冲核得到的能量最多。一次弹性散射中，中子平均有一半的能量交给反冲质子，有时甚至交出它的全部能量给质子。所以氢是 1 MeV 左右的快中子最好的慢化剂。表 3-10 给出了在几种物质中中子能量从 1 MeV 降到 0.025 eV 所需弹性碰撞的平均次数。

表 3-10　在物质中中子能量从 1 MeV 降到 0.025 eV 所需弹性碰撞的平均次数

元素	H	D	He	B	Be	C	O	Fe	U
质量数	1	2	4	7	9	12	16	56	238
碰撞数	18	24	41	65	84	111	146	485	2 088

虽然热中子能被各种物质所吸收，但并不是任何物质都适宜用来吸收热中子的。因为许多物质吸收热中子后，常伴有高能的俘获 γ 辐射。表 3-11 列出了某些元素的热中子吸收截面及相应的俘获 γ 辐射的最大能量。为了减少或避免热中子吸收过程中产生的俘获 γ 辐射，可在屏蔽层中加入适量的 ^{10}B 或 ^{6}Li，因为这两种核素吸收热中子的截面特别大，而且产生的是(n，α)反应，此反应放出的主要是外照射防护中常可忽略的 α 粒子。虽然 ^{10}B 伴有 γ 辐射，但其能量很低易于屏蔽。

表 3-11　某些元素的热中子吸收截面及相应的俘获 γ 辐射的最大能量

元素或同位素	热中子(n，γ)截面/b	俘获 γ 之最大能量/MeV	元素或同位素	热中子(n，γ)截面/b	俘获 γ 之最大能量/MeV
氢	0.332	2.23	钴	37.0	7.49
硼-10 [1)]	3 837	0.478	镍	4.8	9.00
氮	0.075	10.8	铜	3.77	7.91
钠	0.534	6.41	锌	1.10	9.51
镁	0.036	10.09	锆	0.18	8.66
铝	0.235	7.72	铌	1.15	7.19
硅	0.160	10.59	钼	2.7	9.15
磷	0.190	7.94	银	63	7.27
钙	0.44	7.83	镉	2450	9.05
钪	24	8.85	铟	196	5.87
钛	5.8	10.47	锡	0.625	9.35
钒	4.98	7.98	钽	21	6.04
铬	3.1	9.72	钨	19.2	7.42
锰	13.2	7.26	铅	0.17	7.38
铁	2.35	10.16	铋	0.084	4.17

注：1) 系指(n，α)反应的截面及其伴随的 γ 光子能量。

与 γ 辐射在屏蔽体中的减弱相似，窄束中子流在屏蔽层中的减弱同样遵循简单的指数规律：

$$\varphi_r(d) = \varphi_{r_0} e^{-\Sigma d} \tag{3-45}$$

式中，φ_{r_0}——辐射场中某一点处，没有设置屏蔽体时的中子注量率；

$\varphi_r(d)$——辐射场同一点处，设置厚度为 d 的屏蔽体后的中子注量率；

Σ——屏蔽材料对入射中子的宏观总截面。

同样，宽束中子流在屏蔽层内的减弱规律为：

$$\varphi_r(d) = B_n \varphi_{r_0} e^{-\Sigma d} \tag{3-46}$$

B_n是宽束情况下中子的积累因子，用于表征屏蔽体中产生的多次散射中子使屏蔽体后所关心的位置上中子注量率增加的比例。

3.4.4.3 计算宽束中子流减弱的分出截面法

分出截面法的基本出发点为：选择合适的屏蔽材料使得中子在屏蔽层中一经散射便能在很短的距离内迅速慢化并保证能在屏蔽层内吸收。也就是说，那些经历了散射作用的中子被有效地从穿出屏蔽层的中子束中“分出”去了，使穿过屏蔽层的中子都是那些未经相互作用的中子。在这种情况下，即使是宽束中子流，它在屏蔽层中的减弱也能满足简单的指数规律。

使用分出截面法，屏蔽材料必须满足下述条件：

1）屏蔽层足够厚，使得在屏蔽层后的剂量主要是由中子束中贯穿能力最强的中子的贡献造成的；

2）屏蔽层内含有像铁、铅之类的中等重的或重的材料，以使中子能量通过非弹性散射很快降到 1 MeV 左右；

3）屏蔽层内要含有足够的氢，以保证在很短的距离内，使中子能量从 1 MeV 左右很快地降到热能，且使其在屏蔽层内吸收。

满足上述条件时，可用下述公式描述宽束中子流在屏蔽体中的减弱：

$$\varphi_r(d) = B_n \varphi_{r_0} e^{-\Sigma_R d} \tag{3-47}$$

$$\dot{H}_r(d) = B_n \dot{H}_{r_0} e^{-\Sigma_R d} \tag{3-48}$$

式中，φ_{r_0}、$\dot{H}_{r_0}$——没有设置屏蔽体时，辐射场中某一点的中子注量率和剂量率；

$\varphi_r(d)$、$\dot{H}_r(d)$——设置厚度为 d 屏蔽体后，辐射场中同一点的中子注量率和剂量率；

Σ_R——屏蔽材料对中子的宏观分出截面；

d——屏蔽层厚度。

对裂变中子，屏蔽材料的宏观分出截面 Σ_R与其微观分出截面的关系为

$$\Sigma_R = \frac{0.602}{M_A} \rho \sigma_R \tag{3-49}$$

式中，Σ_R单位为 cm；

M_A——核素的摩尔质量，$g \cdot mol^{-1}$；

ρ——材料的密度，$g \cdot cm^{-3}$。

如屏蔽材料为混合物或化合物，则总的宏观分出截面为

$$\Sigma_R = \sum_i N_i \sigma_{R,i} = 0.602\, \rho \sum_i \frac{Q_i}{M_{A,i}} \sigma_{R,i} \tag{3-50}$$

式中，Q_i——第 i 种核素在混合物中所占的质量分数；

$M_{A,i}$——第 i 种核素的摩尔质量，$g \cdot mol^{-1}$；

$\sigma_{R,i}$——第 i 种核素的微观分出截面，b；

$0.602\rho Q_i/M_{A,i}$——单位体积内第 i 种核素的原子个数 N_i。

表 3-12～3-14 分别列出了某些材料和若干元素对裂变中子的宏观分出截面值。虽然这些截面值是对裂变中子而言，但在处理放射性核素中子源屏蔽问题时，也可借用这些值。表 3-15 列出了某些材料对不同能量中子的微观分出截面。

表 3-12　对于裂变中子的宏观分出截面

材料	普通土（含水 10%）	石墨 ρ=1.54 g/cm³	普通混凝土	水	石蜡	聚乙烯	铁
Σ_R/cm^{-1}	0.041	0.078 5	0.089	0.103	0.118	0.123	0.157 6

表 3-13　若干元素对裂变中子的宏观分出截面

Z	元素	原子质量 A	密度/($g \cdot cm^{-3}$)	宏观分出截面 Σ_R/cm^{-1}
3	Li	6.940	0.534	0.044 9
4	Be	9.013	1.850	0.124 8
5	B	10.810	2.535	0.145 8
6	C	12.001	1.670	0.083 8
13	Al	26.982	2.699	0.079 2
26	Fe	55.847	7.865	0.156 0
27	Co	58.933	8.900	0.172 8
28	Ni	58.700	8.900	0.169 3
29	Cu	63.546	8.940	0.166 7
30	Zn	65.380	7.140	0.130 6
47	Ag	107.870	10.503	0.149 1
79	Au	197.000	19.320	0.204 5
82	Pb	207.200	11.347	0.117 6
92	U	238.000	18.700	0.181 6

表 3-14　某些化合物对裂变谱中子的宏观分出截面

化合物	化学式	密度/($g \cdot cm^{-3}$)	Σ_R/cm^{-1}
轻水	H_2O	1.000	0.100 0
重水	D_2O	1.100	0.091 3
石蜡	$C_{30}H_{62}$	0.952	0.109 0
钢(1%碳)		7.830	0.163 0
沙		2.200	0.082 0
橡皮	$(C_5H_3)_n$	0.920	0.098 0

续表

化合物	化学式	密度/(g·cm⁻³)	Σ_R/cm^{-1}
聚乙烯	$(CH_2)_n$	0.920	0.110 0
石油		0.876	0.107 0
氢化锂	LiH	0.920	0.140 0
氧化镁	MgO	3.650	0.120 0
汽油	C_8H_{18}	0.639	0.095 0
硼化铁	FeB	6.000	0.160 0
氧化铁	Fe_2O_3	5.120	0.134 0
氧化铝	Al_2O_3	4.000	0.132 0
二氧化硅	SiO_2	2.320	0.076 0
氧化钠	Na_2O	2.270	0.075 0
氧化钾	K_2O	2.320	0.060 0
碳化硼	B_4C	1.81	0.093 0
砾石			0.092 0

表 3-15 中子微观分出截面 σ_R 值 b

元素	中子能量/MeV				
	0.5	1.0	1.2	3	15
Be	—	—	—	2.3±0.2	1.04±0.05
B	—	—	—	1.3±0.1	0.62±0.07
C	3.16±0.25	2.08±0.23	—	1.58±0.2	0.92±0.02
O	—	—	—	0.48±0.19	0.70±0.06
Na	2.5±0.2	2.5±0.3	2.8±0.4	—	—
Al	—	—	—	1.68±0.07	1.24±0.11
S	—	—	—	1.40±0.20	1.58±0.09
Ti	—	—	—	2.4±0.4	1.54±0.04
Fe	2.4±0.5	1.04±0.11	—	1.96±0.04	1.53±0.05
Ni	4.3±0.8	2.0±0.7	—	1.90±0.03	1.59±0.07
Cu	—	—	—	2.3±0.1	1.84±0.10
Zn	—	—	—	1.73±0.11	1.64±0.15
Zr	—	—	—	2.77±0.03	1.90±0.12
W	—	—	—	4.8±0.5	3.63±0.40
Pb	1.2±0.8	2.87±0.63	—	3.72±0.13	3.39±0.18
Bi	—	—	—	3.78±0.33	3.35±0.28

3.4.4.4　中子屏蔽计算中用的几个参数

在进行中子屏蔽计算时，会用到中子辐射透射系数、透射比、减弱倍数和十倍减弱厚度这4个参数。

(1) 中子辐射透射系数

中子源发出的单位中子注量在屏蔽体后造成的剂量，单位是 $Sv \cdot cm^2$，用符号 ζ_n 表示。

(2) 中子透射比

中子辐射场中的某点，有屏蔽体的剂量与没有屏蔽体时的剂量之比。用符号 η_n 表示，无量纲，且 $\eta_n<1$。

(3) 中子减弱倍数 K_n

中子辐射场中，没有屏蔽体时的剂量与有屏蔽体时的剂量之比。它表示屏蔽材料对辐射的屏蔽能力。用符号 K_n 表示，K_n 是无量纲的量，且与 η_n 互为倒数关系。

(4)十倍减弱厚度

使沿入射方向的中子注量减少到原来的1/10的屏蔽体厚度称作十倍减弱厚度，用 $\Delta_{1/10}$ 表示。

不同能量中子在不同屏蔽材料中的有关参数曲线，可在有关参考书中找到。

3.4.4.5　中子屏蔽计算

反应堆中子屏蔽计算是一个十分复杂的问题，必须使用复杂的程序和计算机才能得到满意的结果。这里只讨论放射性核素中子源的屏蔽计算，从中可以了解屏蔽计算的一般步骤。

从偏保守考虑，对于厚度不小于20 cm的水、石蜡、聚乙烯一类的含氢材料，可以取 $B_n=5$；对铅 $B_n=3.5$；对铁 $B_n=2.6$。

为使参考点上的中子注量率降低到 $\varphi_L(m^{-2} \cdot s^{-1})$ 所需的屏蔽层厚度，可按下式求得

$$\varphi_r = B_n q \varphi_0 e^{-\Sigma_R d} \leqslant \varphi_L \tag{3-51}$$

所以

$$d = \frac{1}{\Sigma_R}\ln\left(\frac{AyB_n q}{4\pi r^2 \varphi_L}\right) \tag{3-52}$$

式中，d ——屏蔽层厚度，cm；

Σ_R——屏蔽材料的宏观分出截面，cm^{-1}；

A——放射性核素中子源的放射性核素的活度，Bq；

y——放射性核素中子源的产额，$Bq^{-1} \cdot s^{-1}$；

B_n——中子积累因子；

q——居留因子；

r——参考点离源的距离，cm。

例　用专用汽车运输一个 $A=3.7\times10^{11}$ Bq 的钋-铍中子源，源用石蜡屏蔽罐盛装，要求将离源1 m处驾驶员所在位置上的剂量率 $\dot{H}$ 控制在2.5 $\mu Sv \cdot h^{-1}$ 以下，求石蜡屏蔽罐需多厚。

解：　查表3-16求得 $Ay=2.5\times10^7\ s^{-1}$。查表3-9对应于2.5 $\mu Sv \cdot h^{-1}$ 的 $\varphi_L=1.97\ cm^{-2} \cdot s^{-1}$。查表3-12得石蜡的宏观分出截面为 $\Sigma_R=0.118\ cm^{-1}$。取 $B_n=5$；$q=1$。

则根据式(3-52)得

$$d=\frac{1}{0.118}\ln\left(\frac{2.5\times10^{7}\times5\times1}{4\pi\times100^{2}\times1.97}\right)=5.28\ \text{cm}$$

例 如图 3-4 所示,在一个水桶中央放一个^{239}Pu－Be 中子源,$A=3.7\times10^{11}$ Bq。要求桶内水表面处的中子注量率小于 5.91 $\text{cm}^{-2}\cdot\text{s}^{-1}$,求源应放在离水表面多深的深度处。

解: 由式(3-52)可得

$$e^{\Sigma_R d}=\frac{AyB_n q}{4\pi d^2\varphi_L}$$

查表 3-12 得水的宏观分出截面 $\Sigma_R=0.103\ \text{cm}^{-1}$。查表 3-16 $Ay=1.6\times10^{7}\ \text{s}^{-1}$。$\varphi_L=5.91\ \text{cm}^{-2}\cdot\text{s}^{-1}$。取 $B_n=5$;$q=1$。将这些值代入上式,得

$$e^{0.103d}=\frac{1.6\times10^{7}\times5\times1}{4\pi d^2\times5.91}=1.0772\times10^{6}\ \frac{1}{d^2}$$

令 $Q_1=e^{0.103d}$;$Q_2=1/d^2\times1.0772\times10^{6}$。使用图解法求解上述联立方程,可得 $d=56.5$ cm。

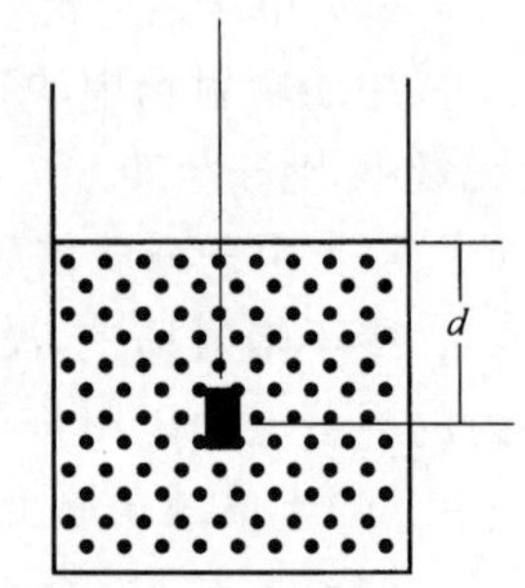

图 3-4 ^{239}Pu－Be 源在水屏蔽时的计算示意图

根据中子在物质中的减弱规律,绘制成若干屏蔽材料的减弱曲线,这样就可从这些减弱曲线中直接查得所需屏蔽材料厚度。

表 3-16 放射性核素中子源的特性

名称	放射性核素	反应类型	半衰期 $T_{1/2}$	中子最大能量 /MeV	中子平均能量 /MeV	中子产额 y /($10^{-6}\ \text{s}^{-1}\cdot\text{Bq}^{-1}$)	中子源发射率为 $10^6\ \text{s}^{-1}$,距离 1 m 处的照射量 /($10^{-7}\text{C}\cdot\text{kg}^{-1}\cdot\text{h}^{-1}$)	中子能谱	伴随 γ 辐射
钠－铍	^{24}Na	(γ,n)	15.0 h		0.830	3.51	3.760×10^{4}	单能	非常强
锑－铍	^{124}Sb	(γ,n)	60.4 d		0.029	5.14	1.330×10^{4}	单能	非常强
钋－铍	^{210}Po	(α,n)	138.4 d	10.87	4.200	67.60	0.103	连续	很低
镭－铍	^{226}Ra	(α,n)	1620 a	13.08	4.000	405.00	155.000	连续	很强
钚－铍	^{238}Pu	(α,n)	87.75 a	11.30	4.500	54.10	<1.290	连续	低
钚－铍	^{239}Pu	(α,n)	24 360 a	10.74	4.100	43.20	4.390	连续	低
镅－铍	^{241}Am	(α,n)	432 a	11.50	4.500	54.10	<2.580	连续	低

3.4.4.6 屏蔽中子的常用材料

屏蔽材料的选择和材料厚度的确定应依据辐射防护最优化原则,综合考虑材料的屏蔽性能、结构性能、稳定性能,以及经济成本几个因素。

屏蔽材料的最佳组合是含有一定数量原子序数在中等以上的元素和适当数量的轻元素,尤其是氢。表 3-17 列出了某些常用屏蔽材料中的含氢量。在屏蔽材料中加入适量的^{10}B和^{6}Li,能够有效地吸收热中子,且减少俘获辐射,使屏蔽层尺寸变薄。

常用的屏蔽材料有下列几种。

水 它含有大量的氢,是一种非常好的中子慢化剂。氢的热中子俘获截面为 332 b。

俘获 γ 辐射能量为 2.224 MeV。屏蔽体中为慢化快中子而含有的氢，足以捕获屏蔽体中的热中子。水缺乏结构性能，常把它注入各种容器内做成水门、水箱等。必须防止容器破裂，导致水泄漏而造成事故。

混凝土　普通混凝土密度为 2.3 g/cm^3，它是多种元素的混合物，如表 3-18 所示。它含有轻元素、重元素和一定数量的水分，所以对中子和光子都有较好的屏蔽作用。混凝土具有良好的结构性能，多用作固定的屏蔽体。但混凝土长期使用会失水，从而降低了对中子的防护性能。

石蜡　含有大量氢、价格便宜、容易成型，是很好的中子慢化剂。但气温高时易软化变形；气温低时大块石蜡容易收缩、干裂。结构性能差、怕火、易燃，对 γ 射线防护性能差。经常和其他屏蔽材料配合使用。

表 3-17　常用屏蔽材料中的含氢量

材料	化学组成	含氢量/(原子·cm^{-3})
水	H_2O	6.70×10^{22}
石蜡	$C_{30}H_{62}$	7.87×10^{22}
聚乙烯	$(CH_2)_n$	7.92×10^{22}
聚氯乙烯	$(CH_2CHCl)_n$	4.10×10^{22}
有机玻璃	$(C_4H_8O_2)_n$	5.70×10^{22}
石膏	$CaSO_4\cdot2H_2O$	3.25×10^{22}
高岭土	$Al_2O_3\cdot2SiO_2\cdot2H_2O$	2.42×10^{22}
95%聚乙烯+8%B_4C	$(CH_2)_n+B_4C$	7.68×10^{22}

表 3-18　混凝土的元素成分/(10^{21}原子·cm^{-3})

元素	碳质混凝土			硅质混凝土
	含水 3.0%	含水 5.5%	含水 8.0%	含水 5.0%
H	4.640	8.50	12.360	7.760
C	20.730	20.20	19.670	—
O	34.395	35.50	36.605	43.290
Mg	1.910	1.86	1.810	1.170
Al	0.620	0.60	0.580	2.350
Si	1.740	1.70	1.660	15.680
Ca	11.600	11.30	11.000	3.550
Fe	0.200	0.19	0.180	0.303

注：1. 由表中所列各种元素成分构成的混凝土密度均为 2.31 g·cm^{-3}。

聚乙烯　含氢丰富，是较好的中子防护材料。它易于加工成型，但高温时易软化、易燃。常和其他结构材料混合使用。

泥土　含水较多，是一种廉价材料。为充分利用它的防护性能，有时将中子发生装置建造在地下室。

锂和硼　它们的热中子吸收截面分别为 940 b 和 3 837 b。锂俘获中子后放出的 γ 辐射很少，可以忽略不计。硼虽有 95 %的俘获事件中放出 0.47 MeV 的 γ 辐射，但较易屏蔽。在没有特殊要求时，可使用价格较低的硼酸或硼砂。要求缩小屏蔽层体积时，可考虑使用含硼量较高的 B_4C。在要求低 γ 辐射产额的特殊情况下，可选用硼酸锂。

3.4.5 内照射防护

3.4.5.1 概述

进入体内的放射性核素作为辐射源对人体的照射称为内照射。内照射与外照射的区别在于：外照射只在放射性场所工作时发生，工作人员一旦离开，外照射即可避免；而放射性物质一旦进入体内，会时时刻刻对人体产生照射。

放射性物质对人体造成的内照射伤害往往比外照射更大。这是因为：(1)照射是连续的，且几乎不能用人为的方法加以改变，一般只能按照其自身的固有规律在人体内进行代谢；(2)某些放射性核素会有选择地沉积在它所亲和的某个或某些器官或组织中，例如，碘主要沉积在甲状腺中，锶主要沉积在骨中，等等；(3)一些本来无法从体外照射人体器官或组织的 α 粒子和低能 β 粒子，一旦进入体内，就可将其全部能量损伤在受照器官或组织中；此外，还有一些放射性核素，除有放射性危害外，还有化学毒性危害。

内照射产生的生物效应与人体器官或组织所接受的剂量或剂量率有关。内照射剂量的计算，要考虑人体吸收的放射性核素的数量及其核衰变时释放的粒子种类和能量，同时还须考虑放射性物质及其化合物的性质、进入人体的途径和在体内的代谢规律。由于个体之间差异(年龄、生理状态、营养和饮食卫生习惯)较大，计算中所用的众多生物学参数只是代表实际变化范围很大的一个平均值，计算得到的结果只能是实际情况的一种近似。

放射性物质可经吸入、食入或皮肤进入体内，由于放射性核素的衰变和人体的代谢，只能停留一定的时间，这个时间特性用有效半衰期描述，它表示由于生物代谢和放射性衰变体内放射性核素减少一半所经历的时间，用 T_e 表示。有效半衰期数值取决于该放射性核素的生物半排期 T_b 和物理半衰期 T_r，三者之间的关系为

$$T_e = \frac{T_r T_b}{T_r + T_b} \tag{3-53}$$

生物半排期表示由于机体的生物代谢作用使某一元素从体内排出一半所需要的时间。如果涉及到元素在某一器官中的减少，与此相应的 T_b 称为该元素在该器官中的生物半廓清期，与 T_e 相应的 T_b 称为某放射性核素在该器官中的有效半滞留期。

为了描述放射性物质在进入人体呼吸道系统、胃肠道系统及进入体液中的分布与归宿，分别建立了呼吸系统、胃肠道系统和体液代谢模型，用于推算各有关器官或组织的放射性活度，进而估算各有关器官或组织接受的剂量。

控制内照射可采用年摄入量限值 ALI。若 1 年内摄入的某一给定活度的放射性核素后，将使以参考人所代表的成年人受到的待积剂量等于职业性照射相应的剂量限值，该活度称为相关核素的年摄入量限值 ALI。但是年摄入量限值 ALI 不是一个易测量的量。可以使用导出空气浓度 DAC 控制摄入量。

3.4.5.2 内照射防护的措施

（1）防止放射性物质经由呼吸道进入体内

由于放射性粉尘或放射性气体逸入空间，可能造成工作场所的空气污染，空气污染是造成放射性物质经呼吸道进入体内的主要途径，其防护措施主要如下。

1）空气净化 通过空气过滤、除尘等方法，尽量降低空气中放射性粉尘或放射性气溶胶的浓度。例如：在核电厂，主控室的通风系统中装有这种空气净化装置（在正常情况下不启动），这种方式属于集体防护措施。

2）稀释 稀释是不断地排出被污染的空气并换以清洁空气，换气次数视空气被污染的水平确定。为防止环境的放射性污染，污染空气一般应该经过滤器过滤后才排入大气。在核电厂的通风与空气净化系统的设计中，空气从污染程度低的房间流向污染程度高的房间。

3）防止放射性物质扩散 在可能产生空气污染的工作现场设立负压工作环境（静态封闭），或在可能产生放射性空气污染的设备开口处加负压抽吸机（动态封闭），这样就可以避免放射性物质的扩散。核电厂在检修过程中普遍采用这两种防护方式。

4）个人防护 就是工作人员佩戴呼吸保护装置，防止放射性物质被吸入人体。呼吸装置分为开放式和密闭式两种。开放式的防护装置为高效的防护口罩，采用活性炭等物质隔离和吸附放射性物质。密闭式的防护装置本身提供可供人体呼吸的气源，因此可根本地避免放射性物质的吸入。

密闭式的防护装置分两种：一种装置自身配备压缩空气气瓶，另一种由压缩空气系统供气。第一种装置包括气瓶、面具和连接供气管线等组成部分。优点是工作人员可自由移动，不会受区间的限制。缺点是工作时间有限且较笨重。第二种装置包括通风气衣和面罩及连接供气管线组成，由压缩空气系统供气。这类装置的优点是较轻便，供气时间不受限制，但活动范围有限。

（2）防止放射性物质经口进入体内

防止放射性物质经口进入体内，主要从管理及工作习惯上解决。在控制区或放射性操作现场（如废物运输）不准吃、喝、抽烟等，平时养成良好的工作习惯，工作时不用手抚摸面部，工作结束后洗手等。

（3）防止放射性物质经皮肤和伤口进入体内

为了防止放射性物质经皮肤进入体内，工作时必须穿戴个人防护用品，尽量减少暴露的皮肤面积，而且不用有机溶剂洗手或涂敷皮肤，否则会增加放射性物质的渗透性。

要小心工作，不要让带有放射性物质的设备尖角、断口等割裂皮肤，若有了伤口，无论伤口在何处，则必须立即停止工作，及时通知辐射防护人员和职业卫生医生。如工作确有需要，可用不透水的敷料妥善包扎好后再工作，如果伤口较大，则必须停止工作。若发生较大的人员伤亡事故，要立即通知主控室。

不准患有大面积皮肤病的人员不经妥善处理就进入控制区工作，不准带裸露的伤口进入控制区工作。这些考虑都是为了防止放射性物质经伤口直接进入体内，因为裸露的伤口为污染物进入血液提供了直接的途径。

复习题

1. 人类受到照射的天然辐射主要成分是什么？
2. 按照辐射效应的发生率与剂量之间的关系，辐射对人体的危害分为几类？
3. 简述随机性效应和确定性效应的特点和后果。
4. 简述内、外照射防护的基本原则。
5. 简述辐射防护关心的问题和目的。
6. 实践中辐射防护的原则是什么？
7. 试述放射性工作人员和公众的剂量限值。
8. 试述干预的基本原则。
9. 何谓管理限值？如何使用管理限值？
10. 什么是参考水平？有哪几种？
11. 辐射场辐射水平确定的情况下，决定放射性工作人员在辐射场内受照的因素是什么？
12. 使用贯穿辐射水平与距离平方成反比的规律时，要受到什么样的几何条件限制？
13. 在辐射场内如何控制工作时间和选择距辐射源的距离？
14. 为什么在处理宽束 γ 射线时要采用积累因子？
15. 试求 3.7×10^{10} Bq 的 ^{24}Na放射源在距其 10 m 处的照射量率。
16. 已知空气中某点处照射量为 6.45×10^{-3}C/kg，求该点处空气的吸收剂量。
17. 试述 γ 射线和中子减弱过程的几个参数。
18. 确定屏蔽 γ 射线和中子的屏蔽厚度的简单计算方法。
29. 使用公式表述 DAC 和 ALI 的关系。
20. 如何使用照射量因子、照射量率常数和 f_m 计算照射量、照射量率和任意物质的吸收剂量？
21. 屏蔽材料必须满足哪些条件才能使用分出截面法？

附表3-1 中子在某些物质中的比释动能因子 $f_K/(10^{-2}\ Gy \cdot cm^2)$

E_n/MeV	近似组织	骨(股骨)	肌肉[1]	标准人	干燥空气	水	尼龙	有机玻璃
0.110−04	0.145−11	0.127−11	0.147−11	0.129−11	0.287−10	0.146−12	0.484−11	0.108−12
0.200−04	0.120−11	0.106−11	0.122−11	0.109−11	0.214−10	0.241−12	0.371−11	0.178−12
0.360−04	0.111−11	0.969−12	0.112−11	0.103−11	0.159−10	0.415−12	0.298−11	0.308−12
0.630−04	0.120−11	0.101−11	0.122−11	0.114−11	0.120−10	0.714−12	0.261−11	0.529−12
0.110−03	0.154−11	0.121−11	0.156−11	0.150−11	0.916−11	0.124−11	0.260−11	0.917−12
0.200−03	0.233−11	0.171−11	0.237−11	0.230−11	0.689−11	0.224−11	0.312−11	0.166−11
0.360−03	0.386−11	0.269−11	0.393−11	0.387−11	0.526−11	0.402−11	0.444−11	0.298−11
0.630−03	0.651−11	0.440−11	0.662−11	0.650−11	0.421−11	0.701−11	0.694−11	0.520−11
0.110−02	0.112−10	0.742−11	0.114−10	0.112−10	0.357−11	0.122−10	0.115−10	0.906−11
0.200−02	0.200−10	0.132−10	0.204−10	0.200−10	0.336−11	0.221−10	0.202−10	0.164−10
0.360−02	0.356−10	0.233−10	0.362−10	0.356−10	0.370−11	0.394−10	0.357−10	0.292−10
0.630−02	0.612−10	0.399−10	0.622−10	0.611−10	0.476−11	0.677−10	0.612−10	0.503−10
0.110−01	0.101−09	0.676−10	0.106−09	0.104−09	0.688−11	0.115−09	0.104−09	0.853−10
0.200−01	0.180−09	0.117−09	0.183−09	0.179−09	0.108−10	0.199−09	0.179−09	0.148−09
0.360−01	0.298−09	0.194−09	0.303−09	0.297−09	0.170−10	0.330−09	0.297−09	0.246−09
0.630−01	0.463−09	0.302−09	0.470−09	0.462−09	0.256−10	0.512−09	0.462−09	0.382−09
0.820−01	0.558−09	0.365−09	0.567−09	0.557−09	0.307−10	0.617−09	0.558−09	0.462−09
0.860−01	0.577−09	0.377−09	0.587−09	0.576−09	0.318−10	0.638−09	0.577−09	0.478−08
0.900−01	0.596−09	0.389−09	0.665−09	0.594−09	0.328−10	0.658−09	0.595−09	0.493−09
0.940−01	0.614−09	0.401−09	0.624−09	0.613−09	0.338−10	0.678−09	0.614−09	0.509−09
0.980−01	0.631−09	0.412−09	0.641−09	0.630−09	0.349−10	0.697−09	0.631−09	0.523−09
0.105+00	0.661−09	0.432−09	0.672−09	0.660−09	0.367−10	0.730−09	0.661−09	0.548−09
0.115+00	0.701−09	0.458−09	0.713−09	0.700−09	0.394−10	0.775−09	0.701−09	0.582−09
0.125+00	0.740−09	0.483−09	0.752−09	0.733−09	0.420−10	0.817−09	0.740−09	0.615−09
0.135+00	0.777−09	0.509−09	0.789−09	0.776−09	0.445−10	0.858−09	0.777−09	0.646−09
0.145+00	0.813−09	0.532−09	0.825−09	0.811−09	0.470−10	0.897−09	0.813−09	0.675−09
0.155+00	0.846−09	0.554−09	0.860−09	0.844−09	0.495−10	0.934−09	0.846−09	0.704−09
0.165+00	0.878−09	0.575−09	0.892−09	0.876−09	0.520−10	0.969−09	0.878−09	0.730−09
0.175+00	0.910−09	0.597−09	0.924−09	0.907−09	0.544−10	0.100−08	0.910−09	0.757−09
0.185+00	0.939−09	0.615−09	0.954−09	0.937−09	0.568−10	0.104−08	0.939−09	0.782−09
0.195+00	0.968−09	0.634−09	0.983−09	0.965−09	0.592−10	0.107−08	0.968−09	0.806−09
0.210+00	0.101−08	0.662−09	0.103−08	0.101−08	0.627−10	0.111−08	0.101−08	0.841−09
0.230+00	0.106−08	0.697−09	0.108−08	0.106−08	0.674−10	0.117−08	0.106−08	0.886−09
0.250+00	0.111−08	0.733−09	0.113−08	0.111−08	0.720−10	0.123−08	0.111−08	0.929−09
0.270+00	0.116−08	0.764−09	0.118−08	0.116−08	0.764−10	0.128−08	0.116−08	0.970−09
0.290+00	0.121−08	0.795−09	0.123−08	0.121−08	0.809−10	0.134−08	0.121−08	0.101−08

续表

E_n/MeV	近似组织	骨(股骨)	肌肉[1)]	标准人	干燥空气	水	尼龙	有机玻璃
0.310+00	0.126-08	0.825-09	0.128-08	0.125-08	0.856-10	0.139-08	0.125-08	0.105-08
0.330+00	0.130-08	0.857-09	0.132-08	0.130-08	0.907-10	0.144-08	0.129-08	0.109-08
0.350+00	0.135-08	0.887-09	0.137-08	0.135-08	0.965-10	0.149-08	0.133-08	0.112-08
0.370+00	0.140-08	0.920-09	0.142-08	0.139-08	0.104-09	0.155-08	0.137-08	0.116-08
0.390+00	0.146-08	0.956-09	0.148-08	0.145-08	0.116-09	0.162-08	0.142-08	0.120-08
0.420+00	0.160-08	0.104-08	0.162-08	0.158-08	0.166-09	0.178-08	0.149-08	0.128-08
0.460+00	0.162-08	0.106-08	0.164-08	0.160-08	0.133-09	0.179-08	0.154-08	0.132-08
0.500+00	0.158-0	0.104-08	0.160-08	0.158-08	0.143-09	0.174-08	0.160-08	0.133-08
0.540+00	0.163-08	0.107-08	0.165-08	0.162-08	0.979-10	0.179-08	0.165-08	0.138-08
0.580+00	0.169-08	0.112-08	0.171-08	0.168-08	0.100-09	0.185-08	0.171-08	0.143-08
0.620+00	0.175-08	0.116-08	0.177-08	0.174-08	0.154-09	0.192-08	0.177-08	0.148-08
0.660+00	0.181-08	0.119-08	0.183-08	0.180-08	0.230-09	0.198-08	0.184-08	0.152-08
0.700+00	0.186-08	0.123-08	0.189-08	0.185-08	0.167-09	0.204-08	0.188-08	0.157-08
0.740+00	0.191-08	0.126-08	0.194-08	0.191-08	0.148-09	0.210-08	0.193-08	0.161-08
0.780+00	0.196-08	0.130-08	0.199-08	0.196-08	0.140-09	0.216-08	0.197-08	0.165-08
0.820+00	0.202-08	0.133-08	0.204-08	0.201-08	0.136-09	0.222-08	0.202-08	0.170-08
0.860+00	0.207-08	0.137-08	0.210-08	0.206-08	0.133-09	0.228-08	0.207-08	0.174-08
0.900+00	0.214-08	0.141-08	0.217-08	0.213-08	0.133-09	0.235-08	0.212-08	0.179-08
0.940+00	0.224-08	0.147-08	0.227-08	0.222-08	0.141-09	0.247-08	0.217-08	0.185-08
0.980+00	0.241-08	0.158-08	0.245-08	0.239-08	0.203-09	0.269-0	0.224-08	0.195-08
0.105+01	0.245-08	0.160-08	0.248-08	0.242-08	0.251-09	0.271-08	0.231-08	0.199-08
0.115+01	0.242-08	0.160-08	0.246-08	0.241-08	0.194-09	0.267-08	0.239-08	0.202-08
0.125+01	0.252-08	0.166-08	0.256-08	0.251-08	0.193-09	0.278-08	0.248-09	0.210-08
0.135+01	0.261-08	0.172-08	0.265-08	0.260-0	0.378-09	0.287-08	0.260-08	0.217-08
0.145+01	0.265-08	0.175-08	0.269-08	0.264-08	0.357-09	0.291-08	0.267-08	0.222-08
0.155+01	0.273-08	0.180-08	0.277-08	0.272-08	0.291-09	0.300-08	0.274-08	0.229-08
0.165+01	0.283-08	0.187-08	0.287-08	0.282-08	0.285-09	0.312-08	0.282-08	0.236-08
0.175+01	0.287-08	0.190-08	0.291-08	0.286-08	0.385-09	0.315-08	0.290-08	0.241-08
0.185+01	0.298-08	0.197-08	0.303-08	0.297-08	0.341-09	0.328-08	0.297-08	0.249-08
0.195+01	0.300-08	0.199-08	0.304-08	0.299-08	0.300-09	0.329-08	0.302-08	0.252-08
0.210+01	0.309-08	0.207-08	0.313-08	0.309-08	0.328-09	0.338-08	0.317-08	0.264-08
0.230+01	0.314-08	0.210-08	0.318-08	0.314-08	0.393-09	0.342-08	0.325-08	0.268-08
0.250+01	0.326-08	0.220-08	0.331-08	0.327-08	0.406-09	0.356-08	0.339-08	0.280-08
0.270+01	0.341-08	0.232-08	0.346-08	0.341-08	0.583-09	0.370-08	0.358-08	0.295-08
0.290+01	0.355-08	0.246-08	0.360-08	0.356-08	0.678-09	0.382-08	0.384-08	0.317-08
0.310+01	0.368-08	0.251-08	0.373-08	0.367-08	0.848-09	0.399-08	0.382-08	0.313-08
0.330+01	0.401-08	0.278-08	0.406-08	0.400-08	0.976-09	0.433-08	0.415-08	0.348-08

续表

E_n/MeV	近似组织	骨(股骨)	肌肉[1]	标准人	干燥空气	水	尼龙	有机玻璃
0.350+01	0.410−08	0.287−08	0.415−08	0.409−08	0.116−08	0.440−08	0.434−08	0.362−08
0.370+01	0.420−08	0.294−08	0.425−08	0.419−08	0.110−08	0.452−08	0.438−08	0.367−08
0.390+01	0.413−08	0.290−08	0.418−08	0.413−08	0.126−08	0.443−08	0.439−08	0.360−08
0.420+01	0.425−08	0.296−08	0.431−08	0.424−08	0.141−08	0.460−08	0.441−08	0.360−08
0.460+01	0.425−08	0.293−08	0.431−08	0.424−08	0.110−08	0.463−08	0.433−08	0.354−08
0.500+01	0.448−08	0.307−08	0.455−08	0.446−08	0.991−09	0.492−08	0.441−08	0.367−08
0.540+01	0.437−08	0.303−08	0.444−08	0.437−08	0.860−09	0.478−09	0.446−08	0.366−08
0.580+01	0.457−08	0.316−08	0.464−08	0.456−08	0.851−09	0.502−08	0.456−08	0.379−08
0.620+01	0.469−08	0.328−08	0.475−08	0.469−08	0.988−09	0.510−08	0.479−08	0.398−08
0.660+01	0.481−08	0.330−08	0.489−08	0.479−08	0.820−09	0.531−08	0.464−08	0.389−08
0.700+01	0.501−08	0.342−08	0.510−08	0.498−08	0.944−09	0.556−08	0.473−08	0.399−08
0.740+01	0.529−08	0.367−08	0.537−08	0.526−08	0.120−08	0.583−08	0.506−08	0.432−08
0.780+01	0.522−08	0.374−08	0.529−08	0.522−08	0.111−08	0.564−08	0.540−08	0.458−08
0.820+01	0.517−08	0.364−08	0.525−08	0.516−08	0.104−08	0.565−08	0.516−08	0.436−08
0.860+01	0.534−08	0.371−08	0.542−08	0.531−08	0.108−08	0.588−08	0.512−08	0.436−08
0.900+01	0.544−08	0.387−08	0.551−08	0.542−08	0.113−08	0.592−08	0.544−08	0.465−08
0.940+01	0.548−08	0.397−08	0.555−08	0.548−08	0.118−08	0.591−08	0.568−08	0.485−08
0.980+01	0.561−08	0.400−08	0.568−08	0.559−08	0.131−08	0.610−08	0.558−08	0.477−08
0.105+02	0.574−08	0.408−08	0.582−08	0.571−08	0.147−08	0.626−08	0.564−08	0.483−08
0.115+02	0.616−08	0.439−08	0.624−08	0.611−08	0.174−08	0.672−08	0.592−08	0.514−08
0.125+02	0.614−08	0.448−08	0.621−08	0.612−08	0.196−08	0.661−08	0.621−08	0.534−08
0.135+02	0.638−08	0.467−08	0.645−08	0.635−08	0.219−08	0.686−08	0.642−08	0.556−08
0.145+02	0.663−08	0.489−08	0.670−08	0.659−08	0.239−08	0.709−08	0.674−08	0.588−08
0.155+02	0.682−08	0.511−08	0.687−08	0.679−08	0.254−08	0.721−08	0.713−08	0.626−08
0.165+02	0.691−08	0.521−08	0.695−08	0.688−08	0.265−08	0.723−08	0.737−08	0.647−08
0.175+02	0.701−08	0.528−08	0.705−08	0.698−08	0.278−08	0.736−08	0.746−08	0.656−08
0.185+02	0.711−08	0.537−08	0.715−08	0.708−08	0.294−08	0.745−08	0.761−08	0.671−08
0.195+02	0.724−08	0.547−08	0.727−08	0.720−08	0.310−08	0.757−08	0.771−08	0.681−08
0.210+02	0.739−08	0.565−08	0.742−08	0.735−08	0.328−08	0.769−08	0.797−08	0.706−08
0.230+02	0.737−08	0.574−08	0.739−08	0.735−08	0.341−08	0.762−08	0.810−08	0.717−08
0.250+02	0.733−08	0.581−08	0.734−08	0.732−08	0.348−08	0.752−08	0.822−08	0.726−08
0.270+02	0.735−08	0.591−08	0.736−08	0.736−08	0.357−08	0.753−08	0.827−08	0.733−08
0.290+02	0.723−08	0.595−08	0.724−08	0.726−08	0.359−08	0.734−08	0.836−08	0.738−08

注:1. 表中所列数字的最后 3 位系指 10 项新兴。

1) 由 CPRU 定义的肌肉。

第4章 核电厂辐射与防护

4.1 概 述

自从1954年第一个示范性核电厂问世以来，核电厂已有了很大的发展。目前，发电用的核反应堆有十多种，其中比较成熟的有压水堆、沸水堆、石墨气冷堆、石墨轻水堆和重水堆。在当今世界的核电厂中，轻水堆（压水堆和沸水堆）核电厂占绝大多数。

4.1.1 压水堆核电厂简介

核电厂是利用原子核裂变过程中释放的核能来发电的。对于不同类型的核反应堆，相应的核电厂的系统和设备有较大的差别。

压水堆核电厂主要由核反应堆、一回路系统、二回路系统及其他辅助系统所组成。

核反应堆是核电厂动力装置的重要设备。同时由于反应堆内维持着链式裂变反应，因此它又是一个辐射源。核反应堆内装有一定数量的核燃料，核燃料裂变过程中释放出的热能，由流经反应堆内的冷却剂带出反应堆，送往蒸汽发生器。

一回路系统由核反应堆、主循环泵、稳压器、蒸汽发生器和相应的管道、阀门及其他辅助设备组成。高温高压的冷却水由主循环泵输送至反应堆，吸收核燃料裂变放出的热能后，流进蒸汽发生器，通过蒸汽发生器再将热量传递给在管外流动的二回路给水，使它变成蒸汽。此后，再由主循环泵将冷却剂重新输送至反应堆内，如此循环构成一个密闭的循环回路。

一回路系统的设备集中布置在一个立式圆柱状半球形顶盖或球形的建筑物内，这个建筑物通常称为反应堆安全壳。安全壳为内径约30 m、高约60 m的混凝土大型建筑物，它的作用是将一回路系统中带放射性物质的主要设备包容起来，以防止放射性物质向外扩散，即使核电厂发生最严重的事故，放射性物质仍能全部安全地封闭在安全壳内，不致影响周围的环境。

二回路系统是将蒸汽的热能转化为电能的装置。它由汽水分离器、汽轮机、冷凝器、凝结水泵、给水泵等设备组成。二回路给水吸收了一回路的热量后成为蒸汽，然后进入汽轮机做功，带动发电机发电。由于核反应堆是强放射源，流经反应堆的冷却剂带有一定的放射性，特别是在燃料元件破损的情况下，一回路的放射性水平很高。因此从反应堆流出来的冷却剂一般不宜直接送入汽轮机。所以压水堆核电厂比普通电站多一套动力回路。核电厂二回路的厂房与普通火电站的汽轮发电机组厂房相似。

核电厂除上述两个回路系统外，还有化容控制系统、堆安全系统、燃料操作系统、废物处理系统和其他系统。

4.1.2　核电厂的辐射防护限值

4.1.2.1　工作人员的剂量限值

关于一般放射性工作人员受照的基本限值，依据国家标准的规定(GB18871—2002)在第三章给予了说明。年有效剂量限值为0.02 Sv。实际上核电厂工作人员所受照射远低于此限值。根据调查，近十几年各国核电厂工作人员的平均年剂量为4.1 mSv。我国曾规定在正常运行条件下，核电厂全体辐射工作人员每年人均有效剂量控制在5 mSv以下。

4.1.2.2　正常运行条件下公众的剂量限值

关于公众受照的基本限值，我国规定为1 mSv，不到天然辐射的一半。我国有关标准规定，在正常运行情况下，每座核电厂向环境释放的放射性物质对公众中任何人造成的年有效剂量应小于0.25 mSv/a。

4.1.2.3　事故情况下公众的剂量

从原则上讲，不允许出现任何导致公众遭受大量照射的事故，因而国际放射防护委员会和我国没有对此做出规定。但为了厂址评价、制定设计基准事故或应急事故时参考，不少国家都规定了事故情况下公众的剂量。

4.2　核电厂的辐射源

核反应堆是核电厂产生核能的装置，因此，它既是一个发热源，又是一个放射性水平较高的辐射源。反应堆发出的辐射分为初级辐射和次级辐射。易裂变核素($^{235}_{92}U$、$^{239}_{94}Pu$)在裂变时及裂变后的产物放出的辐射为初级辐射；初级辐射与物质相互作用所引起的辐射称为次级辐射。中子和γ射线是穿透本领最强的两种射线，这儿只讨论与核电厂屏蔽防护有关的中子和γ射线源。

4.2.1　堆本体

4.2.1.1　正常运行时

反应堆正常运行时，主要的中子源是裂变中子，主要的γ辐射源是核裂变时瞬发γ射线和裂变产物放出的缓发γ射线。

(1) 中子源

$^{235}_{92}Pu$一次裂变平均大约放出2.5个裂变中子，携带的能量大约为5 MeV。对于一个900 MW的压水堆，其瞬发裂变中子的强度约为4×10^{20} MeV/s或2.0×10^{20} n/s，单位体积内的强度约为1.3×10^{13} MeV/(s·cm^3)或6.5×10^{12} n/(s·cm^3)。瞬发裂变中子的能量范围从1 eV一直到17 MeV，但超过10 MeV的中子所携带的能量不到总能量的1%，所以一般认为中子能量的上限为14 MeV。在0.025 eV～17 MeV间中子能谱分布可用下式表述

$$N(E) = 0.484\ \mathrm{Sh}\sqrt{2E}\exp(-E) \tag{4-1}$$

式中，E以MeV为单位。

其他中子源包括缓发中子、活化产物中子和光致中子。缓发中子是裂变产物衰变时放

出的中子，每次裂变放出的缓发中子只有0.015 8个，且能量较低。以水作冷却剂时的活化产物中子主要是$^{17}O(n,p)^{17}N$反应产生的，^{17}N衰变时放出一个能量为1 MeV的中子。

(2) γ辐射源

$^{235}_{92}U$每次裂变平均放出8.1个光子，这些光子带走的总能量为7.25 MeV，光子的能量在10 keV到10 MeV之间。对于一个900 MW的压水堆核电厂，其热功率约为2 600 MW，瞬发γ辐射源的强度约为$2.6\times10^{9}\times3.1\times10^{10}\times7.25=5.84\times10^{20}$ MeV/s。这样一个堆芯的体积约为31 m^3，所以单位体积瞬发裂变γ源的强度约为1.89×10^{13} MeV/(s·cm^3)。

裂变产物是一种半衰期短到1 s以下，长到几百万年的各种γ发射体的混合体。$^{235}_{92}U$每次裂变大约有6.65 MeV的γ能量在裂变1 s后由裂变产物放出，其中四分之三以上的能量在10^3 s内放出。

其他γ辐射源包括热中子俘获γ射线、快中子非弹性γ射线、核反应产物的γ射线、活化产物的γ射线、湮没辐射和韧致辐射等。这些γ辐射源无论数量还是携带的总能量都不大。但俘获γ射线和非弹性散射γ射线可在屏蔽体内产生，且俘获γ射线的能量为6～8 MeV，屏蔽计算时必须予以考虑。

4.2.1.2 停堆时

停堆后主要辐射源是裂变产物和活化产物放出的γ辐射，基本上没有中子辐射。

(1) 裂变产物的γ辐射

一般把γ辐射分为七个能区：

Γ_1	0.1～0.4 MeV
Γ_2	0.4～0.9 MeV
Γ_3	0.9～1.35 MeV
Γ_4	1.35～1.80 MeV
Γ_5	1.80～2.20 MeV
Γ_6	2.20～2.60 MeV
Γ_7	>2.60 MeV

不同运行时间和不同衰变时间下裂变产物γ辐射的强度是不同的。

(2) 活化产物

反应堆内一切材料(钢、水、锆、铝等)在中子辐照下都会由于活化而带有放射性。其中有些活化产物会带出堆外，有些活化产物则留在堆内。其中最常见的反应有$^{16}O(n,p)^{16}N$、$^{18}O(n,\gamma)^{19}O$、$^{23}Na(n,\gamma)^{24}Na$、$^{27}Al(n,\alpha)^{24}Na$、$^{56}Fe(n,p)^{56}Mn$、$^{58}Fe(n,\gamma)^{59}Fe$、$^{58}Ni(n,p)^{58}Co$和$^{59}Co(n,\gamma)^{60}Co$等。

4.2.1.3 事故时

反应堆发生事故时，会有部分裂变产物释放到堆外。事故时裂变产物的释放量与堆内裂变产物和锕系元素的累积量有关。压水堆堆芯内累积的裂变产物和锕系元素如表4-1所示。

表 4-1　堆内累积的裂变产物和锕系元素的活度　GBq

核素	压水堆(PWR)电功率 1 320 MW	核素	压水堆(PWR)电功率 1 320 MW
^{85}Kr	2.07×10^{7}	^{129}Sb	1.22×10^{9}
$^{85}Kr^{m}$	4.88×10^{8}	^{131}I	3.15×10^{9}
^{87}Kr	1.74×10^{9}	^{132}I	4.44×10^{9}
^{88}Kr	2.52×10^{9}	^{133}I	6.29×10^{9}
^{86}Rb	9.62×10^{5}	^{134}I	7.03×10^{9}
^{89}Sr	3.84×10^{8}	^{135}I	5.55×10^{9}
^{90}Sr	1.37×10^{8}	^{133}Xe	6.29×10^{9}
^{91}Sr	4.07×10^{9}	^{135}Xe	1.26×10^{9}
^{90}Y	1.44×10^{8}	^{134}Cs	2.78×10^{8}
^{91}Y	4.44×10^{9}	^{136}Cs	1.11×10^{8}
^{95}Zr	5.55×10^{9}	^{137}Cs	1.74×10^{8}
^{97}Zr	5.55×10^{9}	^{140}Ba	5.92×10^{9}
^{95}Nb	5.55×10^{9}	^{140}La	5.92×10^{9}
^{99}Mo	5.92×10^{9}	^{141}Ce	5.55×10^{9}
$^{99}Tc^{m}$	5.18×10^{9}	^{143}Ce	4.81×10^{9}
^{103}Ru	4.07×10^{9}	^{144}Ce	3.15×10^{9}
^{106}Ru	2.66×10^{9}	^{143}Pr	4.81×10^{9}
$^{106}Ru^{m}$	9.25×10^{8}	^{147}Na	2.22×10^{9}
^{105}Rh	1.81×10^{9}	^{239}Np	5.92×10^{10}
^{127}Te	2.18×10^{8}	^{238}Pu	2.11×10^{6}
$^{127}Te^{m}$	4.07×10^{7}	^{239}Pu	7.77×10^{5}
^{129}Te	1.15×10^{9}	^{240}Pu	7.77×10^{5}
$^{129}Te^{m}$	1.96×10^{8}	^{241}Pu	1.26×10^{8}
$^{131}Te^{m}$	4.81×10^{8}	^{241}Am	6.29×10^{4}
^{132}Te	4.44×10^{9}	^{242}Cm	1.85×10^{8}
^{127}Sb	2.26×10^{8}	^{244}Cm	8.51×10^{5}

(1) 惰性气体

主要是 Kr 和 Xe。它们的化学性质不活泼。当燃料元件熔化时，会全部释放出来。但在放射性裂变气体中除少数几个核素，如^{133}Xe、^{135}Xe、^{85}Kr，其余核素的半衰期都很短。即使安全壳破损，只要在破损前能将它们阻留几个小时，放射性影响就可大大地降低。它们释放到环境中将对周围公众产生外照射。

(2) 卤素

卤素元素是气态或挥发性很强的裂变产物，极易从燃料元件中逸出。但由于它们的化学性质很活泼，很容易被阻留在冷却剂或安全壳内。这组元素中，以^{131}I 的放射性影响最大，释放到环境中会造成蔬菜、牧草及牛奶的污染。

(3) 碲

具有挥发性，主要核素是^{132}Te，易沉积在地面上，衰变后变成^{132}I。

(4) 碱金属

主要是 Rb、Cs,具有挥发性。铯的危害更大些,主要是^{134}Cs、^{137}Cs。它们沉积在地面和植物上。

(5) 碱土金属

主要是 Sr、Ba,它们不易挥发。

(6) 惰性金属

主要是 Ru、Rh、Pd、Mo、Tc。它们不易挥发,但其氧化物有一定的挥发性。

(7) 稀土元素及锕系元素

这两族元素都不易挥发。

4.2.2 冷却剂系统

4.2.2.1 主冷却回路

冷却剂内含有的放射性物质可分为两部分:冷却剂本身的活化产物、冷却剂内原有杂质的活化产物、冷却回路管道和堆芯内设备表面腐蚀产物的活化产物;燃料包壳破损时由元件逸出的裂变产物、燃料包壳表面和其他结构材料表面杂质中铀的裂变产物。

对于水冷堆,主要的活化产物有^{16}N、^{17}N、^{19}O、^{18}F和^{14}C等。在压水堆中,由于水中含有较高浓度的硼,^{3}H也是一个重要核素。此外在压水堆中还有^{51}Cr、^{54}Mn、^{56}Mn、^{58}Co、^{60}Co、^{59}Fe、^{24}Na等腐蚀产物的活化产物。活化腐蚀产物的种类和活度与以下几个因素有关:一回路水的化学控制;一回路设备材料;电站运行的时间和工况。

冷却剂中裂变产物的含量,与包壳的材料、反应堆的运行方式有关。对于轻水堆,在屏蔽设计中,一般假定额定功率时有1%的燃料的包壳破损,但由于燃料制造工艺的不断改进,实际的燃料包壳破损率只有万分之一到万分之二。如果燃料包壳发生破损,裂变产物就会进入一回路冷却剂并随冷却剂循环进入其他系统和设备,使之具有放射性。表 4-2 和表 4-3 列出了核电厂一回路存在的主要裂变核素。

表 4-2 一回路存在的主要气体裂变核素

核素	半衰期	核素	半衰期
$^{85}Kr^{m}$	4.5 h	$^{133}Xe^{m}$	2.2 d
^{85}Kr	10.7 a	^{133}Xe	5.3 d
^{87}Kr	76.0 min	$^{135}Xe^{m}$	15.3 min
^{88}Kr	2.8 h	^{135}Xe	9.2 h
^{131}Xe	12.0 d	^{138}Xe	14.2 min

表 4-3 一回路存在的主要非气体性的放射性核素

核素	半衰期	核素	半衰期
^{88}Rb	17.7 min	^{134}I	52.6 min
^{89}Sr	50.5 d	^{135}I	6.6 h
^{90}Sr	29.0 a	^{134}Cs	2.1 a
^{91}Sr	9.5 h	^{136}Cs	13.0 d

续表

核素	半衰期	核素	半衰期
^{92}Sr	2.7 h	^{137}Cs	30.0 a
^{90}Y	64.0 h	^{138}Cs	32.2 min
^{91}Y	58.6 d	$^{137}Ba^{m}$	2.6 min
^{99}Mo	66.0 h	^{139}Ba	83.8 min
^{131}I	8.0 d	^{140}Ba	12.8 d
^{132}I	2.3 d	^{140}La	40.2 h
^{133}I	20.8 h	^{144}Ce	284.4 d

4.2.2.2 辅助回路

辅助回路液体中的放射性浓度与净化设备(除盐塔、过滤器)的净化能力及在各个储存容器的滞留时间有关。

4.2.3 乏燃料的贮存与运输

核电厂的放射性物质主要存在于燃料元件内。就放射性水平而言,除了堆芯外,其次就是乏燃料存放池及燃料运输容器。表4-4给出了轻水堆乏燃料存放池及燃料运输容器的放射性水平。

表4-4 轻水堆乏燃料存放池及燃料运输容器内的放射性水平

位置	总储存量/GBq			相对于堆芯的量/%		
	UO_2芯块内	缝隙内	合计	UO_2(芯块内)	缝隙内	合计
堆芯1)	2.96×10^{11}	5.18×10^{9}	3.0×10^{11}	98	1.8	100
燃料存放池(最大)2)	4.81×10^{10}	4.81×10^{8}	4.81×10^{10}	16	0.15	16
燃料存放池(最大)3)	1.33×10^{10}	1.41×10^{8}	1.33×10^{10}	4.5	0.048	4.5
燃料运输容器4)	8.14×10^{8}	1.15×10^{7}	8.14×10^{5}	0.27	0.003 8	0.27
换料5)	8.14×10^{8}	7.4×10^{6}	8.14×10^{8}	0.27	0.002 5	0.27

注:1) 停堆后30 min时的放射性物质储存量;

2) 按堆芯装载量的2/3计算,其中1/3经3天衰变,1/3经150天衰变;

3) 按堆芯装载量的1/2计算,其中1/3经6天衰变,1/3经160天衰变;

4) 对于压水堆每个容器装7个燃料组件,对沸水堆每个装17个组件,都经过150天衰变;

5) 考虑一个燃料组件,衰变3天。

4.2.4 废物处理系统

核电厂放射性废物的来源及其处理流程如图6-1所示,产生的放射性废物的活度见表4-5。废物处理系统本身的放射性水平与其工作时间和处理的对象的放射性水平有关。

表 4-5 压水堆核电厂的放射性废物

系统	废物内容	容积放射性/(GBq/m³)
主回路净化	湿离子交换树脂	$3.7\times10^{3}\sim1.85\times10^{4}$
	过滤柱	$1.85\times10^{3}\sim1.85\times10^{4}$
液体废物处理	蒸发器浓缩度，残硫，树脂	$3.7\times10^{-1}\sim3.7\times10^{1}$
废气和通风	高效过滤器	$3.7\times10^{-1}\sim3.7\times10^{1}$
	活性炭过滤器	$3.7\times10^{-1}\sim3.7\times10^{1}$
一般运行	废纸，抹布，工作服	$7.4\times10^{-2}\sim7.4\times10^{-1}$
	报废的金属零件和部件	$3.7\times10^{0}\sim3.7\times10^{2}$
	控制棒(运行1年后)、启动用中子源、燃料元件组件和隔板	1.11×10^{5}

4.3 核电厂辐射危害

核电厂的辐射危害包括对工作人员的照射、对公众的照射和对环境的影响。

4.3.1 工作人员的职业照射

职业照射与核电厂内的辐射水平、工种和所做的操作有关。

4.3.1.1 核电厂内的辐射水平

正常运行时安全壳内的辐射水平如表 4-6 所示。

表 4-6 压水堆安全壳内主要区域的辐射水平

编号	区域	辐射水平		
		额定功率运行时		停堆时 γ 射线照射量率/[mC/(kg·h)]
		γ 射线照射量率/[C/(kg·h)]	中子有效剂量率/(Sv/h)	
1	堆容器～一次屏蔽环隙	2.58[1]	3×10^{3} 3×10^{3}Gy/h	2.32～3.10
2	主冷却回路			
	一般区域	1.29×10^{-2}	2×10^{-3}	$2.58\times10^{-3}\sim5.16\times10^{-3}$
	管道附近	5.16×10^{-2}		$5.16\times10^{-3}\sim5.16\times10^{-2}$ [2]
3	回路区外	$1.29\times10^{-6}\sim1.29\times10^{-5}$	$5\times10^{-5}\sim2\times10^{-3}$	$5.16\times10^{-5}\sim5.16\times10^{-3}$
4	操作大厅	$1.29\times10^{-6}\sim1.29\times10^{-5}$	$1\times10^{-4}\sim3\times10^{-3}$ [3]	$5.16\times10^{-5}\sim5.16\times10^{-3}$

注：1) 为计算值；

2) 局部地区 γ 射线照射量率高达 1.55×10^{-2}C/(kg·h)；

3) 局部地区 γ 射线照射量率高达 5×10^{-5}C/(kg·h)，中子有效剂量率高达 3×10^{-2} Sv/h。

各主要设备的辐射水平如下：

(1) 堆容器

停堆几天后，堆容器与一次屏蔽环间隙间活性区高度附近照射量率为2.3～3.1 mC/(kg·h)，这主要是堆容器碳钢壁及热屏蔽材料活化造成的。在容器底部的照射量率为0.103～0.387 mC/(kg·h)；在集水坑附近为2.06×10^{-2}～3.87×10^{-2} mC/(kg·h)。另外，布置在这个区域的中子探测器也被活化成为强辐射源，探测器表面照射量率可达0.516～1.29 mC/(kg·h)。

(2) 蒸汽发生器

停堆之后，蒸汽发生器表面的照射率一般为10^{-2}～10^{-1} mC/(kg·h)。但是，由于一回路水中杂质的沉淀，在局部地方会形成强放射性热点。测量入孔盖板的垫圈表明，核素主要是^{58}Co、^{60}Co，它们占总照射量的80 %左右。

(3) 主循环泵

停堆后主循环泵表面大照射量率一般为10^{-2} mC/(kg·h)。但个别部位会出现热点。

(4) 一回路管道

停堆后一回路管道表面照射率约为10^{-2}～10^{-1} mC/(kg·h)。由于悬浮物的沉积，在管道断面的低部的照射量率比顶部要高。在拐弯及接口部位有热点。

(5) 混合离子交换柱

混合床离子交换柱是化学控制系统的一个设备，用于净化一回路的水。设备及房间的参考辐射水平如表4-7所示，其中电站B第二次测量是在反应堆内部分燃料包壳破损时测得的。

表4-7　混合床离子交换柱的辐射水平

测点编号	测点位置	照射量率/[mC/(kg·h)]			
		电站A	电站B		
			第一次	第二次	第三次
1	离子交换柱表面	25.4	3.87	19.4 1)	
2	阀门操作走廊	6.45×10^{-4}～1.29×10^{-3}	5.16×10^{-3}	5.16 2)	1.29×10^{-3}～3.1×10^{-3}
3	离子交换柱间入口处				2.84×10^{-2}

注：1) 离子柱上部；
　　2) 离子柱下部。

4.3.1.2 燃料元件操作

停堆后3天，距一个轻水堆燃料组件1 m处的照射量率约为2.7×10^{-2} C/(kg·h)；在4 m以下的水中储存时，照射量率为2.58×10^{-4} C/(kg·h)。

4.3.1.3 核电厂的职业照射

美国核管理局1981年发表的统计资料中，其中给出有关压水堆的照射数据，如表4-8所示。由表中的数据可以看出，每个堆的平均额定功率在逐年增加，平均工作人员数及平均集体剂量也在逐年增加，但是每个工作人员的平均剂量却有所下降，降至每年约为4.1 mSv。

表 4-8 压水堆核电厂职业照射一览表

年份	生产的总电能/MW·a	可测出剂量的工作人员总数	堆平均可测出剂量的工作人员数	总集体剂量/人·Sv	堆平均集体剂量/人·Sv	个人平均剂量/Sv	单位电能剂量/[Sv /(MW·a)]
1969	1 079	454	151	6.61	1.65	0.008 0	0.006
1970	979	1 34 0	447	27.28	6.84	0.008 2	0.028
1971	1 912	905	226	18.44	3.07	0.010 1	0.010
1972	2 544	885	377	37.08	4.64	0.011 1	0.015
1973	3 770	9 44 0	787	93.99	7.83	0.010 0	0.025
1974	6 824	9 69 7	485	66.27	3.31	0.006 8	0.010
1975	11 983	10 844	419	82.68	3.18	0.007 6	0.007
1976	13 325	17 588	586	138.07	4.60	0.007 9	0.010
1977	17 346	20 875	614	134.69	3.96	0.006 5	0.008
1978	19 840	25 720	695	167.13	4.29	0.006 5	0.008
1979	18 249	38 828	924	214.37	5.10	0.005 5	0.012
1980	18 287	46 237	1 101	242.66	5.78	0.005 2	0.013

表 4-9 给出了压水堆集体剂量按工种分布的情况。20%～25%的剂量是在反应堆运行时接受的。还有 75%～80%的剂量是在停堆时接受的，其中主要是检修时受到的剂量。

表 4-9 压水堆核电厂集体剂量按工种分布 %

工 种	压水堆
正常运行	12.9
常规维修	24.7
特殊维修	34.1
在役检查	10.6
废物处理	5.1
装卸料	12.6

4.3.2 对环境的影响

这里所讨论的环境影响是指由于排出少量放射性物质而对公众产生的照射。

4.3.2.1 核电厂的放射性流出物

从核电厂排到大气中的放射性物质有裂变气体(Kr 和 Xe)、活化气体(^{14}C 和^{41}Ar)、碘、微尘和氚。排到水域中的放射性物质有裂变产物、活化产物和氚。

(1) 排到大气中的放射性物质

对于压水堆核电厂，平均每单位发电量(GW·a)排到大气的惰性气体、碘、氚和微尘的放射性活度见表 4-10。关于微尘的核素成分还没有完整的统计资料，但其成分与液体放射性流出物中的成分大致相同，其中包括腐蚀产物和裂变产物等几十种核素。除非燃料包壳大量破损，一般情况下主要是腐蚀产物的活化产物，主要是来自^{58}Co和^{60}Co的放射性。

表 4-10　压水堆核电厂平均每单位发电量排到大气中的放射性物质

放射性物质	单位发电量的平均排放量/[(GBq/(GW·a)]					
	1975 年	1976 年	1977 年	1978 年	1979 年	1975—1979 年平均
裂变气体	401 598	569 430	387 612	431 568	369 630	429 570
^{3}H	6 193.8	15 184.8	4 495.6	58 941	8 491.5	7 792.2
^{14}C						222
I	4.699	6.401	5.328	4.662	4.181	4.995
微尘	5.772	1.258	1.554	1.85	1.295	2.146

注：1. 表中数值是全世界各国压水堆核电厂放射性流出物数据的平均值，只有^{14}C的数值为联邦德国一个国家的平均值。

(2) 排到水体中的放射性核素

对于压水堆核电厂，平均每单位发电量排到水体中的氚及其他放射性物质的活度见表4-11。放射性流出物中的主要腐蚀产物为^{58}Co和^{60}Co，其次还有^{51}Cr和裂变产物^{134}Cs、^{137}Cs和^{131}I。

表 4-11　压水堆核电厂平均每单位发电量排到水域中的放射性物质

放射性物质	单位发电量的平均排放量/[(GBq/(GW·a)]					
	1975 年	1976 年	1977 年	1978 年	1979 年	1975—1979 年平均
氚	52 847.1	38 661.3	39 960	32 967	29 970	37 962
氚以外的核素	145.04	309.69	305.62	125.80	74	183.59

4.3.2.2　周围公众的集体剂量负担

在正常运行时，排出的气体放射性物质很少，公众所受的照射无法测出。评价液体放射性流出物对环境影响比气体放射性流出物更加困难，因现场条件各不相同，难于用一个模式进行计算。

4.3.3　核电厂的辐射事故

根据事故发生的概率、严重程度或对公众危害的大小，国际核事件分级表对核电厂可能发生的事故进行了分级，划分的标准仅与核安全或辐射安全有关。共分 7 级，较低级别(1～3 级)称为事件，较高级别(4～7)称为事故。低于分级表的称为零级，即对核安全无重要意义的事件，但对信息反馈、改进操作和设备是有积极意义的。

(1) 1 级——异常

是偏离规定的功能范围的事件，一般只需实施事故处理规程采取校正行动。

(2) 2 级——事件

超出技术规格书的规定，具有潜在安全后果的事件，虽未造成后果，但必须采取紧急措施予以纠正，预防升级。这时可能处于应急待命状态。

(3) 3 级——重大事件

可能有少量放射性物质释放，使公众中受照射最大的人群组达到零点几毫希沃特。纵深防御安全功能可能降级或已部分丧失。对厂内或厂区局部区域有辐射影响，可能要进入厂房应急状态。

(4) 4 级——无明显厂外风险的事故

堆芯部分损坏，或放射性物质的泄漏威胁到厂内工作人员的安全，厂区外公众中受照射最大的人群组个人剂量在规定限值量级范围内，这时可能对应于厂区应急状态。

(5) 5 级——具有厂外风险的事故

大部分堆芯严重损坏，裂变产物意外释放，需要部分实施当地应急计划(^{131}I 在 10^{14}～10^{15} Bq 之间)。

(6) 6 级——重大事故

裂变产物明显释放，需全面实施当地应急计划(^{131}I 在 10^{15}～10^{16} Bq 之间)。

(7) 7 级——特大事故

裂变产物大量释放，造成广泛的健康和环境影响(^{131}I 超过 10^{16} Bq)。

4.4 降低工作人员受照的防护措施

4.4.1 分区与出入控制

为了防止无关人员进入辐射区和防止污染的扩散，便于辐射防护管理和职业照射控制，核电厂的厂房应分区。按照辐射水平和污染水平，同时考虑辐射和污染存在的潜在危险，可以把房间分为控制区和监督区。

在控制区内，一般还按照其辐射水平和污染水平(照射量率、表面污染水平和空气中放射性浓度)再划分为几个子区。区域的辐射和污染水平越高，就要越严格控制在该区内的工作时间，以保证工作人员不超过年有效剂量限值。

4.4.1.1 场所分区

为便于管理，确保放射性工作人员受到的辐射剂量保持在可合理达到的尽量低的水平，目前我国有关标准规定把核电厂的放射性工作场所划分为两个区，划分依据如下。

(1) 控制区

为方便控制正常工作条件下的正常照射或防止污染扩散，并预防潜在照射或限制潜在照射的范围，把需要和可能需要专门防护手段或安全措施的区域定为控制区，在其中连续工作的人员 1 年内受到的辐射照射可能超过年剂量限值的十分之三的区域。为管理方便，将两台机组的辅助厂房、燃料厂房、反应堆厂房、连接厂房和电气厂房划为一个总控制区。

在确定控制区的边界时，要考虑正常的照射水平、潜在照射的可能性和大小，及所需要的防护手段与安全措施的性质和范围。对于较大的控制区，如果其中的照射或污染水平在不同的局部变化较大，需要实施不同的专门防护手段或安全措施，可以根据需要再划分出不同的子区。根据照射水平、污染水平、工作性质及辐射源情况，将其细分几个子区，用颜色绿、黄、橙和红表示。子区的划分标准各核电厂不一。

具体划分和确定控制区时，要注意以下几点：

1）采用实体边界或其他适当的手段划定控制区；

2）在控制区的进出口及其他适当位置设立符合规定的警告标志，并给出相应的辐射水平和污染水平的说明；

3）使用行政管理程序（如工作许可证制度）和实体屏障（如门锁和连锁装置）限制进入控制区。限制的严格程度要与预计的照射水平和可能性相适应；

4）在控制区入口提供防护衣具、监测设备和个人衣物贮存柜；

5）在控制区出口提供测量皮肤和工作服污染的污染监测仪、带出物品的污染监测仪、淋浴设施及被污染了的衣具的贮存设备；

6）定期审查控制区的实际情况，确定是否有必要改变子区或控制区的部分边界。

（2）监督区

是指没有被定为控制区的区域，在其中连续工作的人员 1 年内受到的辐射照射一般不超过年剂量限值的十分之三，而可能超过十分之一的区域，而且通常不需要专门的防护手段或安全措施，但需要经常对职业照射条件进行监督和评价。对监督区要注意以下几点：

1）采用适当的手段划定监督区；

2）在监督区入口处设立表明监督区的标牌；

3）定期审查监督区的实际情况，确定是否有必要采取防护措施和做出安全规定，或是否需要更改监督区的部分边界。

4.4.1.2　分区管理

在设计核电厂时，要按辐射水平和污染水平很好地进行布置，使人们进入控制区时只能从低辐射区进入高辐射区。各个辐射区，特别是有效剂量率大于 10 μSv/h 的区域应有明显标志。对于禁止入内的高辐射区要用锁锁起来。

在污染区和非污染区之间要有更衣室。必要时，在不同污染区之间还应设置简易的更衣场所。在这些更衣处应设有：存放工作服、工作鞋、面具、气衣等防护服装的衣柜；脏工作服及其他放射性废物储存容器；个人去污设施（如淋浴）；个人污染监测仪。

（1）进入控制区

辐射工作人员在获得相应辐射防护授权后，可申请办理“控制区通行证”。辐射工作人员凭“控制区通行证”，穿戴好合适的防护用具、佩戴好个人剂量计后可进入控制区工作。在绿区每天可工作 8 h，无须采取特殊的防护措施。进入黄区工作无须特别批准，但必须限制工作时间和采取特殊防护措施。进入橙区工作必须得到安防部门的批准。进入红区工作必须得到厂长的批准。

（2）离开控制区

对所有离开控制区的人员应进行工作服表面和身体表面污染监测。经过卫生通道第一道（C1）门时，如果出现报警，需逐件脱掉防护服并将其放入指定的废物袋；如果脱掉所有防护服后仍出现报警，表明皮肤已受污染，应到去污间对身体表面进行去污。经过卫生通道第二道（C2）门时，如果出现报警，需返回去污间对身体表面进行去污，直到能通过 C2 时为止。

如果发现头部污染或伤口污染等工作人员自己不能去除的污染，应尽快通知专职医生采取特殊的去污措施。

必须对携带出控制区的所有物项进行监测。

(3)控制区辐射监测

为了了解控制区辐射和污染水平,及时发现放射性泄漏,杜绝意外照射必须对控制区辐射和污染水平进行监测。除固定式区域监测设备,还应定期使用便携式仪表对未设固定监测点的区域和固定监测点测量结果难以代表的的区域进行测量。监测的内容包括环境剂量率、表面污染和空气污染。

4.4.1.3 源项控制

为降低工作人员的受照剂量,应加强对控制区内源项的控制。这种控制包括对表面污染和空气污染的控制;对载带放射性物质的工艺过程和工艺设备进行监测,确保屏障的完整性。

必须对放射性物质严格管理,并采取有效措施防止放射性物质扩散。

4.4.1.4 控制区出入管理

为了防止污染的扩散和防止不必要的人员进入控制区,在控制区之间的入口处设置卫生通道,配备剂量管理设施,使只有经有关部门批准执行某项任务的人员,才能进入控制区。

被批准进入控制区的人员,首先更换工作服和领取个人剂量计,然后在剂量管理设施中输入任务号和身份识别号,在个人剂量计中输入有关数据。工作完毕后,要经过两处全身污染检查。第一次检查为工作服表面检查,检查设施可提示污染部位和给出污染水平,据此,工作人员可将污染程度不同的工作服放入不同标志的容器内。第二次检查为工作人员身体表面污染检查,这个检查设施的最小可探测限比第一次检查用的设施要低。检查设施预先设置了报警阈值,如果检查结果高于阈值,工作人员不能走出卫生通道,转而去使用相应的清洗设施对身体表面污染处去污。检查结果低于阈值,将个人剂量计插入剂量读出器,使接受的剂量存入计算机,然后才能走出卫生通道。

卫生通道处除有剂量管理设施外,还有家庭服装存放处、干净工作服存放处、污染工作服收集容器和淋浴设施。剂量管理系统除对人员出入进行控制外,还可以将所有进入控制区工作人员接受的累积剂量予以记录。

4.4.2 屏蔽

4.4.2.1 反应堆屏蔽的特点

反应堆的屏蔽设计是比较复杂的,有如下特点:

(1) 辐射源的情况比较复杂

如活度大;能量范围宽;有中子和 γ 射线以及中子的次级 γ 射线,特别是中子在屏蔽材料被吸收后会产生的次级 γ 射线;堆在运行时和停止时辐射源的类型、活度和能谱特性差别很大。

(2) 屏蔽要求不同

如在工艺上要求防止设备的辐照损伤,防止材料的活化以及防止屏蔽材料的发热等;在辐射安全上则需要根据工作人员接近设备的频率和时间,确定不同的辐射水平,分区进行屏蔽设计。

(3) 屏蔽设计复杂

要根据不同对象和要求采取不同形式的屏蔽、如整体屏蔽、部分屏蔽,阴影屏蔽等;要考虑管道贯穿，特别是通风管道穿过屏蔽墙所造成的局部薄弱地点；要考虑缝隙漏束造成的局部高辐射地点；要考虑出入口的屏蔽形式，如迷宫或防护门；要考虑屏蔽层中的次级 γ 射线及屏蔽层发热问题等。

（4）屏蔽材料选择因屏蔽的设备而异

要根据不同的辐射源选择不同的屏蔽材料。对于堆本体，常选用钢、水作屏蔽材料；对于冷却剂及辅助系统，则常用混凝土。

4.4.2.2 核电厂的屏蔽

压水堆核电厂屏蔽设计因不同的系统而采用不同的形式和不同的材料。

（1）堆本体屏蔽

堆本体屏蔽也称一次屏蔽。在反应堆设计中一般采用两级屏蔽的设计思想。这是因为在反应堆周围布置着主冷却回路的管道和设备（2～4个泵和蒸汽发生器，稳压器和阀门等）。当反应堆运行时它们本身也带有较强的放射性，是不可接近的。所以堆本体的屏蔽主要是防止这些设备和二次载热剂的活化，并保证在停堆后屏蔽层外的辐射水平低于这些设备本身的辐射水平。

堆本体的屏蔽是由压力容器内的多层钢、水屏蔽层和周围厚约2 m的环形混凝土墙构成的。几层钢水屏蔽分别是堆芯隔板、堆芯筒体、热屏蔽、压力容器及其中间的水层构成的。

这些屏蔽除了具有防护的目的外，还有运行工程上的考虑，如热屏，可用来保护堆压力容器的机械性能，不致因过量的中子照射而变坏；降低混凝土中的发热以及防止一次屏蔽外设备的活化等。

（2）主冷却回路的屏蔽

主冷却回路屏蔽也称二次屏蔽。二次屏蔽包括主冷却回路周围的环形吊车承重墙及其上部的混凝土操作地板。还有人把安全壳的混凝土结构也算作二次屏蔽。

主冷却回路的主要辐射源是^{16}N，二次屏蔽的目的就是把它的辐射减弱到安全水平，使工作人员在反应堆满功率运行时能够进入安全壳，进行必要的检查、维护工作。二次屏蔽也有这样的作用，即在反应堆满功率运行时，人们在安全壳外可以连续地进行日常工作。由于安全壳有一定厚度（1 m），所以当堆芯熔化时，大量放射性物质进入并被包容在安全壳内，可以使周围公众免受过量的照射。

（3）燃料运输屏蔽

燃料输送屏蔽是为了在卸料、燃料运输和燃料储存过程中保护工作人员免受过量的照射。主要屏蔽是卸料腔和储存水池的水、卸料腔墙、运输通道的墙、储存水池的墙以及把乏燃料送往后处理厂的金属运输容器。卸料时水面上的照射量率不大于 6.45×10^{-7} A/kg 。卸出的乏燃料经过连通安全壳和乏燃料存放池的运输通道送入乏燃料存放池，在那里存放一定时间后，在水下装入运输容器送往后处理厂。

（4）辅助厂房屏蔽

辅助厂房内布置有化容控制、堆安全和废物处理等系统的各种设备，其辐射水平差别很大。屏蔽设计的目的是保证工作人员可以在其附近从事必要的维修工作。这些设备应分别进行屏蔽，以保证在邻近的系统和设备在连续运行的条件下可以进入该设备房间，完成必要的维修工作。

(5) 可移式屏蔽

可移式屏蔽用于检修。测量结果表明，在安全壳内散射射线占15%～44%，平均约为38%，因此用简单的可移式屏蔽可以明显降低这些散射射线的辐射水平。

4.4.3 通风

从辐射防护角度来看，通风设计的目的是防止污染空气的扩散，把工作场所空气中放射性物质的浓度保持在可合理达到的尽可能低的水平。除此之外，通风系统还有其他功能，如调整工作场所的温度适合于工作人员工作，降低设备的温度使之能正常工作。

4.4.3.1 通风设计的一般原则

为了达到辐射防护的目的，在通风系统设计中通常采用以下措施。

(1) 换气

对于工作场所和设备房间应有足够的换气次数，以保证工作人员能够进入工作场所和设备处于正常运行的环境条件。

(2) 控制空气流向

对于不同的空气污染区，应使空气从低污染区流向高污染区。对于含有空气污染源(如放射性液体泄漏)的房间，应保持一定的负压。必要时使用逆止阀，防止空气倒流。

(3) 控制工作场所的气流模式

合理地布置送风、排风口。考虑到可能发生热的和机械的干扰，必要时加上局部排风，以保证不论污染源发生在何处，都有足够的风量把污染物带走，不存在死角。

(4) 闭式循环

对于大的密封房间，即只有维护检修时才有工作人员进入的房间，可以设置闭式循环的通风系统。根据需要，系统中可以设置冷却、除尘、除碘或除氢设备，以降低空气的温度、放射性气体或爆炸性气体的浓度。

(5) 净化

对排往环境的空气应根据需要进行衰变、过滤、除碘，达到规定的水平后再排出。

(6) 监测与控制

对排出的空气应进行监测，必要时启动净化系统或改用低流量送排气系统以减少排往环境的放射性物质，如仍不能满足要求，则应关闭开放式排风系统。

4.4.3.2 压水堆核电厂的通风

压水堆核电厂的主要通风系统有下述几个。

(1) 反应堆堆坑通风系统

包括控制棒驱动机构通风和堆坑通风两部分。通风的目的在于带走反应堆压力容器保温层外表面热量，保证控制棒驱动机构和堆坑内电离室正常工作，使反应堆压力容器支撑环和堆坑混凝土屏蔽处于适当的温度下。在反应堆冷却剂管破裂的情况下，利用该系统垂直向下的通风管道将泄漏的反应堆冷却剂引入堆坑。

(2) 安全壳换气通风系统

在冷停堆期间，在短时间内降低安全壳内的裂变气体的浓度，以便允许工作人员进入其中，并使安全壳维持一定的温度，令工作人员可在其中工作；在机组停机期间，维持安全壳内轻微的负压。

在冷停堆和正常运行时，安全壳的送风量要保证每小时换气一次。安全壳换气通风系统有若干个安全壳隔离阀，若发生换料事故，它们可以用手动或自动方式在3 s内关闭。

(3) 安全壳内大气监测系统

在正常运行时，该系统可净化安全壳大气，限制裂变惰性气体放射性水平升高；保持安全壳内压力低于最大规定值。在事故后运行时，对安全壳内大气取样，确定氢的浓度；为防止局部氢浓度升高，混合安全壳内空气；为保持氢浓度维持在安全水平，进行氢复合。

(4) 安全壳连续通风系统

该系统可以带走安全壳内设备释放的热量，包括堆坑和控制棒驱动机构通风系统的剩余热量；保持适合设备运行的环境温度；保持适合工作人员工作的环境温度。如果该系统失效，将使安全壳内温度升高，引起混凝土和安全壳穹顶变形，从而破坏安全壳的密封性。

反应堆在正常功率运行时和冷停堆期间及反应堆降温降压到冷停堆的过渡期间，安全壳连续通风系统运行。在冷停堆期间，安全壳连续通风系统通常不工作，但为了使安全壳内的温度保持在允许的范围内，安全壳连续通风系统可以与安全壳换气通风系统同时工作。

在设计安全壳连续通风系统时，不仅考虑了除间歇照明设备外的所有安全壳内设备的发热量，还考虑了风机电动机、安全壳空气净化系统电加热器的发热量，及由控制棒驱动机构通风系统和反应堆堆坑通风系统输送来的剩余热量。

(5) 安全壳空气净化系统

在反应堆安全壳内发生污染时，该系统用于降低气载放射性水平，使得工作人员可以在安全壳内停留一段时间。安全壳空气净化系统使安全壳连续通风系统的部分空气通过高效粒子空气过滤器和碘吸附器，将空气净化。为了从安全壳连续通风系统的集管吸入空气，可能利用安全壳连续通风系统的预过滤器，防止安全壳空气净化系统的高效粒子空气过滤器堵塞。

(6) 安全壳泄漏监测系统

其作用是维持反应堆安全壳的整体完整性和监测安全壳及其零部件的泄漏，从而保证在正常运行和事故工况下的安全屏蔽功能。此外，安全壳泄漏监测系统还提供正常运行条件下工作人员出入安全壳的通道和安全壳内外设备的机械和电气的连接。在安全壳上一般设有两个空气闸门，供人员和小设备在堆运行时进出安全壳而不破坏安全壳的密封。每个空气阀门都包括一个内门和一个外门，两个门都能承受事故状态下安全壳所承受的压力(0.5 MPa)，并能保持密封。要求通过空气闸门的泄漏率小于整个安全壳泄漏率的1%。空气闸门常用充气密封片进行密封。设计上通过连锁使两个空气闸门不能同时放气，以保证空气闸门的密封。

(7) 辅助连续通风系统

它是一个空气再循环系统，用于防止热空气或比较轻的气体聚集在穹顶顶部。

(8) 主控室空调系统

其主要功能是：

1) 保证主控室内的温度和湿度在规定的限值内，满足设备运行和人员长期居留的要求；

2) 保证最小的新风量；

3）维持室内压力略高于周围有关联房间的压力；

4）在事故工况下，使新风净化或使空气完全再循环。

（9）安全壳环廊房间通风系统

该系统为安全壳容纳贯穿件的所有环廊区提供通风。控制气流流向，防止环廊房间内可能污染的空气扩散到环境；保证来自环廊房间空气的过滤，减少排放到烟囱的放射性水平。

（10）辅助厂房的通风

目的是把设备放出的热量带走，使工作区处于一定温度下，并保持工作区空气污染水平低于一定限值。这是一个非循环的通风系统，进风经过滤、冷却（或加热）后送到低污染区，然后从高污染区抽取空气，经过滤（必要时除碘）后送烟囱排放。

（11）乏燃料厂房的通风

一般是把清洁空气送到水池盖板上部工作人员操作的地方，然后从盖板缝隙进入水池上部，从那里抽走，经过过滤（必要时除碘）后从烟囱排放。

（12）临时通风

可以在通风管上设置风门或接头以便接上软管进行通风，也可用一个可移动的辅助通风系统，包括风机、高效粒子空气过滤器和碘吸附器，从这种系统排出的风可以直接排到房间，而且不会破坏通风系统的平衡。

还有很多通风系统，不再赘述。

4.4.4 降低辐射源活度

核电厂工作人员的职业辐射大部分来自检修工作，其中主要的辐射源是一次冷却系统中的^{58}Co、$^{110}Ag^{m}$和^{60}Co。^{58}Co来自$^{58}Ni(n,p)$反应，而镍存在于大多数合金中，特别是蒸汽发生器的因科镍合金中。^{60}Co是^{59}Co活化产生的，^{59}Co作为一种杂质（质量分数一般小于0.2 %）存在于因科镍合金和不锈钢中，另外也是主泵、控制棒驱动机构及阀门的耐磨部件表面硬化材料的主要成分（质量分数达50%或更高）。在反应堆运行初期，^{58}Co和^{60}Co对辐照的贡献大致相同，由于^{60}Co的半衰期长，所以在经过几年运行后，^{60}Co的辐射将占主要地位。因此如何降低一次冷却系统中包括^{60}Co在内的放射性腐蚀产物的含量，对降低职业照射具有重大意义。

为了降低一次冷却系统中放射性腐蚀产物的含量，可以采取如下措施：

（1）选择一次冷却系统的材料，尽量减少放射性腐蚀产物，特别是^{60}Co的生成；

（2）选择合理的运行条件以减少放射性腐蚀产物在设备和管道上的沉积；

（3）对冷却剂进行过滤，将放射性腐蚀产物从一次冷却剂系统中分离出去；

（4）对系统进行去污，把沉积下来的放射性腐蚀产物从系统中清除出去。

4.4.4.1 材料选择

在寻找代用材料时，一定要保证代用材料的耐腐蚀性能和耐辐照性能优于或至少不低于原来材料的性能。如果由于使用代用材料而导致腐蚀量或设备的维护量增加，则可能起到相反的作用。

4.4.4.2 控制冷却剂对材料的腐蚀

为了控制反应性，在冷却剂中加有硼的化合物硼酸。为了控制冷却剂的酸碱度，在冷却剂中还加有氢氧化锂(^{7}Li)。一般情况下,冷却剂中的pH值在4.5～10.5之间。如果调整硼酸和氢氧化锂的浓度,把pH值控制在6.4～7.2时,可以减少放射性腐蚀产物的产生和在设备表面的沉积,从而降低整个系统内的辐射水平。

4.4.4.3 过滤

把冷却剂内的放射性腐蚀产物用过滤器过滤掉,将降低系统的辐射水平。为此在厂房内设有一回路净化系统,抽取一定份额的一回路冷却剂,使其经过树脂过滤柱,除去冷却剂内的放射性腐蚀产物。

4.4.4.4 去污

去污可分为设备去污和全回路去污。去污的设备有蒸汽发生器、主泵及从堆内取出的控制棒和堆芯监测仪器等。对于全回路去污,应满足以下要求:

(1) 能有效地把一次冷却系统表面上的放射性沉积物除去;

(2) 去污剂对系统的腐蚀作用尽可能小;

(3) 去污过程中产生的废物应尽可能少,废液中放射性杂质应能被离子交换树脂滤掉;

(4) 应能在反应堆装料情况下(冷却剂中硼的质量分数为2×10^{-3})进行去污;

(5) 去污剂应具有良好的热稳定性和辐解稳定性。

4.4.5 放射性物质的包容

不论在正常运行工况下,还是在事故工况下,对放射性物质的有效包容是降低工作人员受照射的重要措施之一。对于压水堆,一回路压力边界、集水坑、放射性液体贮罐、固体废物收集桶、屏障贯穿件的隔离装置都是包容体。

包容体的设计必须具有足够的可靠性和适当的裕量。为保证包容体能正常执行功能,屏障内的压力必须设定在能够防止放射性物质从屏障向环境非控制释放的水平。在确定这个压力时,必须考虑大气条件(如风速和气压)的变化。

根据设计基准,包容体的设计必须考虑事故工况下的极端情况(如屏障内发生爆炸)和环境条件的影响,包括相关外部和内部事件(如火灾和局部压力的相应增加)引发的事故。

要确立设计基准事故工况下可接受的放射性物质的释放率。这时要考虑源项以及过滤、释放点、环境条件及设计基准事故事故工况下的压力和温度等其他参数。

为在设计基准事故下(包括可能产生压力增加的情况)控制包容体的泄漏,防止放射性物质向环境的释放超过可接受限值,包容体的每个贯穿件在设计基准事故下必须能可靠地自动封闭。

包容体要确保在堆芯损坏的事故后使放射性物质(裂变产物和活化产物)的释放不超过可接受的限值。包容体可包括包围核电厂主要部分的、包容放射性物质的实体屏障。这些屏障的设计能防止或缓解运行状态下或设计基准事故中放射性物质的非计划释放。包容体屏障通常由反应堆厂房以及其他物项构成。其他物项可以是:收集和包容溢出物的集水坑和贮罐、通常带过滤器的应急通风系统、屏障贯穿件的隔离装置以及通常在高位的释放点。

对通风系统进行初始和定期性能试验,以检查其空气泄漏率和运行性能。

4.4.6 计划、组织与训练

为了降低工作人员在辐射区的停留时间,对于检修工作必须制订周密的计划,对于检修人员必须进行严格的组织和训练。

对于放射性检修工作，必须事先制定好作业程序，规定各种作业所需时间，估计可能出现的异常情况及应对措施，确定降低职业照射的必要措施，如去污、设置临时屏蔽或临时排风、使用专用工具等。

在强放射性区工作时，要限制工作人员的工作时间，必要时要轮换作业。要事先对他们进行培训，如在模型上进行模拟操作等，使他们熟练地掌握所从事的操作，尽量缩短操作时间。

降低工作人员职业照射的防护措施，除以上所述几项之外，还要对系统进行精心设计和对设备进行仔细布置，在设备制造中要提高设备的可靠性，这样可降低对设备维护和更换的频率，因而减少检修时间。

4.5 降低公众受照的防护措施

有许多措施可以降低公众的照射，这些措施有些是在设计时应该采取的，有些是在核电厂运行时应该采取的，有的是出现事故后应该采取的。这些措施涉及废物处理、安全措施和应急防护行动。这里只讨论厂址选择和防止放射性物质释放的多重屏障设计。

4.5.1 厂址选择

核电厂的厂址必须满足核安全和辐射防护方面的要求，保证在正常运行（包括预计运行事件）及事故情况下周围公众的个人有效剂量及集体有效剂量低于规定的限值。

在评价一个厂址是否适合建造核电厂时，必须考虑下述几个对核安全和辐射防护有影响的因素。

4.5.1.1 影响核电厂的外部事件

一般由外部事件引起的放射性风险度不应超过由内部事故引起的风险度。所以，对于影响核电厂安全的有关外部事件进行充分的调查研究，收集这些事件的发生频率及严重程度的资料，分析其可靠性、精确性和完整性，并采用恰当的方法确定设计基准外部事件。

对于某个外部事件（或事件的组合）来说，选择合适的设计基准作为参考值，应保证在发生设计基准事件时或之后，能使与该事件相关而对安全有重要作用的构筑物、系统和部件能保持完好，并不丧失其功能。如果所推荐的措施不能防御外部事件带来的破坏，则必须认为这个厂址不适合建造核电厂。

需要制定设计基准的主要外部自然事件可能有以下几个方面。

(1) 洪水

洪水的定义为河流、泄洪道、湖泊或海滨的任何异常高水位或溢流。包括降雨、融雪引起的河流洪水，飓风引起的风暴潮，地震引起的海啸或湖涌，以及坝溃、冰塞、滑坡等造成的洪水等。

(2) 地质构造缺陷

包括地表断裂、断层、滑坡、泥石流、雪崩及可能引起地面塌陷、沉降或隆起的天然溶洞、矿井、油井、气井和水井等。

(3) 地震

应了解地震活动、地震构造及两者的关系，用适当的方法确定关于地震的设计基准振动和地面运动。

(4) 龙卷风和台风

应了解当地龙卷风和台风发生的频率、强度或级别。

(5) 影响长期排热的事件

冷却水源的枯水流量、最低水位及其持续时间，河流阻塞、水库放空，船只碰撞引起的冷却水供水不足。

(6) 其他自然事件

如火山活动、沙暴、暴雨、冰雹、雷电等，如果这些自然事件会影响核电厂的安全，也应确立相应的设计基准。

需要制定设计基准的主要外部人为事件可能有以下几个方面：

(1) 飞机坠落

包括碰撞、爆炸与着火。

(2) 化学品爆炸

包括炸药、弹药、化学物品、液体或气体燃料的加工、处理、贮存、运输或使用。另外，也应考虑爆炸产生的飞射物。

(3) 火灾

包括附近企业、化工厂、贮存设施或油、气管线产生的火灾以及灌木林、森林的火灾，运输事故的火灾。

(4) 其他人为事件

在厂址地区贮存、加工、运输或处理有毒、有腐蚀性或有放射性物质的设施。

4.5.1.2　影响放射性物质迁移的厂址特性和环境特性

在核电厂的设计和选址中，必须考虑放射性流出物(特别是在事故条件下)对环境、生态和公众的影响，核电厂应能保证，在发生最大可信事故条件和不利的扩散条件下也不会给公众带来不可接受的照射。

影响放射性物质迁移的环境特性主要是大气、地表水和地下水的弥散。

(1) 大气弥散

必须进行区域的气候特征、厂区的气象资料和厂区地形地貌的调查。这些资料应在现场进行观察，应有1年的观察资料。建立一个气体放射性流出物的大气弥散模型，计算短期和长期弥散的扩散因子，以评价气体放射性流出物对公众的影响。

(2) 地表水弥散

为了评价厂址地表水弥散特性，必须调查水体的位置、大小、形状及其随时间的变迁；河流、湖泊流和海流的流速；水体中的泥沙含量；挡水构筑物的特征；用水单位的取水口位置。在此基础上应当研究水体的弥散特性；水域内沉积物及水生生物的再浓缩能力，依此确定放射性物质在水体内的迁移机制，提出可能存在的关键核素的照射途径，从而评价液体放射性流出物通过地表水弥散对公众的影响。

(3) 地下水弥散

为了评价厂址地区的地下水弥散特性，必须进行调查：非饱和带及含水带的地层；水位等高线及其随水位、气象的变化情况；地下水运动的方向及速度；地下水源的利用情况；地下水接触到人的途径；地下水与地表水的水力关系。

另外，还应研究厂址地区与弥散有关的土层和岩石的物理化学特性，建立描述放射性核素通过含水层迁移机制的模型，确定可能使公众受到液体放射性流出物照射的途径，评价在事故状态下公众可能接受的照射。

4.5.1.3 人口分布及社会资源利用情况

为了降低事故时公众所受的集体剂量，减少财产损失，并在必要时组织公众撤离污染区，核电厂厂址应该选择在人口密度较低和远离大型厂矿及人口中心的地区。在核电厂周围应设置非居住区，而在非居住区周围应该设置限制区。

非居住区应处于核电厂的管辖之下，在非居住区一般应限制与核电厂运行无关的活动，必须进行的一些活动也绝对不应影响核电厂的运行，并应在核电厂的控制下进行（活动地点和人数）。铁路、公路或水路允许穿越非居住区，但在事故情况下，应能对这些交通设施进行管制，以保护公众的安全和健康。

限制区即限制发展的地区，对人口增长、建设投资均应加以控制，使这个区域内的人口、资产都比周围地区低，以降低核电厂事故的影响。

应收集厂址地区现有的和规划的人口分布资料，人口中应包括常住人口和暂住人口。应当对厂址地区不同公众组（如年龄、民族、农村或城市公众）的饮食习惯进行调查，以便对放射性物质进入人体的途径做出评价。

应对厂址地区的土地和水资源利用情况进行调查。调查内容应包括耕地、牧场的面积及主要产品的品种和产业用水和公共供水等，特别应注意造成食物链污染的直接和间接途径。

4.5.2 防止放射性物质释放的多重屏障设计

为了防止放射性物质向环境释放，一般在设计中都考虑了多重的屏障和包容体（见图4-1），对放射性物质进行有效包容。

压水堆的多重屏障有燃料芯体、燃料包壳、一回路压力边界和安全壳。

4.5.2.1 燃料芯体

燃料本身可以把核裂变生成的大部分裂变产物保持在燃料芯体内部。在正常运行时，只有部分裂变气体和少量挥发性物质能从燃料芯体内部释放出来。表面几个微米内的铀裂变时，会有裂变碎片反冲出来。

4.5.2.2 燃料包壳

为了防止裂变产物外逸，防止燃料和冷却剂发生化学反应，燃料芯体通常放在作为包壳的管子内。管子能承受一定压力，可以把正常运行时从芯体放出的裂变气体和挥发性物质全部阻留在芯体和管子间的缝隙内。采用锆合金作包壳，氚的渗透量只占燃料内含量的0.013 %～1%。

4.5.2.3 一回路压力边界

整个冷却剂系统，包括压力容器、泵、蒸汽发生器、稳压器及其连接管道等构成了一个能够承受一定压力的密闭系统。这样，即使包壳破损，释放出的裂变产物也被阻留在冷却剂回路内。

4.5.2.4　安全壳

通常在设计安全壳时都考虑了防止放射性物质进入环境；承受失冷事故时产生的温度与压力和屏蔽放射性产物；防止地震、飓风、从内部或外部飞来的碎片等撞击；生物屏蔽的功能。压水堆安全壳的体积可缓和失水时压力的升高，另外安全壳内有喷淋系统，可以把事故时释放出来的蒸汽冷凝下来，降低安全壳内的压力。

此外，三废处理、设置专设安全设施和应急防护行动都是降低公众受照的重要防护措施。

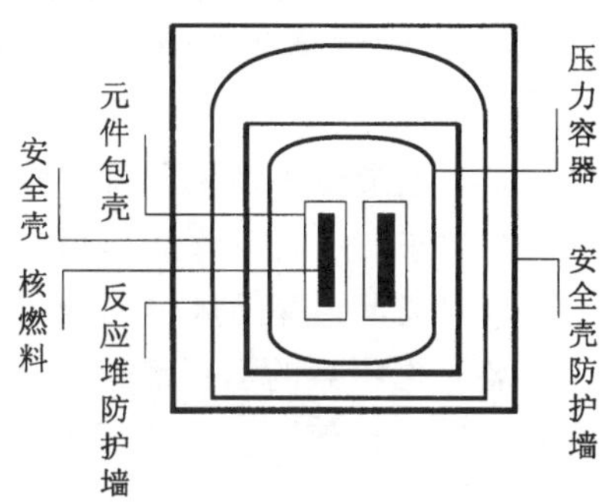

图 4-1　防止放射性物质释放的多重屏障

在核电厂设计和运行时，要尽可能少产生放射性废物。对于不可避免地产生的少量废物，要进行净化处理、浓缩固化，尽量少往环境排放，特别是那些长寿命的核素。反应堆中还有安全设施，这些安全设施是为了在反应堆发生事故时防止和减少放射性物质向环境释放而设置的。一旦发生严重事故，放射性物质有可能向环境释放时，除采取措施控制事故发展、组织野外测量队测量环境放射性水平外，还应根据事故发展和广大公众可能受到的危害，对广大公众采取一些应急的防护措施。以上所述都是为了尽可能降低公众所受照射。图 4-1 表示了防止放射性物质释放的多重屏障。

4.5.3　放射性流出物排放控制

为了使公众所受照射低于管理限值或设计目标值，需要控制放射性物质的排放量。对于废液排放和废气排放，应该规定放射性产物在水中和空气中的浓度不得超过的浓度限值。

许可证持有者应保证，由其获准的实践和源向环境排放放射性物质时，符合下列所有条件，并已获得审管部门的批准：

(1) 排放不超过审管部门认可的排放限值，包括排放总量限值和浓度限值；

(2) 有适当的流量和浓度监控设备，排放是受控的；

(3) 含放射性物质的废液采用槽式排放；

(4) 排放所致的公众照射符合国家标准所规定的剂量限制要求；

(5) 按国家标准的有关要求使排放的控制最优化。

不得将放射性废液排入普通下水道，除非经审管部门确认是满足下列条件的低放废液，方可直接排入流量大于 10 倍排放流量的普通下水道并应对每次排放作好记录：

(1) 每月排放的总活度不超过 10 ALI_{min}（ALI_{min} 是相应于职业照射的食入和吸入 ALI 值中的较小者，具体数值可按 GB 18871—2002 附录 B 1.3.4 条和 1.3.5 条的规定获得）；

(2) 一次排放的活度不超过 1 ALI_{min}，并且排放后用不少于 3 倍排放量的水进行冲洗。

许可证持有者在开始向环境排放任何液态或气载放射性物质之前应根据需要完成如下工作，并将结果书面报告审管部门：

(1) 确定放射性流出物的特性与活度及可能的排放位置和方法；

(2) 通过环境调查和适当的运行前试验和数学模拟，确定所排放的放射性核素可能引起公众照射的所有重要照射途径；

(3) 估计计划的排放可能引起关键人群组的受照剂量。

许可证持有者在其负责的源运行期间，应完成如下事项：

(1) 使所有放射性物质的排放量保持在排放管理限值以下可合理达到的尽量低水平；

(2) 对放射性核素的排放进行足够详细和准确的监测，以证明遵循了排放管理限值，并可依据监测结果估计关键人群组的受照剂量；

(3) 记录观察结果和所估算的受照剂量；

(4) 按规定向审管部门报告监测结果；

(5) 按审管部门规定的报告制度，及时向审管部门报告超过规定限值的任何排放。

要根据积累的运行经验和照射途径与关键人群组构成的变化，对排放控制措施进行审查和调整。任何调整要用书面的形式征得审管部门的同意后方可实施。

复习题

1. 试述核电厂堆芯的辐射源。
2. 试述一回路放射性核素的来源及主要成分。
3. 试述降低工作人员受照的防护措施。
4. 试述反应堆厂房放射性分区的主要目的。
5. 试述反应堆屏蔽的特点。
6. 试述通风系统的功能和设计原则。
7. 试述降低辐射源活度主要措施。
8. 试述降低公众受照的防护措施。
9. 评价一个厂址是否适合建造核电厂时，必须考虑哪些对核安全和辐射防护有影响的因素？
10. 何为防止放射性核素释放的多重屏障？

第 5 章　辐射监测

5.1　剂量测量

5.1.1　电离法测量 X、γ 射线剂量

5.1.1.1　照射量的标准测量方法

使用自由空气电离室测量 γ 射线的照射量，使用空腔电离室测量 γ 射线的吸收剂量。

(1) 自由空气电离室

准确地测量照射量或照射量率，可以用自由空气电离室。图 5-1 是自由空气电离室的示意图。光阑 F 用于限定 X 或 γ 射线束的截面积 a_0。射线从 F 射入，通过空气平板电离室由孔 O 射出。A 为电离室的高压电极，B 为收集电极，B_1、B_2 是保护电极，B_1、B_2 的电位与 B 电极相近。A、B 电极之间以相等间隔安置一组保持中间电压的保护丝，以使 A、B 电极的电势差所形成的电场分布均匀并与 A、B 电极垂直。X 或 γ 射线束的边缘到电极的垂直距离，以及 B 电极前缘到射线入口的距离 L_1 和 B 电极后缘到射线出口的距离 L_2 的长度至少应大于次级电子在空气中的射程，从而保证次级电子不会碰到电极，且使电子平衡条件得以满足。这样，在保护丝和 A、B 电极所围的体积(称收集体积或电离体积)内所产生的全部离子对，都是由入射的 X 或 γ 射线在测量体积 V(阴影部分)中释放出的次级电子所产生的。

测量体积 V 与收集电极长度 L 和有效体积中心处的束面积成正比。由于入射束面积随着离开辐射源的距离平方而改变，而照射量与此距离的平方成反比，因此，在电离室的测量体积内产生的次级电子在电离室体积中产生的一种符号离子的总电荷量为 $Q=Xa_0L\rho$，这里 X 是入射 X 或 γ 射线在入射光阑 F 处的照射量，$C \cdot kg^{-1}$；a_0 是入射光阑截面积，m^2；L 是收集电极的有效长度，m；ρ 是标准状况下空气密度，$kg \cdot m^{-3}$。于是，入射光阑位置处的照射量 X 可由下式给出：

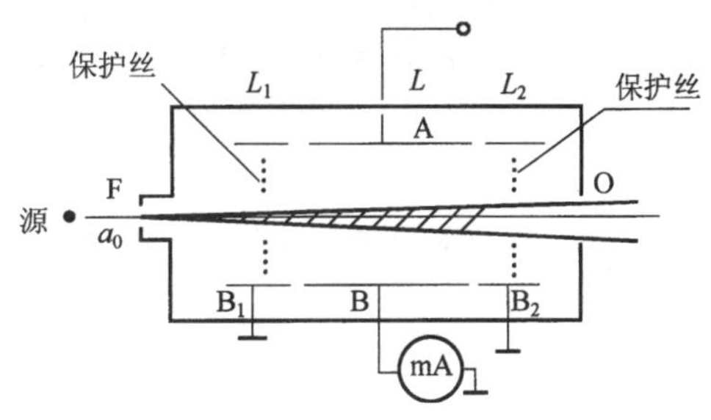

图 5-1　自由空气电离室示意图

$$X=\frac{Q}{a_0L\rho}=\frac{Q}{V\rho} \tag{5-1}$$

将 $\rho=1.292\ kg \cdot m^{-3}$ 代入式(5-1)得

$$X=0.773\frac{Q}{V} \tag{5-2}$$

实际上，根据以上公式得到的测量结果还需对射线束在光阑和收集体积之间的减弱，离子复合过程造成的离子对损失，以及入射辐射的散射等进行修正。考虑到全部有关因素后，

用自由空气电离室测量照射量的准确度约在1%以内。

大气压下的自由空气电离室已被用作照射量的标准计量装置。但是适用的X或γ射线的能量范围一般限于50 keV～3 MeV之间，当射线能量大于3 MeV时，由于次级电子射程较长，为满足电子平衡条件需要建立一个很大的自由空气电离室或高气压的电离室。这在技术上有较大的困难。当能量低于50 keV时的X或γ射线，因空气吸收严重，以致测量误差较大。目前，较高能量的X或γ射线的照射量的测量，大多采用“空腔电离室”。

(2) 空腔电离室

设一束均匀的X或γ射线照射固体介质(如图5-2)，假定介质内存在一个充有气体的小腔A，空腔的线度足够小，使电子平衡条件满足，则当腔体不存在时，空腔位置上介质(m)的吸收剂量D_m(J·kg^{-1})与空腔气体(g)中由次级电子产生的电离之间有如下关系：

$$D_m = q_g(\frac{W_g}{e})\bar{S}_{m,g} \tag{5-3}$$

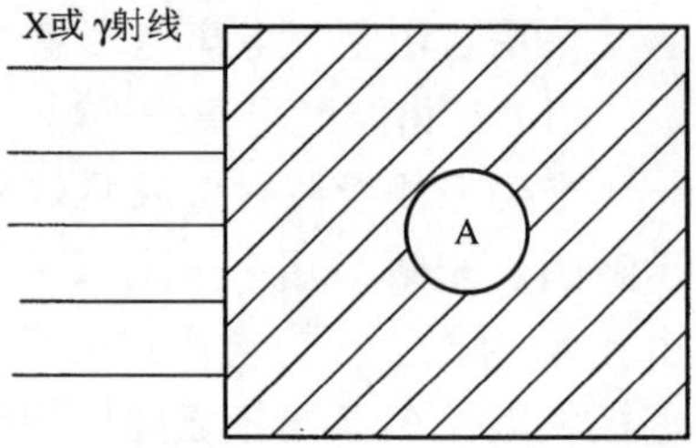

式中，q_g——次级电子在单位质量空腔气体中所产生的电荷，C·kg^{-1}；

$\bar{S}_{m,g}$——物质与腔内气体的平均质量碰撞阻止本领比，数值上等于次级电子分别授与单位质量介质的平均能量($\bar{E}_m$)和腔内气体的平均能量($\bar{E}_g$)的比值，即：

$$\bar{S}_{m,g} = \frac{(S/\rho)_m}{(S/\rho)_g} = \frac{\bar{E}_m}{\bar{E}_g} \tag{5-4}$$

图5-2 空腔示意图

以上所述的就是布拉格—戈瑞原理，式(5-3)称为布拉格—戈瑞公式。该公式是剂量测量学中的一个基本公式，适用于任何介质和充满小腔的任何气体。只要知道$\bar{S}_{m,g}$和W_g/e值，通过测出腔体内的电离电荷q_g，就可以按照式(5-3)算出相关位置上介质的吸收剂量。

图5-3所示的空腔电离室就是根据布拉格—戈瑞原理做成的。当上述假设条件得到满足时，式(5-3)可改写成：

$$D_w = q_g(\frac{W_g}{e})\bar{S}_{w,g} \tag{5-5}$$

式中，D_w——空腔位置上电离室室壁材料的吸收剂量；

$\bar{S}_{w,g}$——室壁材料和腔内气体对次级电子的平均质量阻止本领之比。

由第三章的式(3-24)、式(3-25)和式(5-5)，可得：

$$X = q_g \frac{(\mu_{en}/\rho)_a}{(\mu_{en}/\rho)_w}\bar{S}_{w,g} \tag{5-6}$$

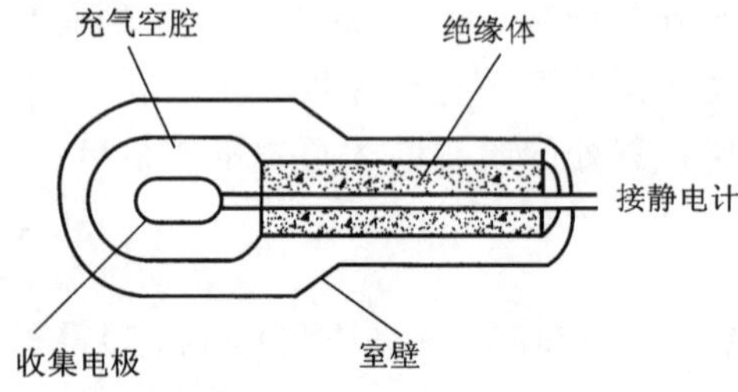

图5-3 典型的空腔电离室的剖视图

显然，用来测量照射量的空腔可以充入任何适当气体，只要式(5-6)中的各项参数能够求得就可。最理想的情况是使用空气等效电离室，即室壁材料、腔内气体完全与空气等效，这时，式(5-6)可简化为

$$X = q_g = \frac{Q}{V\rho}$$

可见，此种情况下，空气等效电离室与自由空气电离室的情况，即与式(5-1)完全等价。

实际上，室壁材料要完全做到与空气等效是十分困难的。但是，在一定条件下可以做到近似空气等效。

在一级近似条件下，式(5-6)中 $\bar{S}_{w,g}$ 的与相关物质的有效原子序数 Z_e、相对原子质量(或相对分子质量)A 有如下关系：

$$\bar{S}_{m,g} = \frac{(Z_e/A)_w}{(Z_e/A)_g}$$

将上述关系式代入式(5-6)，并假定空腔内气体为空气，则：

$$X = q_g \frac{(Z_e/A)_w(\mu_{en}/\rho)_a}{(Z_e/A)_a(\mu_{en}/\rho)_w} = \frac{Q}{V\rho}\frac{(Z_e/A)_w(\mu_{en}/\rho)_a}{(Z_e/A)_a(\mu_{en}/\rho)_w} \tag{5-7}$$

如果电离室壁(W)是用如碳、铝一类的低 Z 材料(Z＜30)做成，则上面公式中的 $(Z_e/A)_w/(Z_e/A)_a \approx 1$。若入射光子与室壁作用是在康普顿散射为主的能量范围内时，则式(5-7)中的 $(\mu_{en}/\rho)_a/(\mu_{en}/\rho)_w \approx 1$，于是，根据式(5-7)和式(5-1)算得的结果两者差别就很小，即：

$$X \approx \frac{Q}{V\rho}$$

因此，目前国际上都以石墨电离室作为测量 X 或 γ 射线照射量的标准装置，这类电离室对 ^{60}Co 的 γ 射线照射量的测量精度好于 0.7%。

5.1.2　中子剂量测量

中子剂量测量和 γ 射线一样，都是基于它们与物质相互作用时所产生的次级带电粒子的电离效应。不过，中子与物质作用所产生的次级粒子种类繁多(如 α 粒子、质子和 γ 光子等)，而且中子与物质作用截面随中子能量变化十分复杂。不同能量中子的辐射权重因数 w_R 也相差较大。所以，中子剂量的测量要比 γ 射线困难得多。

5.1.2.1　中子吸收剂量的测量

用空腔电离室测量中子剂量仍然是中子吸收剂量测量中比较准确的方法。但是，由于中子与物质作用所产生的次级带电粒子(如质子)射程非常短，要使电离室空腔的线度比这些次级带电粒子射程小很多，实际上是难以做到的。因此，需要使用匀质电离室，亦即电离室室壁和腔内气体由相同的原子组成，这时电离室壁和腔内气体对入射中子有相同的质量能量转移系数，对次级带电粒子也有相同的质量碰撞阻止本领。如果用组织等效匀质电离室，则能直接测量组织中的吸收剂量 D_T：

$$D_T = q_g(\frac{W_g}{e}) \tag{5-8}$$

式中，q_g——空腔内单位质量组织等效气体中产生的电离电荷，$C \cdot kg^{-1}$。

其他量的意义同前。

在实际测量中，为了区分中子、γ 射线混合场中的中子和 γ 射线的剂量，可以采用双电离室，其中一个电离室内没有含氢材料，它对中子不灵敏，而另一个电离室含有氢材料，它对中子、γ 射线都是灵敏的。于是，利用这两个电离室的读数差别就可以分别测出中子和 γ 射线的吸收剂量。

如果使用正比计数器进行中子剂量的测量，则可以用脉冲幅度甄别法消除 γ 射线的影响。

5.1.2.2 中子有效剂量的测量

在辐射防护中，需要测出以 Sv 为单位的剂量。原则上可使用空腔电离室分别测出辐射场中不同能量范围内的中子吸收剂量，然后乘以相应的辐射权重因子 w_R，最后相加，其结果就是要求的剂量。如果辐射场中的中子能谱不清楚，则希望设计一种特殊的中子探测器，使它所显示的剂量(或剂量率)值与中子能谱无关。下面简要讨论后一种仪器的工作原理。

当中子束作用于肌体时，根据中子能量 E_n 和对应的辐射权重因子 w_R，可以计算出不同能量的单位中子注量率在组织中的剂量因子 f_H 值。于是，只需要知道辐射场的中子能谱 $\varphi(E_n)$，即可用下式算出剂量：

$$\dot{H}_n = \int_0^E f_H(E_n)\varphi(E_n)\mathrm{d}E_n \tag{5-9}$$

但是，实际上中子能谱 $\varphi(E_n)$ 往往是不清楚的。需在一定能量范围内，调整仪器的响应，使仪器的探测效率 $\eta(E_n)$ 正比于 $f_H(E_n)$，即 $\eta(E_n)=Kf_H(E_n)$。这样，辐射场中探测器测到的中子计数率 N_n，正比于中子的剂量即 $\dot{H}_n$，即 $N = K\int_0^E f_H(E_n)\varphi(E_n)\mathrm{d}E_n = K\dot{H}_n$。

根据这一原理，测量剂量的方法有两种：一种是利用中子在某些含氢物质中产生反冲质子，通过记录质子而探测中子；另一种是快中子通过含氢物质慢化后对热中子在 $^{10}B(n,\alpha)^7Li$ 和 $^6Li(n,\alpha)^3H$ 反应中产生的 α 粒子进行计数。属于这类探测器的有 BF_3 正比计数管及 LiI、ZnS(Ag)等闪烁计数器。

利用后一种方法制作的中子剂量仪的一般结构是：中央有一个慢中子计数器，外面加一层带有小孔的热中子吸收体(如金属镉或含硼塑料)，吸收体的外面再包一层较厚的含氢慢化体，入射中子只有经过慢化变成热中子后才能被计数器记录。由于慢化体较厚且又含有热中子吸收层，所以它对能量高的中子探测效率较高，对能量低的中子探测效率就低。适当调节慢化体的厚度和热中子吸收层的开孔面积，可使其能量响应符合中子剂量转换因子 f_H 随中子能量 E_n 变化的趋势，从而达到组织等效，直接测出以 Sv 为单位的剂量值。剂量仪可做成球形或圆柱形。

5.1.3 剂量测量的其他方法

5.1.3.1 G-M 计数器在剂量测量中的应用

作为一种灵敏的辐射探测器，G-M 计数器已被广泛采用，但 G-M 计数器的响应与吸收剂量 D 或照射量 X，一般没有直接联系。然而，若对计数器壁的材料进行适当选择或者计数器外附加某些屏蔽过滤，则在一定的能量范围内，能使 G-M 计数器的响应正比于空气的吸收剂量、空气的比释动能或照射量。

设一束能量为 E_γ 的 X 或 γ 射线入射到 G-M 计数器上，光子注量率为 φ，计数器对光子的探测效率为 η，于是，计数器的计数率为：

$$n = \eta\varphi \tag{5-10}$$

假定计数器所在处的照射量率为 $\dot{X}$：X 或 γ 射线在空气中的质量能量吸收系数为 $(\mu_{en}/\rho)_a$，在带电粒子产生的轫致辐射可以忽略的条件下，则由第三章的式(3-26)、式(3-27)和式

(5-10)可得：

$$n = \frac{\eta \dot{X}(W_a/e)}{E_\gamma(\mu_{en}/\rho)_a} = \frac{\eta \dot{D}_a}{E_\gamma(\mu_{en}/\rho)_a} \tag{5-11}$$

用不同阴极材料(Al、Cu、Pb)做成的 G-M 计数器，在一定能量范围内，其探测效率几乎与光子能量成正比，即式(5-11)中的 η/E_γ 近似是一个常数。又，空气中 γ 射线的质量能量吸收系数$(\mu_{en}/\rho)_a$，在一定能量范围内变化不大。因此，式(5-11)可写成：

$$n = k_1\dot{X} = k_2\dot{D}_a \tag{5-12}$$

式中，$k_1=(\eta W_a/E_\gamma e)/(\mu_{en}/\rho)_a$，$k_2=\eta/[E_\gamma(\mu_{en}/\rho)_a]$。且在上述条件下 k_1、k_2分别都近似为一常数，即照射量率、空气的吸收剂量率与计数器的计数率大致成正比。这样，就可以用测得的计数率确定照射量率和空气的吸收剂量率。

不同阴极材料的 G-M 计数器，对单位照射量的 X 或 γ 射线的响应随能量而变化，在 0.5～2.5 MeV 能量范围内，Cu 阴极的 G-M 计数器的读数与平均值的偏差在 15％以内，这已满足辐射防护监测对准确度的要求。同时，在低能区域，由于入射光子与阴极材料主要发生的是光电效应，以致与单位照射量率($\dot{X}$)、空气吸收剂量率($\dot{D}_a$)相应的计数率，随 E_γ的降低而急剧上升。因此，G-M 计数器很少用于低能 X、γ 辐射场的测量。但是，如果 G-M 计数器事先已用与待测辐射场能谱相同的辐射源作过校准，然后再用它测量待测辐射场中的有关量的数值，那么所得到的结果还是可靠的。此外，还可在计数管外附加一些金属材料做成的过滤片，以改善它对低能光子的响应。

G-M 计数器的死时间较长，不适宜在强辐射场中工作，因为这时漏计数十分严重，以致发生"阻塞"现象。但是，由于 G-M 计数器灵敏度高，结构简单，可以做成轻便的可携带式巡回监测仪器，适应于低水平剂量的监测，所以目前它在辐射监测中的应用还较广泛。

5.1.3.2　热释光剂量计

具有晶格结构的固体，常因含有杂质或其中的原子、离子缺位、错位造成晶格缺陷从而成为带电中心。带电中心具有吸引甚至束缚电子的本领，称为陷阱。陷阱束缚电子的能力称为陷阱深度。

当固体材料受到辐射照射时，禁带中的电子受激并进入导带，直到被陷阱捕获为止。如果陷阱深度很大，那么在常温下，电子将长久地留在陷阱中。只有当固体材料被加热到一定温度时，落在陷阱中的电子因得到能量才能从陷阱中逸出。当逸出电子返回禁带时，即发出蓝绿色的可见光，发光强度与陷阱中的电子数目有关，而电子数又取决于固体所受的剂量。因此，可用热释光强度来量度剂量的大小。

热释光材料很多，目前用于剂量测量的热释光元件多为：LiF、$Li_2B_4O_7$(Mn)、BeO、$CaSO_4$(Mn)、$CaSO_4$(Dy)等。

发光强度与加热温度的关系曲线，称为发光曲线。不同材料的热释光元件有不同形状的发光曲线，其中有单峰的，也有呈现双峰和多峰的，这是由于有的热释光元件存在着几个不同能级深度的陷阱。LiF(Mg，Ti)的发光曲线如图 5-4 所示，当 LiF(Mg，Ti)受热时，存在于较浅陷阱里的电子首先被释放出来，当这些陷阱中贮存的电子全部释放完时就形成第一个发光峰。随着温度的升高，较深陷阱中的电子相继被释放出来，依次形成了其他的发光峰。一般来说，低温峰不稳定，有严重的衰退现象。对应很高温度的发光峰是红外辐射贡献的，也不适合用作剂量测量。因此，选择热释光峰所对应的温度不宜太低也不宜太高，对

LiF(Mg,Ti)而言,最好在200 ℃左右。实际上不少热释光元件都有几个发光峰,测量所用的发光峰常称为主峰。如对于LiF(Mg,Ti)元件来说,主要是测量第5个峰。

热释光材料的发光强度需要用专门的仪器进行测量。对于给定的一种热释光元件,在同一加热温度下,不同的发光峰面积对应于不同的辐射剂量。因此,测量主峰下发光峰积分强度,即相应于主峰下发光曲线面积,即可确定辐射剂量,这种方法称为积分法。此外,也可以通过测量发光峰的高度来确定剂量,这种方法称为峰高法。但这一方法必须严格控制热释光元件加热速度的一致性,因为发光峰高度会因加热速度不同而不同。

热释光剂量计,可用于测量X、γ射线、电子束及较高能量的β射线的剂量,当用热释光元件CaF_2、$CaSO_4$测量低能光子时,它们的热释光响应有相当大的能量依赖性,这时,同样需用过滤的办法加以改善。LiF、$Li_2B_4O_7$(Mn)和BeO,由于它们仅含低Z物质,且它们的有效原子序数与空气、组织相近,因此,它们对光子的响应与能量的关系较小。如热释光材料中含有一定量的^{6}Li和^{10}B,则它们也可用来测量中子剂量。

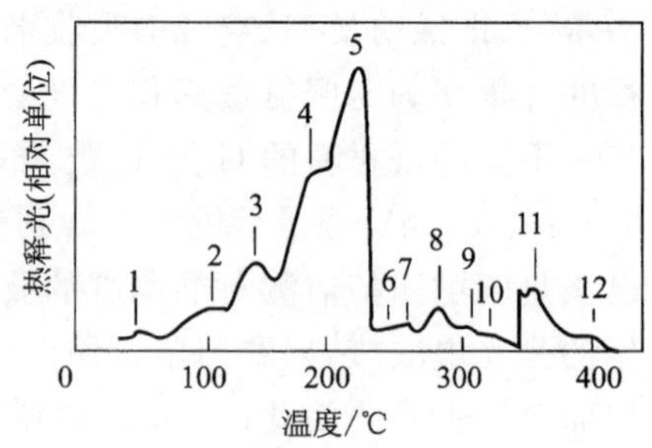

图5-4 LiF(Mg,Ti)发光曲线

热释光剂量计的量程范围较宽。如LiF为$5\times10^{-5}\sim10^{3}$ Gy、$Li_2B_4O_7$(Mn)为$10^{-5}\sim10^{4}$ Gy,只是在5 Gy以上时,LiF会出现非线性现象(响应比按一次方的关系增加更快)。热释光元件灵敏度高,体积小可重复使用,准确度高,环境变化对测量结果的影响小。不过,有些热释光元件在常温下会发生衰退,如$Li_2B_4O_7$(Mn)在受到辐照后第一个月内剂量值会衰退约50%。另外,热释光元件经加热读数,其内部贮存的辐照信息随即消失,因而不能重复读数。

5.2 辐射防护监测

辐射防护监测是指为估算公众及工作人员所受辐射剂量而进行的测量,它是辐射防护的重要组成部分。辐射监测是衡量公众和工作人员生活环境条件的重要手段。

监测不等于测量,监测包括纲要的制定、测量和结果的解释。监测必须从辐射防护的基本原则出发,并满足评价的要求。

辐射防护的基本原则是可合理达到的尽量低的原则和剂量限制体系。监测原则的决定、监测范围和监测点的确定,以及测量方法的选择都应根据这些原则来考虑。

衡量和评价辐射危害的量主要为个人所受的有效剂量、集体有效剂量和待积有效剂量。对于内照射,作为次级限值还有核素的年摄入量。实际能够测量的数值常常是辐射场的辐射水平和环境介质中的放射性核素浓度。为了由实测量导出评价量,使用某种模式(型)把实测量和评价量联系起来。制定监测纲要时,应确定评价的模式,以便监测的结果能满足评价的要求。

鉴于不同情况下辐射防护的规模和性质具有很大差异,因而将反应堆厂房的放射性场所分区,对辐射防护监测是具有实际意义的。这样一方面可以简化不必要的控制程度;另一方面则便于制订出一个既经济同时又不降低安全标准的监测计划。

辐射防护监测的特点是：监测介质的放射性水平范围很宽，要求监测仪器具有不同的灵敏度，测量中需要低水平放射性测量和微量分析技术；监测的对象复杂，有空气、水、生物、土壤、食品、物体表面等，且干扰因素多，因此需要多种有关样品采集、处理、测量和分析的技术。分析测量样品多，且要求速度快，因此，还需要配备自动监测和数据处理系统。

依照监测目的的不同，个人监测和工作场所监测又可分为常规监测、操作监测和特殊监测三种类型。常规监测与连续作业有关，操作监测是为了提供与某一作业有关的资料而进行的，而特殊监测则应用于实际存在的或怀疑会发生异常的情况。

辐射防护监测分为放射性区域监测、个人剂量监测和控制区出入管理。放射性流出物监测和环境监测，严格地说，也属于辐射防护监测。放射性流出物监测是环境监测和放射性区域监测的交接部，同时在某些情况下，也与辐射工艺监测有关系。放射性流出物监测能够及时发现从而有可能迅速控制异常排放和事故排放，同时放射性流出物监测结果还是环境评价的依据(源项)。因此，放射性流出物监测是防护监测的重要组成部分。本章中把放射性流出物监测和环境监测作为单独一节讨论。

5.2.1　区域监测

工作场所辐射监测的目的在于保证该场所的辐射水平及放射性污染水平低于预定的要求，以确保工作人员处于合乎防护要求的环境，同时还要能及时发现偏离上述要求的原因，以便及时纠正或采取临时防护措施。

区域监测一般包括：工作场所β射线、γ射线和中子外照射水平监测；空气中气载放射性核素浓度监测和工作场所表面污染监测。

5.2.1.1　工作场所的中子和γ射线外照射监测

外照射监测的主要任务是选用合适的仪器和测量方法，以固定式仪表连续地测量或可携式仪表周期地测量工作场所所指定位置的外照射辐射水平，然后做出适当的评价，判断工作人员的安全程度，检验防护设施的性能，及时发现屏蔽缺陷及工艺操作上的问题，在异常或事故情况下发出报警信号。外照射监测并不是直接测量工作人员所受的剂量，而是一种安全防护技术措施。在某些情况下，测量结果也可用以估计工作人员在工作场所某处、工作一定时间可能受到多大剂量，或估计在限定的剂量情况下，允许工作多长时间，以防止工作人员受到过量照射。任何新的辐射装置使用之前都需要对工作场所的源项所导致的外照射辐射场的水平进行估计，以便为制定常规监测的设计方案提供依据。常规监测的频度取决于辐射环境的预期变化，但变化缓慢，且不甚严重，则只需在预先设置的观察点上进行周期性或临时性的检查，就能充分地反映出辐射水平变化。若辐射场比较稳定，则很少需要对工作场所进行常规监测。假如工作场所的辐射场容易发生变化，辐射场变化速度较快，而且变化严重程度无法预料，那么就需要一个报警系统，安置在剂量测量室或工作场所，或由工作人员佩戴。

操作监测方案的制定，在很大程度上取决于在操作过程中工作现场辐射场是否始终保持基本恒定。在恒定的情况下，通常只要对工作人员所在区域的辐射水平进行初步巡检就够了。如果操作本身就可能引起辐射场的明显变化，则需要在操作过程中对操作现场进行一系列连续测量。这类监测方案的制订，需要考虑到操作的形式和进行这类操作的条件。

工作场所外照射辐射场的监测所用的仪器大多是固定式的或可携式的辐射监测仪。这类仪器所用的探测器，一般有电离室、G-M 计数器、闪烁计数器和硅半导体探测器等。对于固定式监测仪的要求，是当辐射水平超过预定值时能自动发出信号报警。

然而，由于工作场所的辐射性质和水平常随空间、时间而变化，而工作人员在其中的活动方式既不能预测，也难以确切了解，因此要用工作场所的测量结果推测工作人员所受的照射剂量一般是极为困难的。因此，必须引入一些简化假设。

为了安全和方便，可假定工作人员，在整个工作时间内都处于工作场所中辐射水平最高的那一点，这样可确定工作人员所受照射的上限值。其优点是只要这个上限值远低于相应的导出限值，则无需限制工作人员在工作场所内的活动，也无需限制工作人员在工作场所内逗留的时间。实际上，在这样一个工作场所内，工作人员所受的照射将远低于相关的剂量限值。

如果不能把工作场所的剂量保持在足够低的水平，以利用上述的简单评价方法，那么必须对工作场所剂量分布做出必要的估计和分区，有时甚至需要限制人员接近某些辐射水平区的空间。

在操作工作过程的监测中，评价工作往往表现为确定一个特定的工作时间，在此期间内，任何工作人员也不会接受超过某一水平的照射。这一时间的选定，原则上需要知道在所控制的时间内要完成的任务，并需由防护部门和管理机构共同商定。

根据具体布置，可能还有些场所需要进行场所监测。在上述各个监测场所，有些地点可能需要一个以上的探测器。在中央控制室应该设点，量程为 $2.58\times10^{-8}\sim2.58\times10^{-3}$ C/(kg · h)。

5.2.1.2 工作场所的表面污染监测

工作场所表面污染监测的主要目的是：防止污染扩散；检查污染控制是否失效或是否违反操作规程；把表面污染限制在一定的区域和一定的水平内，以防止污染的扩散和工作人员受到过量照射。从而为制订个人监测方案、空气污染监测方案以及操作规程提供资料。

可能出现放射性物质缓慢泄漏的工作场所的污染监测，可以通过检查吸尘器的过滤袋、工作鞋、手套及衣服口袋等表面的污染水平来实现。虽然上述方法既不能探测出孤立发生的小量污染事件，也不能定量估算表面污染水平，但它们可以给出污染水平的一般指示。

对于容易发生放射性污染的场所，为防止工作人员把大量放射性物质带出工作区，必须在更衣室和工作区出口外设置污染监测仪，以便有可能探测出污染事故。在某些情况下，操作工作过程的监测结果有利于避免或限制操作过程中污染的扩散。密封源也需要定期检查源表面的污染，因为有些情况下密封源可能出现泄漏现象。

需要监测表面污染的主要辐射类型是：α、β 放射性。其监测方法可分为直接测量和间接测量两种。

(1) 直接测量

将探头贴近被测表面，通过测量 α、β 放射性活度来确定表面的污染水平。测量本底计数率时要注意保持探头背对被测表面；在离表面 1 cm 的距离慢慢移动探测器，如果计数率高于本底，保持探头位于被测物上方有足够长时间(大约 10～20 s)，从而得到一个稳定准确的读数，从这个读数中减去本底计数率。

根据下列公式将 cps 转换成 Bq/cm^2。对照标准中数据，判断是否超标。

$$N = N_c - N_b \tag{5-13}$$

$$\sigma_e = KN \tag{5-14}$$

式中，N_b——本底计数率，c/s；

N_c——测量物体表面的计数率，c/s；

N——测量结果净计数率，c/s；

K——灵敏度的倒数，$(Bq \cdot cm^{-2})/(c \cdot s^{-1})$；

σ_e——表面放射性 Bq/cm^2。

(2) 间接测量

可采用擦拭法，它主要用于不便直接测量的表面(如门把手、管道等或被监测的表面附近有很强的辐射本底而无法进行直接测量的场合)。有时为了初步检查表面污染情况也可以采用间接测量方法。

通过下列公式计算污染水平：

$$\sigma_e = \frac{(N_c - N_b)K}{FS_s} \tag{5-15}$$

式中，N_c——擦拭样品的测量计数率 c/s；

N_b——本底计数率 c/s；

K——灵敏度的倒数 Bq/(c/s)；

S_s——擦拭采样样品面积，cm^2；

F——擦拭效率，是一个很难确定的量，它和擦拭采样材料及其状态、擦拭方法、沾污表面的类型及污染物的状态等因素都有关系，变化范围很大。即使是同样的沾污表面，相同的擦拭方法和擦拭材料，不同的操作人员所得的 F 也有差别。尽管如此，用擦拭法来判断表面有无污染，沾污水平的高低和污染的类型，在辐射防护上讲还是有意义的。一般将擦拭效率定为 10%(干擦拭法)。

值得指出的是：为了得到正确的结果，要根据污染性质，正确地选择测量方法和检查仪器。为了使测量结果可靠，测量前最好用与被监测核素种类相同的标准源对仪器进行校准，并尽量使测量的几何条件与校准时的相同。用于 α、β 污染监测的探测器，常为 G-M 计数器或闪烁计数器等。

表面污染水平和工作人员的受照剂量之间关系十分复杂。目前有关表面污染的导出限值多少带有某种程度的任意性。为了评价表面污染测量结果，必须把它们与表面污染的导出限值联系起来，如果工作场所的表面污染水平比相应的导出限值低或低很多，那么可以认为没有必要再进行其他形式的污染监测。

5.2.1.3　空气污染监测

在操作大量放射性物质的场合、工作场所存在严重污染的场合或放射性液体有可能泄漏的场合，应该对空气污染进行监测，借以了解空气污染情况以及某些情形下用以估计工作人员可能吸入的放射性物质的数量。同时判断反应堆某个系统或部件的泄漏事故。

最普通的空气污染监测的方式是采用空气取样器。取样器一般放置在能代表工作人员呼吸带的位置上。为了探测意外的空气污染，可能有必要设置连续监测装置，连续地进行取样和测量，并且，一旦浓度超过预定值时，可以发出报警信号。

空气污染监测包括空气中放射性气溶胶测量、放射性气体测量和放射性碘测量。

（1）放射性气溶胶测量

放射性气溶胶是含有放射性核素的固体或液体微小颗粒在空气或其他气体中形成的分散系。由于放射性气溶胶在空气中的导出浓度很低，因此，通常采用浓集法收集气溶胶。由于空气中天然存在的氡、钍及其子体的浓度比人工放射性核素的导出空气浓度高出许多，刚采集的空气样品上含有大量的氡、钍及其子体极易掩盖待测的人工核素的放射性。为了测量人工放射性核素的污染，必须把天然放射性核素和人工放射性核素区分开来。为此，目前多采用衰变法。衰变法是利用天然的氡、钍及其子体半衰期短的特点。一般，采样后放置4天，就可以粗略地认为氡、短寿命子体已完全衰变。这样，4天后测得的浓度就是长寿命的人工放射性气溶胶浓度。

（2）放射性气体测量

反应堆厂房内及其周围的空气，由于中子活化会产生^{41}Ar、^{16}N、^{19}O等放射性气体，反应堆一旦发生事故还会释放出^{131}I、^{85}Kr、^{133}Xe等裂变产物气体；在重水堆周围还可能存在^{3}H。此外，空气中还有气态放射性碘、^{14}C及其他放射性气体。对于上述情况必须监测空气中放射性气体的浓度。放射性气体的测量方法，应根据放射性气体的物理化学性质决定。β放射性气体，常用流气式电离室、薄窗正比计数器或G-M计数器以及由薄塑料闪烁体组成的闪烁计数器进行测量。α放射性气体则可用硫化锌闪烁计数器、电离室等进行测量。

图5-5给出放射性气体连续取样系统的示意图。利用抽气泵和管道抽取空气经过滤器引导到差分流气式电离室中。过滤器的作用是过滤取样气体中的微尘。当放射性气体浓度过高污染了探测器壁时，打开冲洗阀，使用干净空气对取样系统进行冲洗。

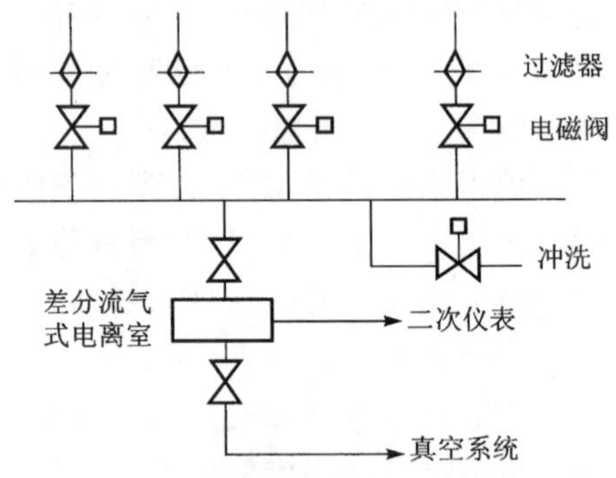

图5-5 放射性气体连续取样系统示意图

在差分电离室内，惰性气体中的β射线使气体电离形成电流。通过阻抗变换和I-F变换器，在数据处理单元中得到计数率。采用差分电离室的目的是消除γ辐射的影响，其原理图如图5-6所示。

在数据处理单元中指示的计数率为：

$$n = I \cdot K_f \qquad (5\text{-}16)$$

式中，n——指示的计数率，1/s；

I——电离室的电离电流，pA；

K_f——电流-频率转换系数，s^{-1}/pA。

如果仪器校准时的灵敏度为ε，被采样区域的放射性惰性气体的浓度为：

$$C = \frac{n}{v \cdot t \cdot \varepsilon} = \frac{I \cdot K_f}{\varepsilon} \qquad (5\text{-}17)$$

式中，C——惰性气体浓度，Bq/m^3；

ε——测量仪器的灵敏度，s^{-1}/Bq；

v——抽气速率，m^3/s；

t——测量时间，s。

（3）放射性碘测量

在核电厂的区域空气中，碘通常以元素碘(I_2)的方式存在，也可能以甲基碘(CH_3I)的方式存在。用活性炭滤纸或活性炭盒或各种浸渍活性炭，做成取样盒，配备合适的探测器，可监测空气中的放射性碘。一般测量取样盒内^{131}I 的 γ 辐射水平来确定空气中的碘浓度，公式如下：

$$C=\frac{n}{vt\varepsilon} \qquad (5\text{-}18)$$

式中，C——^{131}I 浓度，Bq/m^3；

ε——测量仪器对^{131}I 的灵敏度，s^{-1}/Bq；

v——抽气速率，m^3/s；

n——指示的计数率，1/s；

t——取样时间，s。

式(5-13)～式(5-18)仅适用于单一放射性核素的情况。

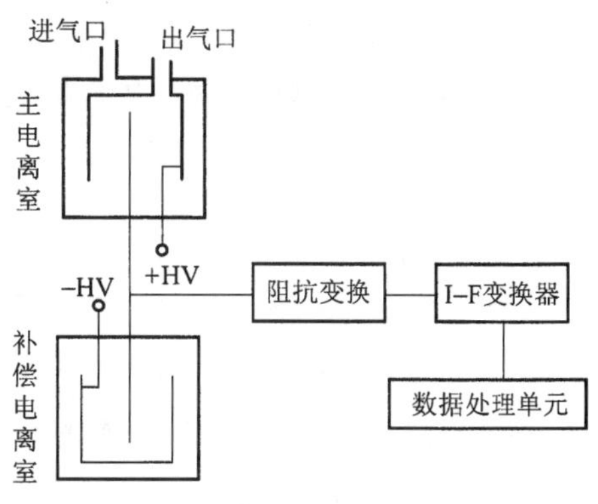

图 5-6　差分流气式电离室方框图

(4) 空气污染监测结果的评价

对空气污染监测结果的评价，需要了解污染物的物理和化学性质，以及空气样品能在多大程度上代表工作人员的吸入水平。通常要作一些简化的假设。实际上国家规定的年摄入量限值和导出空气浓度(DAC)中已暗含了其中的某些简化。

在某些情况下，常规操作可能导致出现有规律的空气污染，这时，可以在操作的不同阶段，在代表工作人员呼吸带的那些点上，对空气污染进行详细调查，然后评价工作人员在一个完整的操作周期内的摄入量。如果由此能做出假定，在一个相当长的时间内上述操作周期是正常操作的典型代表，那就能够估计一个工作人员在相应的时间内的总摄入量。这些估计值可以直接和相应的限值进行比较。

在空气污染源是局部的而又随时间变化(如手套箱的泄漏)的情况下，即使取样器靠近工作人员的呼吸带，也未必能准确给出工作人员的摄入量。因此，场所取样器所得样品的代表性，在很大程度上取决于对空气的取样速率、空气取样器的粒度选择性，以及工作人员在场所内的活动情况。必须并且应当通过比较个人取样器和场所取样器两者的长期监测结果，或者通过其他更详细的调查，从而对样品缺乏代表性的程度做出估计。这样就可以建立一个有关场所取样的导出限值。如果尚未进行这种相互比较，则适当的办法是假定工作人员的吸入量比场所取样显示的结果约高一个数量级。但必须注意到这种简化是不精确的。这种办法对于评价长期的平均结果是可以的。必须注意，它不能用来对短时间的单次测量结果做出评价。因为这时个人取样器的结果和场所取样器的结果可能会相差两三个数量级。所以企图用场所取样器在短时间内的测量结果推算各个工作人员可能的摄入量是行不通的。作为代替办法，是建立调查水平。这个调查水平应足够低，以便能够探测出任何值得注意的异常情况；但又要有一定水平，免得在正常情况下经常达到这一水平。对于导出空气浓度(DAC)低的放射性物质，调查水平的选取可根据可达到的探测灵敏度和工作场所通常可能存在的空气浓度(天然的或人工的)来确定。

5.2.1.4　工作场所监测和评价

在合格专家和辐射防护负责人的配合下，制定、实施和定期复审工作场所监测大纲。监测大纲包含有质量保证要求。要将工作场所监测大纲所获得的结果予以记录和保存。工作场所监测大纲要规定：

(1) 拟测量的量;

(2) 测量的时间和频度;

(3) 最合适的测量方法与程序;

(4) 参考水平和辐射超过参考水平时要采取的行动。

工作场所监测的内容和频度要根据工作场所内辐射水平及其变化和潜在的可能性与大小来定,并要保证:

(1) 能够评估所有工作场所的辐射状况;

(2) 能够对工作人员受到的照射进行评价;

(3) 能用于审查控制区和监督区的划分是否妥当。

5.2.2 个人剂量监测

个人剂量监测的主要目的:

(1) 证实个人所受到的剂量符合剂量限值和审管要求;

(2) 发现非预期的、可能产生高剂量的事件,以便能够提供相应的运行和医学响应。个人剂量监测是对个人实际所受剂量大小所作的监测,它包括全身和器官的剂量监测。具体内容可分为:个人外照射监测、皮肤污染监测和体内污染监测。

5.2.2.1 个人外照射监测

外照射个人剂量监测是实现辐射防护目的的重要环节之一。外照射个人剂量监测是指用工作人员佩带的剂量计所进行的测量以及对这些测量结果所作的评价。对于核电厂的放射性工作人员而言,通过测量 $H_p(10)$ 就足以对个人的外照射进行评价。监测的主要目的是对明显受到照射的器官或组织所接受的有效剂量做出估算,进而限制工作人员所受的有效剂量,并且证明工作人员所接受的有效剂量是符合有关标准的。附加目的是提供工作人员所受剂量的趋势和工作场所条件,及在事故照射下的有关资料。

简言之,个人外照射监测的主要目的,在于评价、记录以及控制工作人员接受的剂量值;或当事故发生时,测出并估算受照射人员所受的剂量。个人监测主要是对那些受照射有可能高于剂量限值的 3/10 的人员进行的。

个人剂量监测的基本手段是使用个人剂量计。个人剂量计佩带在人体表面具有代表性的部位上,其测量结果应尽量反映全身或局部组织所受的照射。对个人剂量计的要求是:能量响应好;方向依赖性小;要有适当的量程范围;测量稳定,结果可靠;剂量计体积要小、结实、重量轻,且易于佩带。

个人剂量监测中,应根据辐射场的类型、能量、剂量范围和环境条件,选用合适的个人剂量计。对于 β、X、γ 辐射场,一般选用电离室型个人剂量计和热释光剂量计等。对于中子辐射场,一般选用核乳胶、“反照”热释光中子个人剂量计等。对于在高剂量区域中操作人员的监测,要求剂量计能及时给出剂量值,并应有音响或灯光报警指示。在某些情况下,事故发生的瞬时,可能释放出大量的中子或射线,形成很强的中子或辐射场。因此,工作人员要佩带高量程的剂量计。对中子,测量受照射者的毛发(即测定其中的 ^{32}P)或衣物中局部物品感生放射性,可以确定受照者的局部所受的中子剂量。利用全身计数器测量人体内的感生放射性,可以确定受照者的全身所受的中子剂量。在大剂量照射情况下,染色体畸变分析对评价事故剂量,也是十分有意义的。

佩带在工作人员身体表面的剂量计，如果探测元件已经有 10 mm 或 0.07 mm 厚的组织等效材料覆盖并已经过适当刻度，则可认为该剂量计测得的就是贯穿性的个人剂量 $H_p(10)$或浅表个人剂量 $H_s(0.07)$，这两个量可以看成是相关照射条件下的工作人员的有效剂量及皮肤的当量剂量的一种合理估计。

只有在重大事故发生时才需要具体估计器官或组织的吸收剂量。在这种情况下，为了测量和评价体内各部位受到的照射，常常需要做模拟实验，确定剂量场分布。

监测中还应注意以下几个问题：

(1) 应统一管理个人剂量计，非工作时间应集中存放在不受人工辐射源干扰的地方，且使用一定数量的剂量计测量存放处的本底辐射场。

(2) 采取适当措施，避免使用过程中，使剂量计遭受放射性核素污染。

(3) 个人剂量计测得的原始数据，特别是与事故有关的原始数据应予以长期保存。

(4) 应定期刻度个人剂量计，选择的辐射场应考虑与待测辐射类型的一致性，最好能谱能够相似。在使用的能区内和测量范围内，对能量点和指示值逐点进行刻度。

5.2.2.2 皮肤污染监测

皮肤污染是人体受到外照射的来源之一，同时污染皮肤的放射性物质可能转移到人体内造成内照射。皮肤的表面污染的测定一般可用表面污染监测仪。

其测量结果用皮肤表面污染的导出值进行评价。如果污染不超过这些限值，一般不必估计它所引起的辐射剂量。如果污染难以去除或初始水平很高，就需要对剂量做出某些估算，尽管这种估算一般是极不精确的。若估计的剂量值已超过相应限值的 1/10，则应将它记入个人的剂量档案。

皮肤污染监测所使用的方法和仪表与工作场所表面污染监测所使用的仪表有相同之处。

5.2.2.3 体内污染监测

当工作场所的监测结果表明，工作人员可能已经摄入大量放射性物质时，或者怀疑工作人员可能摄入大量放射性物质时，应该进行专门的监测。根据工作性质、现场条件，应定期对放射性工作人员进行这种监测。但如有任何可疑情况时，要及时进行针对性测量。

体内污染监测方法有三种：一种是通过体外测量来估算体内或组织内的放射性核素的积存量；另一种是生物检验，即测量工作人员的尿、粪、呼出气体、鼻涕、唾液、汗液、血液、毛发等样品的放射性，据此估算出放射性物质在体内或组织内的积存量，再一种是直接测量全身、肺或甲状腺中的放射性含量，而且它是估算发射 γ 射线核素在体内污染的一种最合适的方法。测量仪器，一般用全身或局部计数器。

体内污染个人监测的频度，主要取决于摄入放射性物质在体内的滞留时间和探测器的灵敏度。监测时间和监测技术的设计应当使被摄入的主要放射性核素的全部或大部分都能被探测到。

关于评价个人体内污染的监测结果，需要建立一种模式，以便能够把体内污染监测中测量的量与相应的次级限值联系起来。为了建立这种模式，不仅需要考虑放射性物质的放射学特性及其在体内的代谢规律，而且还需考虑放射性物质随时间变化的摄入方式。一旦建立了上述联系，就有可能对体内污染监测结果做出合理的评价。

5.2.2.4 个人防护用具的配备和应用

要根据实际需要为工作人员提供符合标准的个人防护用具，例如，各类防护服、防护围裙、防护手套、防护面具和呼吸防护用具，并指导他们正确使用。对于使用特殊防护用具的工作任务，只有经过担任健康保护医师确认健康合格并经培训和授权的工作人员才能承担。

对于任何给定的工作任务，要考虑因使用防护用具使工作时间延长导致的照射增加和可能伴有的非辐射危害。

要通过利用适当的防护手段和安全措施，尽量减少正常运行期间对行政管理和个人防护用具的依赖。

5.2.2.5 个人剂量监测和评价

对任何在控制区工作的工作人员，或有时进入控制区工作并可能受到显著职业照射的工作人员或职业照射剂量可能大于 5 mSv/a 的工作人员，要进行个人监测。在进行监测不现实和不可行的情况下，经审管部门同意后可根据工作场所监测的结果和受照地点和时间的资料对工作人员的职业照射做出评价。对在监督区或偶尔进入控制区工作的工作人员，如果预计其职业照射在 1～5 mSv/a 范围内，要尽可能进行个人监测，对这类人员进行职业照射评价时以个人监测或工作场所监测为基础。如果有可能要对所有受到职业照射的工作人员进行个人监测，但对于受照剂量不可能大于 1 mSv/a 的工作人员，一般可不进行个人监测。

要根据工作场所辐射水平和潜在照射的可能性与大小，确定个人检测的类型、周期和不确定度要求。对可能受到放射性物质体内污染的工作人员安排相应的内照射监测，来证明所实施的防护的有效性，并在必要时为内照射评价提供需要的摄入量或待积当量剂量数据。

按有关要求分别处理形成报表，例如，按工作任务、按时间、按工作人数等列出所接受的剂量。对结果的分析有利于找出工作中的薄弱环节，提高管理水平，降低核电厂工作人员的集体有效剂量。

5.3 辐射工艺监测

辐射工艺监测也可称辐射过程监测，它监测各种工艺过程中的液流和气流的辐射水平及其变化，及包容放射性流体设备的密封性，判断相关的工艺过程和设备运行是否正常。除了给出连续指示与报警之外，工艺监测系统还提供各种自动功能，如关闭或启动某些设备。

工艺监测系统可采用两种方法监测工艺过程，即在线监测和离线监测。

（1）在线监测

在线监测系统是把探测器探头直接插入工艺流体中，如风管、管线等。其优点是可探测有代表性的工艺样品且对流体的放射性水平的变化响应迅速。但是，如果流体中有涡流，必须使用合适的套管保护探头，这势必降低了探头的灵敏度。若探头发生故障，就得关闭这一系统，或提供绕过探头的旁流管道。

（2）离线监测

离线监测系统由管道、阀门、测量室、探测器探头和流体抽送装置（如泵和风机）等部件组成。该系统对过程流体取样，使之流入测量室，测量室放有探测器，然后再把样品送回流体管道中。该方法有许多优点，如样品流速较低，探测器可直接插入样品测量室中而无需保护套管，从而提高了探头的灵敏度。如探测器失效，将系统的进口阀和出口阀关闭而不影响主工艺设备工作。但是如不能抽取有代表性样品，就不能对工艺过程中放射性水平的变化做出及时响应。这种系统有现成的商品出售，不同的测量室体积，对应不同的测量范围。

目前有一种测量装置，它将探测器直接附着在待测流体管线的外表面上，测量管线内流体放射性水平变化。此类装置结构简单，灵敏度低，在管线外表面温度太高时不能使用。使用前要进行刻度。

5.3.1　一回路边界完整性监测

压水堆一回路的压力很高，约 15 MPa。一旦一回路压力边界密封性失效或出现破口，带有放射性的一回路流体将释放到周围工艺间或其他系统和设备中，从而造成极大的污染，严重时反应堆必须停止运行。从这个意义上说，一回路压力边界又称为放射性释放边界，监测该边界的完整性十分重要。

压水堆核电厂中，有许多监测子系统用于监测一回路压力边界的完整性，如安全壳惰性气体监测仪、冷凝器空气喷射器气体监测仪和蒸汽发生器排污液体监测仪。在某种意义上，一回路工艺间的区域放射性监测也是它的一部分。

5.3.1.1　安全壳内气溶胶总 β 放射性测量

安全壳内空气中的放射性气溶胶主要来源于一回路压力边界冷却剂的泄漏及其气化，由冷却剂中的裂变产物和活化腐蚀产物组成。

气溶胶总 β 放射性测量系统方框图如图 5-7 所示。气体取样泵抽取安全壳内的空气，取样气体流经多孔纤维滤芯，放射性气溶胶滞留在多孔纤维滤芯内。塑料闪烁探测器对着滤芯且放置在铅室内，探测器输出的脉冲计数率与滤芯上的 β 放射性活度成正比。

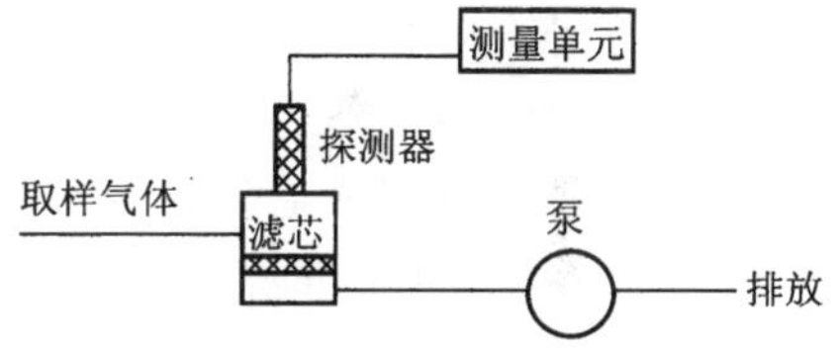

图 5-7　β 放射性测量系统方框图

气溶胶浓度计算公式如下：

$$C = \frac{N - n_b}{6.0 \times 10^1 Q\eta k\varepsilon t} \tag{5-19}$$

式中，C——空气中气溶胶浓度，Bq/L；

N——信号计数率，1/s；

n_b——本底计数率，1/s；

Q——取样气体流量，L/min；

η——过滤效率；

ε——探测效率；

k——自吸收因子；

t——测量时间间隔，min。

所测量的气溶胶中包含了氡气子体各代核素气溶胶，因此，要对氡气子体干扰进行修正。

5.3.1.2 安全壳内气载碘放射性测量

碘有多种化学形态，元素碘(I_2)、有机碘(CH_3I)和各种碘酸(HI、HIO_3、HIO)。碘的同位素有20余种，主要碘同位素及其辐射特性列于表5-1。

表5-1 裂变碘同位素的辐射特性

同位素	半衰期	累积产额/%	主要γ射线能量/MeV(强度/%)
^{131}I	8.03 d	3.501	0.285(6.04),0.364(81.8),0.637(7.24)
^{132}I	2.29 h	4.805	0.523(15.79),0.630(13.7),0.668(98.7)
^{133}I	20.8 h	6.624	0.53(87)
^{134}I	52 min	6.895	0.61(10),0.85(95),0.89(65)
^{135}I	6.8 h	5.794	1.14(22.6),1.28(28.7),1.678(9.6)

气载碘放射性测量系统方框图与气溶胶总β放射性测量系统方框图基本相同，只不过滤芯换为活性炭，测量的对象为^{131}I的γ射线。测点处^{131}I的放射性浓度为：

$$C=\frac{\Delta N}{Q\eta\varepsilon e^{-\lambda t_1}e^{-\lambda t_2}(1-e^{-\lambda t_3})t_3} \tag{5-20}$$

式中，C——测点处^{131}I的放射性浓度，Bq/L；

ΔN——测量时间间隔t_3内相邻两次测量的计数率的差值，s^{-1}；

Q——取样气体流量，L/min；

η——过滤效率；

ε——探测效率；

t_1、t_2——碘泄漏后汽化稀释时间、在取样管道内传输时间，min；

t_3——测量时间间隔，min。

5.3.1.3 安全壳内裂变气体放射性监测

表5-2给出了^{235}U核裂变产生的裂变气体的辐射特性。根据取样气体流速和惰性气体的半衰期选择要监测的惰性气体。采用连续检测惰性气体总β放射性的方法，β射线能量的测量范围为250 keV～3 MeV。

由流气式差分电离室探测惰性气体的β放射性。惰性气体β放射性测量系统方框图如图5-8所示。

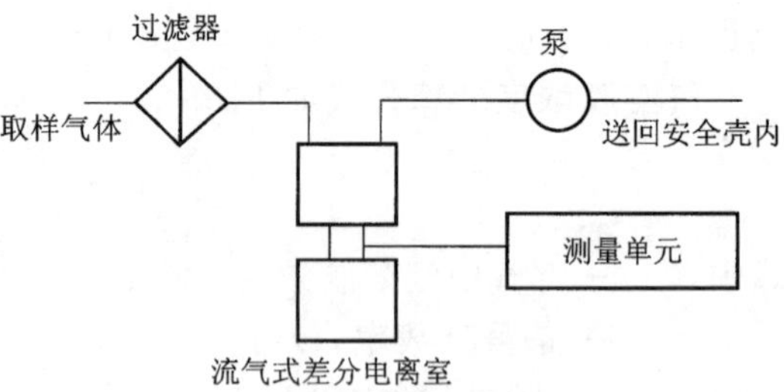

图5-8 惰性气体β放射性测量系统方框图

惰性气体放射性浓度用下式计算：

$$C=\frac{N-N_b}{t}K_0 \tag{5-21}$$

式中，C——惰性气体放射性浓度，Bq/m^3；

N——测量时间间隔内的脉冲数；

N_b——测量时间间隔内的本底脉冲数；

t——测量时间间隔，s；

K_0——刻度因子，$Bq \cdot m^{-3}/s^{-1}$。

如果要通过测量惰性气体的 γ 放射性测定惰性气体的放射性浓度，可采用 Marinelli 容器配以碘化钠探头进行测量。

表 5-2　裂变气体的辐射特性

核　素	半衰期	累积产额/%	β^- 射线能量/MeV(强度/%[1])	γ 射线能量/MeV(强度/%[1])
^{85}Kr	10.73 a	0.277	0.672(99.57)	0.514(0.43)
$^{85}Kr^m$	4.48 h	1.290	0.84(77.8)	0.305(13),0.15(78)
^{87}Kr	76 min	2.556	3.9(15),3.5(55),1.3(14)	0.405(84),0.85(16),2.545(35)
^{88}Kr	2.80 h	3.350	2.8(20),0.9(12),0.52(68)	0.191(35),0.85(23), 1.55(14),2.19(<18)
^{133}Xe	5.29 d	6.630	0.346(99.1)	0.081(36.6)
^{135}Xe	9.17 h	6.300	0.91(97)	0.25(91)
$^{135}Xe^m$	15.6 min	1.169	(IT,同质异能跃迁)	0.527(80)
^{138}Xe	14.08 min	5.490	2.4	0.26(100 %)[1],1.78(66 %)[1]

注：1)相对强度。

图 5-9 给出了同时测量放射性气溶胶、放射性碘和放射性气体浓度的方框图。

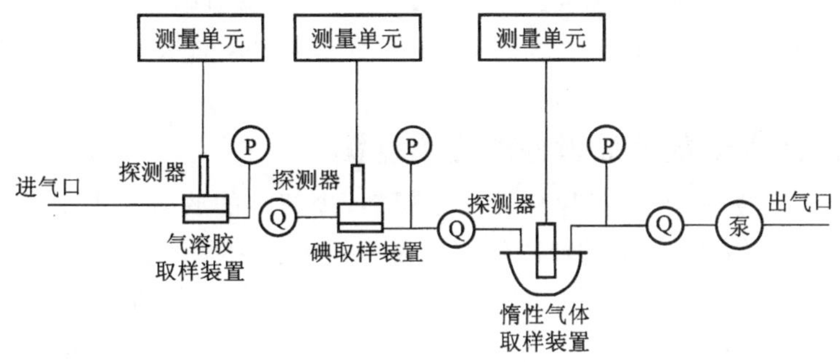

图 5-9　气溶胶、碘和惰性气体放射性测量系统方框图

5.3.1.4　蒸汽发生器泄漏监测

具有代表性的监测子系统是蒸汽发生器一次侧和二次侧之间泄漏监测子系统。一回路液体 ^{16}N 的放射性浓度很高，一旦蒸汽发生器一、二次侧之间发生泄漏，^{16}N 随着一回路液体进入二回路，从而使二次侧蒸汽中 ^{16}N 的放射性浓度增加。在二次侧蒸汽主管道上安放能探测 ^{16}N 放射性的探测器，根据电子学设备的指示值判断蒸汽发生器一、二次侧间的密封性。由于这是一个安全重要系统，一般装有三套相同的测量装置，根据三取二原则进行判断。

为了判断蒸汽发生器内哪个部位破损引起泄漏，还要设置一些参数，在数据处理过程中进行筛选、诊断，这需要一个较大的数据处理软件来完成。

也可以监测蒸汽发生器排污系统的排水中的γ放射性来判断蒸汽发生器一、二次侧之间是否发生泄漏，但这种监测方法的响应时间太长。

5.3.2 破损元件监测

对于压水堆核电厂，有关标准规定，堆芯有1%的燃料元件破损仍可运行，而大于这个比例，就要考虑停堆。因此，破损元件监测是一个重要的监测子系统。

通常采取数种方法监测堆内元件破损情况：裂变气体法；缓发中子法；一回路冷却剂γ放射性的连续监测；实验室一回路冷却剂样品γ能谱测量法；辐照后燃料元件的啜漏检测。

5.3.2.1 裂变气体法

裂变气体氪和氙的裂变产额较高。裂变气体的产生及向包壳内自由空间的迁移和聚集，是引起燃料棒变形和和包壳破损的因素之一。

燃料元件包壳破损后，燃料裂变产生的放射性惰性气体将进入冷却剂和覆盖气体，并随之流动。通常在容积控制罐工艺间的合适位置，或单独设计一个取样回路，放置γ探测器，测量冷却剂内或覆盖气体内活性的变化，可以判断堆芯有无元件破损。在没有元件破损的情况下，测量监测子系统的本底计数率，根据本底计数率确定报警水平。

5.3.2.2 缓发中子法

燃料元件包壳破损后，放射性惰性气体进入冷却剂的同时，也会有裂变碎片进入冷却剂，并随之流动。这些碎片中有裂变产物^{87}Br、^{131}I和^{88}Br等，它们都是缓发中子的先驱核，随冷却剂流动同时发生衰变，发射出缓发中子。测量这样的缓发中子，可判断堆芯内有无燃料元件破损。使用这种原理设计的监测子系统，从各个热段引出一条取样管，抽取冷却剂至一定容积的测量室，测量室放有中子探测器，抽取的冷却剂样品最后送入化学和容积控制系统。

5.3.2.3 一回路冷却剂γ放射性的连续监测

燃料元件包壳破损后，裂变碎片会进入冷却剂，冷却剂的放射性水平会升高。因此，用γ能量甄别方法连续监测冷却剂的放射性水平是确定元件包壳破损的常用方法。

一回路冷却剂γ放射性的连续监测的测点选择原则是既要排除^{16}N和环境辐射的干扰，又不使被测量的核素浓度显著减少，一般选择冷却环路冷端的下泄管的某点。由于管壁厚度的原因选择的γ射线的能量大于1.5 MeV。被测核素的半衰期不能太长，以便它在反应堆运行后能很快达到平衡。选择的核素及其辐射特性列于表5-3。

表5-3 能量大于1.5 MeV裂变产物及其γ辐射特性

核 素	半衰期	γ射线能量/MeV(强度/%)
^{87}Kr	76 min	2.545(35)
^{88}Kr	2.80 h	2.4(35)
^{135}I	6.8 h	1.720(19)
^{138}Xe	14.08 min	1.78(60),2.02(58)
^{138}Cs	32 min	2.21(18),2.63(9)

测量时使用碘化钠探测器。为了降低本底不但探头前设置准直器，而且将它置于铅屏

蔽内。

5.3.2.4　实验室一回路冷却剂样品γ能谱测量法

有的压水堆上不采取这种连续监测方式，而是采取定期对冷却剂取样，在实验室用高纯锗γ谱仪分析样品中放射性核素的成分和放射性浓度，判断堆芯内有无元件破损。

样品应能代表一回路冷却剂的即时放射性水平。采样频率依反应堆的运行情况而定，长时间稳定运行时，1周一次；发现异常时，1周两次甚至1天一次；功率突然改变时，1小时一次。测量前，样品要放置一段时间，使短寿命放射性核素充分衰减。测量时间间隔要适当，依据被测核素的半衰期，使得测量的脉冲计数满足统计误差的要求。

样品中第i种核素的放射性浓度C_i为：

$$C_i = \frac{K_i N_i}{Y_i \varepsilon_i V t} \tag{5-22}$$

式中，K_i——衰变修正因子；

N_i——第i种核素特征γ射线峰内的净计数；

Y_i——第i种核素特征γ射线的产额；

ε_i——第i种核素特征γ射线的探测效率；

V——样品的体积；

t——测量时间。

式(5-19)～式(5-22)仅适用于单一放射性核素的情况。

5.3.2.5　辐照后燃料元件的啜漏检测

在换料期间或长期存放前，要逐根确定燃料元件的包壳有无破损。

(1) 在线啜漏检测

当燃料组件由堆芯向上提升进入可伸缩套筒时，外压降低，有助于裂变气体从燃料元件棒中逸出。燃料组件升至最高位置时，将压缩空气注入套筒内向上流动，如有包壳破损，向上流动的空气将逸出的裂变气体夹带至套筒的上部小室。将小室内的气体送到探测(Marinelli)容器进行测量。

(2) 离线啜漏检测

啜漏套筒位于乏燃料保存水池旁。燃料组件置于套筒内，套筒内可以充水，也可以充气。充水时对水加热使组件的温度升高，裂变气体自组件内逸出到水中，取水样到实验室测量。充气时，组件本身的余热使组件的温度升高，裂变气体自组件内逸出到气中，用管道取气样送至探测(Marinelli)容器进行测量。

以上方法仅适用于判断堆芯内有无元件破损，如想确定破损元件的具体位置，则必须采取另外的方法。

5.3.3　控制室进风空气监测

控制室有专门的进风系统和取风口，如果反应堆厂房周围的空气被污染，那么送入控制室的空气也是污染的，这会危及工作人员的健康。所以有必要对取风口的空气放射性水平进行连续监测。通常可采用探测器测量空气中的放射性水平，也可使用PIG监测仪。监测仪的输出信号送入控制室，一旦反应堆厂房周围空气被污染，控制室将出现报警信号。如果控制室专用进风系统设有带过滤器的支路，报警信号出现的同时，将进风管路切换到过滤器支路上。如果没有过滤器的支路，则将进风口关闭，同时，为了保证控制室为正压，将由汽轮机厂房引来补充空气。

5.3.4 其他辐射工艺监测

需要监测密封性和放射性水平的系统还有通风系统监测等。监测原理和设备与上述监测子系统大同小异，不再一一叙述。

5.4 放射性流出物监测

世界有关国家的辐射防护和环境保护规程中，对放射性流出物监测均提出了明确的规定，IAEA 于 1978 年专门出版了《由核设施释放到环境中的气载和液体放射性物质的监测》(安全丛书 NO. 46)。放射性流出物监测已成为一个独立的监测方面，它是环境监测与现场监测的结合部。

流出物是放射性流出物的简称，系指排入环境的放射性气溶胶、放射性气体或液体放射性物质。液态放射性流出物必须实施槽式排放。

5.4.1 放射性流出物监测的目的和方案

5.4.1.1 放射性流出物监测的目的

对放射性流出物监测有如下几个目的：

(1) 检验核电厂的放射性流出物的排放是否符合国家标准、管理限值和运行限值。

(2) 判断核电厂运行和放射性流出物处理和控制系统的工作状态是否正常。

(3) 迅速探测和确定任何非计划排放的性质和严重程度，必要时能触发警告和应急系统。

(4) 为环境评价提供源项，为评价对公众的危害提供信息，并据此确定应采取的防护措施或特殊环境调查。

5.4.1.2 放射性流出物的监测方案

放射性流出物监测的一般原则有如下几个方面：

(1) 在最终排放点进行常规监测。

(2) 放射性流出物监测必须独立于工艺监测，能够提供上述监测目的的所有信息。

(3) 根据放射性流出物中放射性核素的成分和可能的大小，确定取样和测量类型及测量范围。

(4) 选择的监测点使得出的监测结果能反映真实排放情况。

(5) 除惰性气体外，仅测量总(α 和 β、γ)放射性不能满足要求，除非核素组成保持不变及排放的放射性量极小。

(6) 对^{3}H、^{14}C 等低能 β 放射性核素及^{55}Fe 等低能 γ 放射性核素的监测问题，要做专门考虑。

(7) 确定合适的取样和测量频率。

连续测量的主要目的是为了及时发现事故，以便迅速报警和采取相应措施。因此，连续测量，要求连续测量设备的可靠性好，而允许测量结果的不确定度较大。连续测量设备一般不能用于准确分析放射性流出物中放射性的含量，排放量通常采用连续采样、实验室分析予以确定。高纯锗 γ 谱仪可用于监测惰性气体的浓度和分析放射性核素成分，但投资较大。

总放射性（β、γ 和 α）活度的测量只能用于筛选和控制。用于评价的数据必须是对某一核素而言的，仅有总活度是不够的，还必须定期分析核素，如 ^{131}I、^{3}H 和 ^{14}C 的化学状态和物理组成。

5.4.2 气载放射性流出物监测

在气载放射性流出物的监测方案中，还应注意如下几点：

（1）分析排风流程图，选择有代表性的监测点，合理设计取样器和取样系统，既考虑取样代表性要求，也考虑方便程度。要注意流程图上提供的流量、压差、温度、湿度和风管尺寸等信息。

（2）考虑放射性物质的放射特性及其随时间变化，以确定最佳取样和测量方法。

（3）如有非计划排放的可能，监测方案中应包括有关气象参数的测量。

核电厂典型的监测系统包括惰性气体的连续测量和 ^{131}I 及微尘的连续取样、监测。正常情况下，只测量总放射性和管理部门指定的核素，然后需要定期详细分析放射性核素组成。对特殊核素（^{3}H，^{14}C）需要附加的监测。用于正常工况下连续监测惰性气体的仪表须适合于事故工况，因此要有足够宽的量程，例如，三哩岛事故说明，量程应为 3.7×10^{-2} ～ 3.7×10^{15} Bq/m^{3}。

5.4.3 液态放射性流出物监测

液态放射性流出物的排放为槽式排放。为了制订监测计划，首先应分析液态放射性流出物流程图，以便在罐和排放管线中确定相应的监测点。流程图应提供为制订监测方案所必需的信息，包括废水池和罐的体积、放射性流出物的物理化学特性，以及数量和排放率。核电厂产生的各种液态放射性流出物，按照其放射性和化学特性，分别收集在不同的罐或池中，然后排入环境。必要时，排入环境前进行处理。排入环境的方式一般是间歇式的。每一罐（池）废液的排放均在适当的控制下进行，以确保不超过排放限值。每一罐（池）排放前，抽取代表性样品测量其放射性核素成分和相应浓度。为防止误排放，对排放率进行连续监测，并带有能够自动终止排放的设施。液体混合放射性流出物的化学特性可能变化，悬浮物的存在可能引起浓缩和沉积效应，所以应确保取样体的均匀性，以获得有代表性的样品。

在大量放射性液态放射性流出物排入受纳水体的情况下，最终监测点设置在所有可能释放途径的下游。在这些点上进行正比于排放体积的连续抽样，分析样品的放射性核素成分。

少量的放射性物质可能偶然排入工业废水以外的其他废水管道，如生活下水或雨水管道。对这些管道通常不必进行连续取样。

对于液体放射性流出物，国际原子能机构提出的一般性要求是在分批排放前要取样测量，符合标准时才允许排放，然后将此样品制成一周的、一月的或季节的合成样品进行核素分析。除此之外，在排放管道或混合井处还应设置连续监测仪表，以及时发现异常、发出报警,以便采取必要的措施。

5.4.4 放射性流出物监测的取样和测量

监测技术能以两种方式工作:测量设备能向设施的操作者直接发出信号,使之必要时能够迅速采取相应行动;取样后进行就地或实验室测量。两种测量技术可以相互补充。取样方法应能获得代表性样品,测量方法必须具有足够的可靠性、精确性和结果的可比性。

5.4.4.1 取样方法

(1) 气载放射性流出物

1) 气溶胶 在管道中放射性流出物已很好地混合并无涡流的地点抽取样品。管道中取样点位置的选择原则与烟囱相同,详情可参阅 5.4.5 节。

在设计取样系统时,尽可能地减少微尘在取样管道上的沉积。取样过滤器和采样口之间的取样管长度尽可能短,弯头尽可能少;选择静电效应小的管道材料,如不锈钢;控制管道温度阻止气体凝结。

取样泵应能承受正常运行情况下引起的压力变化,在取样末尾空气流量的减小不应大于 20%,或取样空气总体积的误差不大于 10%。取样系统中安装直接读数的流量计及流量报警设备。尽量减小取样系统的泄漏,特别是不通过取样过滤器的侧漏。

取样方法包括:过滤、静电收集、重力沉降、离心式、向心式和旋风取样。经常采用的是过滤法,过滤介质多用各种(多孔)纤维。

2) 碘 对于放射性碘,除前述一般要求外,应注意碘的放射性同位素在气流中以不同的物理和化学形式存在,具有不同的通过过滤介质的能力。不同的过滤介质层可收集不同状态的放射性碘。被采集的空气温度的变化、有机蒸气和水蒸气的存在均影响收集效率。效率随取样时间的增加而降低。

用活性炭滤纸或活性炭盒或各种浸渍活性炭,都能有效的从气流中把元素碘收集,只要不超过活性炭对碘的吸附容量,元素碘几乎全部被吸附在活性炭中。

用活性炭吸附有机碘效率很低,目前只能改善现有取样材料的性能,提高有机碘吸附效率。向活性炭等取样材料中增加某些化学物质,使有机碘与之反应生成不易挥发的新物质,吸附在新取样材料上。另一种方法是加热待取样的气流,使气流的相对湿度降低,以提高取样效率。

3) 惰性气体 核电厂中一般采取连续取样的方法对惰性气体取样并进行连续测量。设置一个取样系统,将空气抽入一定体积的容器中,探测器插入该容器进行测量;或是将待测空气连续送入流气式电离室进行测量。

气溶胶、碘和惰性气体放射性测量系统方框图已在图 5-9 给出。

4) 氚 空气中的氚通常以气体(HT)和氚化水蒸气(HTO)两种形态存在。还可能有少部分氚以有机化合物的形式存在。氚气不容易被捕集,为了收集氚气,多采用催化氧化方法将氚气转化为 HTO,以便从气体中分离出去。

用于捕集 HTO 的方法:用冷阱收集氧化氚蒸汽;用鼓泡系统通过同位素交换,将空气中的氧化氚滞留在水中。

5) ^{14}C ^{14}C有多种气态化合物存在形式,如 CO_2、CO、CH_4或其他碳氢化合物,通常是

催化氧化为 CO_2 后，用一定摩尔浓度的 NaOH 溶液捕集，然后在实验室测量。^{14}C 取样器与氚取样器有许多相似之处。

(2) 液体放射性流出物

大多数情况下，代表性样品可以从罐或池中采集。取样前，对废物罐或池中废液用泵进行循环或用压缩空气进行鼓泡。样品中应包括成比例的悬浮(不可溶)物质。连续取样时，取样量应与流量成正比。如果流量率和浓度变化不大，可采用定期取样的方法。

5.4.4.2　测量技术

放射性流出物测量分为就地测量和实验室测量。就地测量的目的是及时提供放射性流出物中放射性核素浓度的信息，测量值超过预定限值时触发报警系统。就地测量可分为总放射性活度测量、特定核素测量和核素分析。实验室测量是获得放射性流出物中单个放射性核素全分析的唯一方法，实验室测量的精度较高，最小可探测限较低。

市场上有出售成套的气溶胶、碘和放射性气体的监测仪表，称为 PIG 监测仪，一套取样系统，可同时测量气溶胶、碘和惰性气体的放射性浓度。

氚是纯 β 发射体，β 射线的最大能量仅 18.6 keV。用液体闪烁计数器探测液相中的氚已成为最方便和最常用的方法，将滞留在水中的氧化氚分散在液体闪烁体中，探测闪烁体发出的光并予以计数。市场上已有液体闪烁计数器出售。

^{14}C 也是纯 β 发射体，β 射线的最大能量为 155 keV。CO、CH_4 和其他碳氢化合物首先在催化炉中燃烧，使其转化为 CO_2，然后使其在碱性溶液中收集。将收集液溶解在液体闪烁体中，测量 β 射线的计数。

5.4.5　烟囱排气放射性监测

对烟囱排气放射性监测，一般由图 5-10 所示的几部分组成。取样嘴的结构、取样嘴在烟囱中的几何位置和抽气泵的速率等是保证能否取到烟囱中有代表性样品的关键。管道的材料、管道的长度和管道中弯头多少决定了样品的输送效率。样品收集方法要保证所取核素成分和浓度与取样管道中气体一样。

抽取、传输和收集取样粒子的效率对承载污染的粒子的粒度(AD)是灵敏的。对于大多数应用：在设计和估价取样系统时，对于正常和非正常工况，取 10 μm 的 AD 粒度是合适的。从而，系统设计应该基于假设的 10 μm 的 AD 粒度，除非有证据证明，气溶胶质量或活度的粒度中足够的份额与较大的粒度有关。

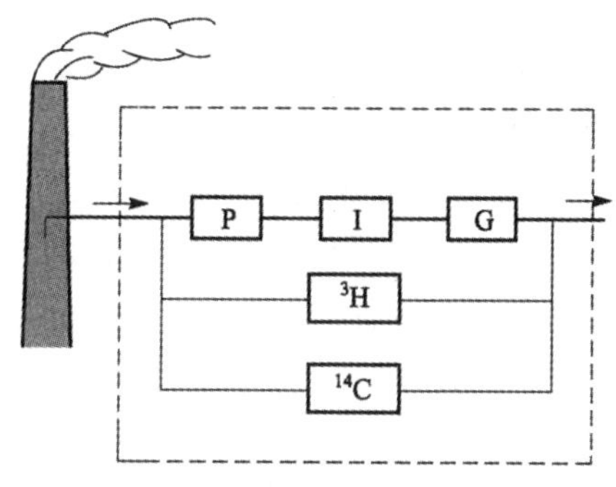

图 5-10　烟囱取样系统原理图

在烟囱或管道中确定能够获得代表性样品的位置，即取样嘴的位置，包括如下考虑：放射性污染特征、与设备放置和支撑有关的因素和工作人员的健康与安全。一般，样品抽取位置介于风机释放平面和烟囱出口平面之间，但应注意抽取位置不能太靠近烟囱出口平面，否则，风效应会明显地影响取样位置处的速度分布。此时，取样位置应该在某一区域内，在该区域，流体动量和污染物质量同时混合均匀且稳定，在接近上容易和安全，取样维修和服务活动不会出现麻烦，能够调整用于分析或收集的设备而不影响样品质量。在样品抽取位置，事故后的高辐射场对于工作人员安全会出现问题。在某些情况下，高环境温度也可能是一个问题。不论任何情况可设置比正常需要较长的传输管线，以便将样品收集和探测设备调整至有屏蔽和空调的位置，然而取样管线应是到达此处的最小长度。只要能证明空气速度、惰性气体浓度和气溶胶浓度在烟囱某高度处已经良好混合，那么可在良好混合处使用单点取样方式代替（多点）等速取样方式。

烟囱排出流中的总放射性活度，与总的排出气体体积相关。因此，在烟囱中适当横截面处测量气体流量，烟囱气体中总的放射性活度为：

$$A = v(t_1 - t_0)\left[C_0 + \frac{\Delta C}{2}(t_1 - t_0)\right] \tag{5-23}$$

式中，A——烟囱气体中总的放射性活度，Bq；

v——排气速率，m^3/s；

t_0——单次排气的起始时间，s；

t_1——单次排气的停止时间，s；

C——排气的起始时气体中的放射性浓度，Bq/m^3；

ΔC——在测量时间内单位时间的放射性浓度增量，$Bq/(m^3 \cdot s^{-1})$。

5.4.6 凝汽器抽气排气放射性监测

凝汽器抽气排气为低架排放。监测的目的是连续测量放射性浓度：

$$C = A/V \tag{5-24}$$

式中，A——总的放射性活度，Bq；

V——排气的总体积，m^3；

C——气体中的放射性浓度，Bq/m^3。

凝汽器抽气排气具有较高的湿度，因此，在取样系统前要设置除湿设施。

5.4.7 贮槽废液排放放射性监测

反应堆厂房内的废液排放采取“槽式排放”的方式，使用贮槽分类收集产生的各种废水。在废液排放到环境的过程中，采用固定式连续监测的方法，当放射性浓度超过限值时，辐射监测系统发出报警信号并关闭排放阀（二级报警）。

其他过程中的放射性监测，通常采用取样后在实验室进行测量，这样能够得到更为准确的结果，利于计算每年的总排放活度。贮槽内废液采样时，要保证所采样品具有代表性；废液应充分搅拌，保证所采样品的均匀性。开始采集的一定体积的样品不能使用，应返回废液排放系统。

废液排放至受体水中，受体水将对排放液稀释，稀释能力决定排放量。因此，监测排放口稀释后的放射性浓度，可以决定浓度已定的废液排放量。由于废液排放的间断性和每次排放的总活度有差异，所以排放口的采样采用连续方式。对连续采集的样品均匀混合后测量平均浓度，用平均浓度估算对环境的影响。

从排放管道取样，采用连续监测的方法，可以限制超过排放限值的排放。图 5-11 为废液排放中样品采集的示意图。使用泵将样品送至测量室，水样品从测量室底部进入测量室，由其上部流出，以保证样品水的准确体积。同时使用阀门调节流量和使用流量计测量流量。

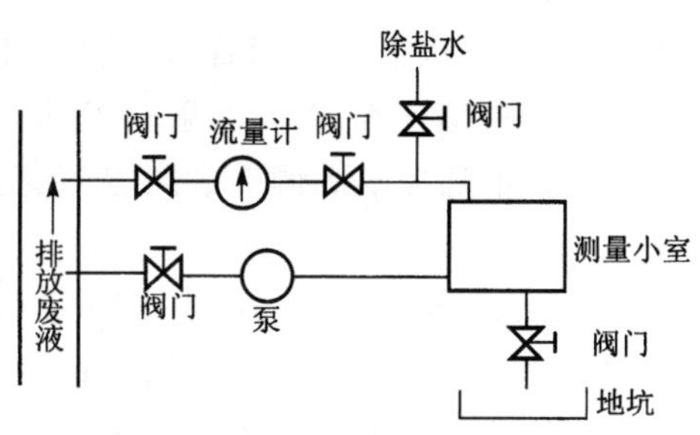

图5-11 废液排放中取样示意图

为防止贮槽中废液的放射性活度异常变化而造成超限值排放，还可以在贮槽中或其附近采取就地连续监测的方式，监测排放废液的放射性活度。当放射性浓度超过限值时，系统可发出报警信号并关闭排放阀。一般将探测器直接插入贮槽的废液中，或将探测器置于废液表面上方，或贮槽的侧面。监测系统要经过刻度、校准。

5.5 环境监测

环境监测是保护环境的重要一环，它既是评价核电厂运行对环境影响的依据，又可及时发现事故及隐患。环境监测包括运行前本底（现状）调查、正常运行监测和事故应急监测。内容包括大气放射性监测、陆地放射性监测和海洋放射性监测。监测的介质为空气、水、土壤、沉积物、陆生及水生生物。

5.5.1 环境监测目的和方案

5.5.1.1 环境监测的目的

核电厂正常运行情况下，环境监测的主要目的如下：

(1) 检验环境介质是否符合环境标准和其他运行限值。

(2) 评价流出物控制排放效果，持续改进流出物排放方式。

(3) 估算环境中辐射和放射性物质对公众真实的照射和可能产生的照射，验证环境评价模式。

(4) 评估运行引起的环境变化的长期趋势。

事故应急情况下，监测的主要目的为：

(1) 及时收集有关对公众可能产生的危害的区域和信息，并提供辐射防护行动建议，供决策机关确定必要对策或应急措施的类型和规模。

(2) 通过数学模型，估算内照射和外照射危害；监测食物污染程度，为制定应急对策提供依据。

(3) 评价采取对策后公众所受剂量。

(4) 向公众提供有关环境辐射水平状况信息。

5.5.1.2 环境监测方案

环境监测可分为运行前本底（现状）调查、正常运行监测和事故应急监测。

(1) 运行前环境放射性本底（现状）调查

运行前环境放射性本底（现状）调查主要是为了获得核电厂运行前周围环境中有害物质

(包括天然本底、核爆炸沉降物和附近其他企业排出的有害物质)的本底水平以及它的变化规律,为评价核电厂运行后对周围环境的影响提供本底资料。特别是针对环境影响评价报告中关于关键核素、关键照射途径和关键人群组的分析进行监测,以获得相关的零点资料。

运行前环境本底调查的内容,除要调查与本企业设计有关的资料外,对企业周围的自然环境(如地形、地貌、水源、水文、水质、气象、生物等)及其利用情况(如灌溉、养殖、放牧、耕种等)以及社会情况(如公众分布、饮食习惯和废物排放情况)等要做详细调查。有时为了获得有关废气、废水在环境中弥散、转移的资料,还需要做关于大气弥散和水体弥散实验。

环境本底调查的对象主要是环境空气、水、陆地和水生生物、土壤、水体性质、沉降物和食品等。调查的有害物质包括各种放射性核素、辐射场与本企业有关的非放射性物质。在环境本底调查中,所用的监测方法和仪器设备应具有足够低的探测限,以保证能够较精确地测量出环境中有害物质的本底水平。

环境本底调查的时间至少持续 2 年,所采的样品应予以保留至核电厂退役。本底资料是评价运行监测结果的重要依据。

(2) 正常运行监测

正常运行监测的目的:① 主要了解核电厂运行中对周围环境的污染程度、污染规律和污染趋向;② 估算公众中个人所受有效剂量和集体有效剂量,评价由于污染可能带来的危害和深远影响;③ 检验废物治理效果,并为改进废物治理措施提供科学依据。

正常运行监测方案的设计包括:监测范围、监测点的布置和数量、采样频度、样品种类、分析方法、分析测量的核素,以及质量保证等项目。

核电厂的环境监测方案及测量方法与堆型、当地农作物生产和饮食习惯相关。日本原子能委员会“关于核电厂环境监测方针”中提出的监测方案如表 5-4 所示。

环境监测中,实验室所用的放射性分析仪器有:流气式低本底 α、β 测量仪、高纯锗 γ 谱仪、低本底液体闪烁谱仪;低本底 NaIγ 谱仪、γ 剂量率仪和热释光剂量仪等。

表 5-4 核电厂环境监测方案

类型	监测对象	测量频次	测量方式	备注
环境放射性	剂量率	连续	Na(Tl),电离室	
	累积剂量	每季	TLD	
陆地样品	大气飘尘	必要时进行	核素分析	
	饮用水	每季	核素分析	
	牛奶	必要时进行	^{131}I 分析	
	土壤	半年	核素分析	
	农产品 叶菜 根菜 粮食	收获期	核素分析	
	指示生物	每季	核素分析	杂草、松叶

(3) 事故应急监测

事故应急监测将在 5.6 节介绍。

5.5.2　环境监测方法

环境监测方法可分为就地监测和实验室监测。就地监测不改变待测样品在环境中的状态，实验室监测则是取样到实验室进行分析和测量。就地监测用于测定辐射场的特性，判断放射性核素并确定其浓度，具有快速获得结果的优点。大多数情况下，实验室监测仍是环境监测的主要方法，它能更精确地分析放射性核素浓度。实际工作中，两种方法经常配合使用。

5.5.2.1　就地监测

就地监测按测量射线的种类可分为 γ、β、α 以及中子的监测，以 γ 为主。γ 射线监测又分为 γ 剂量监测和 γ 放射性浓度监测。γ 剂量监测主要使用 γ 照射量率仪，它以盖革一弥勒计数器、闪烁计数器、电离室和硅半导体探测器为探头。

就地谱仪也是就地监测的主要仪器，它既可用于照射量率的测量，也可用于环境介质中放射性浓度的测量。

5.5.2.2　实验室测量

实验室监测方法包括样品的收集和制备及物理测量。样品的收集和制备包括：气溶胶或气态样品的取样、水的取样、沉积物取样、食物和陆地生物取样、水生物取样和沉降取样。

物理测量包括 α 放射性测量、β 放射性测量和发射 γ 及 X 射线的核素的测量。测量中要注意相同的误差来源和最小可探测放射性量。

5.5.3　环境监测质量保证

为使环境辐射的测量结果达到一定的精确度，反映环境的实际辐射水平，必须要有严格的质量保证。质量保证应该贯穿到环境监测的全过程，包括样品采集、运输、储存、处理、分离、纯化、测量、数据处理与结果解释等。这里简单介绍与实验室测量有关的质量控制措施：

(1) 新安装或经维修过的测量装置，使用前必须进行性能调试、检定和校准。

(2) 对常规使用的测量装置的主要性能，应定期检验。

(3) 检定、校准所采用的标准源、标准仪器，应根据国家检定的准确等级正确使用。

(4) 测量装置的性能检验结果，应该在质量控制记录上记载下来，并画在质量控制图上。当发现检验值落在与 3 倍标准偏差相应的控制限以外、或连续 2 次落在与 2 倍标准偏差相应的控制限以外时，应查对原因，重新进行校准。

(5) 为了发现本实验室分析测量中产生的系统不确定度，必须参加国家或本系统主管部门组织的实验室间的分析测量比对。

(6) 测量条件和质量控制情况（如采用的标准源、测量仪器性能刻度、标准、检验、维修情况。参考源的制备情况等）都应详细、准确记录，并妥善保存。

(7) 从事测量的工作人员，对测量装置、测量方法应有相应的知识和技术水平，并应定期进行培训和考核。

5.5.4 环境质量评价

环境质量评价是环境保护工作的一个重要内容,同时又是环境管理工作的一个重要手段。环境质量评价是评价环境质量优劣的一种定量描述。其目的在于掌握环境质量变化的规律,和认识各种环境因素在人因环境中所占的地位和作用,从而为保护环境提供依据。

核电厂排放到环境中的放射性物质,对公众的照射途径是多种多样的。如图 5-12 及图 5-13 所示。在这些途径中,必然有一个或两个途径对人体的照射比其他途径更重要,这样的照射途径叫做"关键照射途径";核企业排放到环境中的核素,也必然会有一种或两种核素通过关键照射途径对人体的危害,比其他核素更重要,这些核素就叫做"关键核素";关键核素通过关键照射途径对公众产生的剂量也是不相同的,其中必有一组公众,由于他们的职业、生活习惯,居住位置、年龄等原因使他们所接受照射高于其他的公众组,这组公众就叫做"关键人群组"。因此,为了获得可靠资料,便于进行评价,在制订鉴别方案时必须考虑关键照射途径、关键核素和关键人群组。

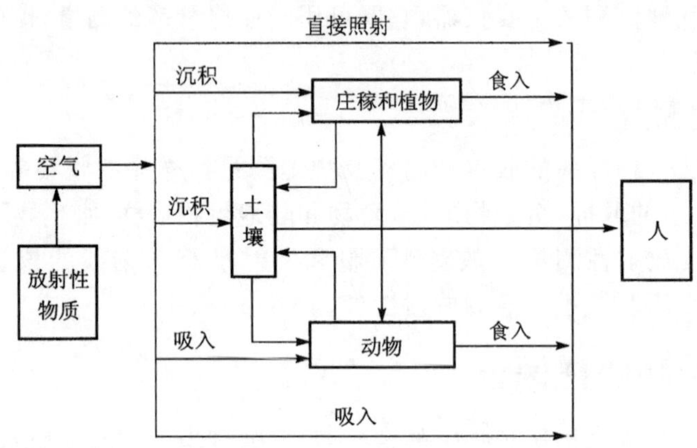

图 5-12 排放到大气中的放射性物质对人体的照射途径

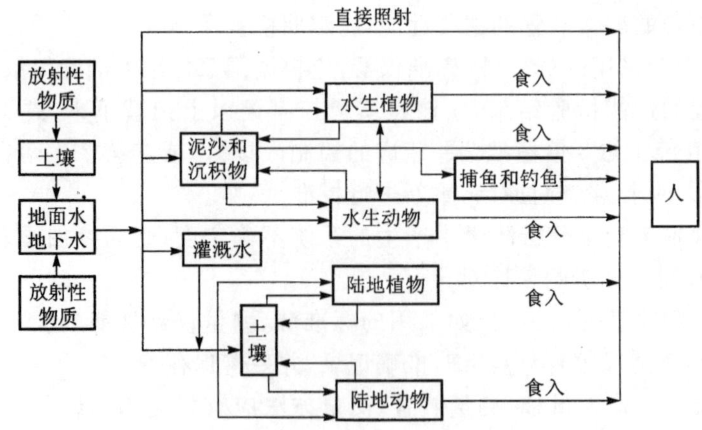

图 5-13 排放到水体中的放射性物质对人体的照射途径

评价放射性核素排入环境后对环境质量的影响，其主要内容一方面是估算“关键人群组”中个人平均受到的有效剂量负担。另外，还需估算整个受照人群的集体有效剂量负担，并与相应的剂量限值比较，这就需要估算把放射性核素进入环境后使人体受照的各种途径，用一些有合理假设构成的模式近似表征出来。整个平均模式要能表征出待排放的放射性核素的理化性质和状态，载带介质的输送与弥散能力，照射途径和食物链的特征以及人体对放射性物质的摄入和代谢特征。

5.6　事故应急监测

事故情况下的应急监测，其目的是为了及时发现有害物质的事故排放量；迅速获得有关环境污染范围和严重程度的资料，以便采取应急措施，减少事故危害，估算公众接受的剂量，评价事故对环境和公众的危害；获取放射性流出物在环境中消散、转移的科学资料。

应急监测主要包括建立环境污染事故监测报警系统；追踪排出的有害物质；事故早期、中期和晚期监测；污染趋向监测和事故危害评价等。对于应急监测，一定要事先有计划、有组织、有准备，应该设想到核电厂各种可能发生污染事故的类型、规模、排出有害物质的成分、数量、影响范围和程度等。应急监测的设备应尽可能简单、可靠、携带方便，并经常维护使之保持在正常的工作状态。应急监测的技术和方法与常规监测有很多方面是相同的，但是要求快速，因此在测量技术和方法上，某些方面与常规监测也还有些不同。

应急环境监测可分为两部分：一部分是在厂房内外进行的监测，包括厂房内和厂区内的放射性流出物的监测。这部分监测的很多仪表多和常规监测共用，但对仪表提出一些更高的要求，如量程要足够宽、耐高温、耐高压和高湿。另一部分则是由应急指挥中心组织的应急监测队进行的监测，主要是用可携式仪表和车载实验室快速对环境的辐射水平和公众受到的照射进行监测，主要监测内容包括：烟羽测量；地面放射性沉积测量；环境中剂量测量；表面污染测量；空气污染测量；土壤、沉积物、水及其他生物样品的采集和测量。

应急监测队应配备如下仪表：

(1) γ 辐射监测仪(双量程)。

(2) α/β 表面污染仪。

(3) 空气取样设备。

(4) 便携式 γ 谱仪。

(5) 卫星定位系统。

(6) 数据自动传输系统。

复习题

1. 试述在一定的能量范围内，G-M 计数器测量空气的吸收剂量或照射量的基本原理。
2. 试述热释光剂量计测量剂量的基本原理。
3. 在 γ 辐射场中，某点处放置一个圆柱形电离室，其直径为 0.03 m，长为

0.1 m。在 γ 射线照射下产生 10^{-6} C 的电离电荷。试求在该考察点处的照射量和同一点处空气的吸收剂量。

4. 简述区域监测的主要内容。
5. 工作场所表面污染监测的主要目的是什么?
6. 个人外照射监测的主要目的是什么?
7. 简述个人剂量监测的主要内容。
8. 何为在线监测和离线监测?
9. 蒸汽发生器泄漏监测的手段是什么?
10. 放射性流出物监测的目的是什么?
11. 放射性流出物监测的主要内容是什么?
12. 试述放射性气体监测的主要对象和方法。
13. 核电厂正常运行情况下,环境监测的主要目的是什么?
14. 环境监测可分为哪几部分?
15. 简述环境监测的主要内容。
16. 何为环境质量评价的三关键?
17. 应急监测的目的是什么?

第 6 章　放射性废物管理

6.1　概　述

核电厂的放射性物质向环境的排放，特别是事故情况下向环境的排放，造成环境的污染，是评价核电厂安全性的重要内容之一。

放射性废物处理系统用合适的方式收集、处理、贮存和包装废物，以避免对核电厂的发电能力或利用率造成有害影响。该系统还能把释放到环境和厂内的放射性物质减到最少，这些放射性物质能对公众或电厂人员的健康和安全造成过分的风险。

6.1.1　废物最小化

废物最小化系指废物的质量或体积和活度及合理可达到的最小。废物最小化是放射性废物管理的重要原则，它可以减轻废物处理和处置的费用，降低对人类和环境的风险，减轻后代的费用和责任。

实现废物最小化的方法包括优化管理、减少源项、再利用、再循环和减容处理。

(1) 优化管理

它是实现废物最小化的最重要措施，包括制定和执行法规和标准、建立质量保证和质量控制体系及分区管理制度、培训工作人员等。

(2) 减少源项

它是实现废物最小化的重要和有效做法，从源头抓起，防患于未然，减少放射性废物的产生。

(3) 再利用和再循环

它可减少废物量和节约资源。再利用和再循环必须作净化或去污。经过监测，须符合国家标准或相关管理要求，还须作代价—利益分析和技术上的可操作性。

6.1.2　废物的处理原则

首先，应该尽量减少废物的产生量和放射性浓度。这要求尽最大可能保证燃料包壳的完整性以及一回路系统的密封性。为了满足上述要求，采用锆合金燃料包壳，使用耐腐蚀的材料制造设备、管道、阀门等部件，采取防漏和检漏措施，在可能产生泄漏的部件处设置引漏管线，设置密封的安全壳等。

其次，对已经产生的废物必须严格地加以收集和控制，避免放射性扩散。为此，设置废物的各种收集系统，按废物的种类、性质和放射性水平予以分类。

最后，对已经收集的废物进行有效的处理。处理以后的废水、废气尽可能循环使用；对要排放、贮存的废物，尽量减少容量和体积。排放以前进行测量，使其符合国家规定的排放标准。

废物的管理是和核电厂的设计、制造和运行等密切地结合在一起的，各个阶段都要给予高度重视，注意 ALARA 原则的运用和运行中的可持续性改进。

6.1.3 处理设施的功能

废物处理设施的功能如下：首先将各种废物收集，然后加以贮存，使短半衰期核素衰变以降低放射性水平；使用不同的方法处理不同性质的废物，使其体积减少；对各种废物的放射性水平进行测量，能够重复使用的送入有关系统再次使用，不能重复使用的，予以排放，但排放的废物的活度一定要符合有关标准。图 6-1 是废物处理流程的原理图。

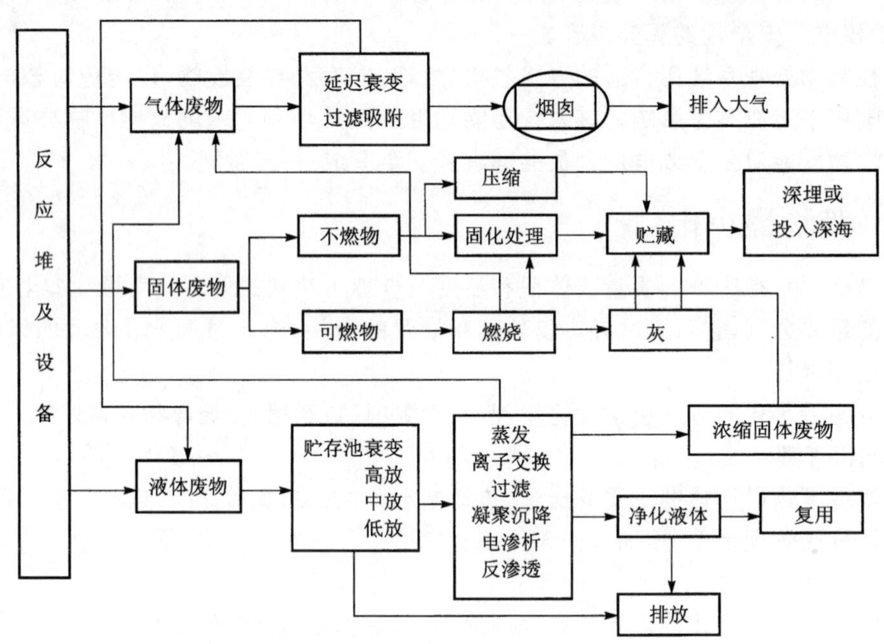

图 6-1 核电厂三废处理流程原理图

6.2 废物的分类及来源

6.2.1 放射性废物分类

按照废物的物理状态，可将放射性废物分为液态废物、气态（载）废物和固态废物。因此，处理设施可以分成液体放射性流出物处理系统、废气处理系统和固体废物处理系统。

液体放射性流出物被再利用或排入水体，废气排入大气，而固体废物则被装桶储存。

废物按其放射性活度水平分为豁免废物、低水平放射性废物、中水平放射性废物或高水平放射性废物。

放射性气载废物的放射性水平以活度浓度表示，其单位为 $Bq \cdot m^{-3}$。放射性液体废物的放射性水平也以活度浓度表示，但其单位为 $Bq \cdot L^{-1}$。放射性固态废物的放射性水平以比活度表示，其单位为 $Bq \cdot kg^{-1}$。

含放射性物质的废物，只要其放射性浓度、放射性比活度或污染水平不超过国家审管部门规定的清洁解控水平，称为豁免废物。清洁解控水平是由国家审管部门规定的以放射性浓度、放射性比活度和(或)总活度表示的一组限值。当辐射源等于或小于这些值时，可解除审管控制。豁免废物对公众成员照射所造成的年剂量值小于 0.01 mSv，对公众的集体剂量不超过 1 人·Sv·a^{-1}。

浓度小于或等于 4×10^6 Bq·m^{-3} 的放射性气载废物为低放废气(第Ⅰ级)；浓度大于 4×10^7 Bq·m^{-3} 的放射性气载废物为中放废气(第Ⅱ级)。

放射性液体废物分为三级：

第Ⅰ级(低放废液)：浓度小于或等于 4×10^6 Bq·L^{-1}。

第Ⅱ级(中放废液)：浓度大于 4×10^6 Bq·L^{-1}，小于或等于 4×10^{10} Bq·L^{-1}。

第Ⅲ级(高放废液)：浓度大于 4×10^{10} Bq·L^{-1}。

放射性固体废物首先按其所含核素半衰期长短和发射类型分为五种，然后按其放射性比活度水平分为不同的等级。

放射性固体废物中半衰期大于 30 a 的 α 发射体核素的放射性比活度在单个包装中大于 4×10^6 Bq·kg^{-1}的为 α 废物。除 α 废物外，其他废物分为四级。

含有半衰期小于或等于 60 d(包括^{125}I)的放射性核素的废物，分为二级：

第Ⅰ级(低放废物)：比活度小于或等于 4×10^6 Bq·kg^{-1}。

第Ⅱ级(中放废物)：比活度大于 4×10^6 Bq·kg^{-1}。

含有半衰期大于 60 d、小于或等于 5 a(包括^{60}Co)的放射性核素的废物，分为二级：

第Ⅰ级(低放废物)：比活度小于或等于 4×10^6 Bq·kg^{-1}。

第Ⅱ级(中放废物)：比活度大于 4×10^6 Bq·kg^{-1}。

含有半衰期大于 5 a、小于或等于 30 a(包括^{137}Cs)的放射性核素的废物，分为三级：

第Ⅰ级(低放废物)：比活度小于或等于 4×10^6 Bq·kg^{-1}。

第Ⅱ级(中放废物)：，比活度大于 4×10^6 Bq·kg^{-1}、小于或等于 4×10^{11} Bq·kg^{-1}，且释热率小于或等于 2 kW·m^{-3}。

第Ⅲ级(高放废物)：释热率大于 2 kW·m^{-3}，或比活度大于 4×10^{11} Bq·kg^{-1}。

含有半衰期大于 30 a 的放射性核素的废物(不包括 α 废物)，分为三级：

第Ⅰ级(低放废物)：比活度小于或等于 4×10^6 Bq·kg^{-1}。

第Ⅱ级(中放废物)：比活度大于 4×10^6 Bq·kg^{-1}、小于或等于 4×10^{10} Bq·kg^{-1}且释热率小于或等于 2 kW·m^{-3}。

第Ⅲ级(高放废物)：比活度大于 4×10^{10} Bq·kg^{-1}，或释热率大于 2 kW·m^{-3}。

6.2.2　放射性废物的来源

6.2.2.1　放射性来源

在核电厂反应堆运行过程中，核裂变产生的大量放射性物质，是核电厂放射性的主要来源。除此之外，中子的俘获反应也形成一定数量的超铀元素和结构材料的活化产物。这些过程使得反应堆堆芯成为一个巨大的放射源。表 6-1 列出了一座电功率 1 000 MW 压水堆核电厂平衡循环寿期末堆内放射性的累积量。

表 6-1 电功率 100 万千瓦压水堆核电厂堆芯中的平衡放射性

放射性同位素	堆芯中放射性的累积量/(3.7×10^16 Bq)
裂变产物:氚	约 0.03
氪的各种同位素	325
氙的各种同位素	5 030
碘的各种同位素	595
稀土元素	1 110
其他	1 880
裂变产物合计量	11 970
锕系元素	3 611
中子活化产物	12.9
总计	15 597

当燃料元件包壳完整时,裂变产物和超铀元素被密封在燃料元件包壳中,并不向外泄漏。但是当燃料元件破损时,一部分裂变产物就有可能进入冷却剂。此外,冷却剂中的杂质原子在经过反应堆堆芯时,也会受中子辐照而活化。表 6-2 列出了一座 1 000 MW 电功率的压水堆核电厂在燃料元件破损率为 1 %时,它的冷却剂中各种裂变产物和活化腐蚀产物的浓度。表 6-3 列出了一座压水堆核电厂的冷却剂系统排放到堆外废水中的放射性总量和成分(不包括氚和惰性气体)。进入冷却剂系统的放射性惰性气体每年大约有几个 10^{16} Bq,绝大部分是氪和氙等短寿命的同位素,它们在运行过程中自行衰变,因而进入废水中的量仅占极小部分。

表 6-2 电功率 100 万千瓦压水堆核电厂一回路冷却剂中主要裂变产物和腐蚀产物的容积放射性

放射性同位素		半衰期	容积放射性/(3.7×10^10 Bq/L)
裂变惰性气体	$^{85}_{36}Kr$	10.73 a	1.10×10^{-3}
	$^{85}_{36}Kr^m$	1.18 h	1.16×10^{-3}
	$^{87}_{36}Kr$	76.31 min	0.87×10^{-3}
	$^{133}_{54}Xe$	5.29 d	1.74×10^{-1}
	$^{133}_{54}Xe^m$	2.19 d	1.97×10^{-3}
	$^{135}_{54}Xe^m$	15.6 min	0.11×10^{-3}
	$^{138}_{54}Xe$	17 min	0.36×10^{-3}
腐蚀产物	$^{51}_{25}Mn$	312.5 d	1.2×10^{-6}
	$^{56}_{25}Mn$	2.567 h	2.2×10^{-5}
	$^{58}_{27}Co$	71.3 d	8.1×10^{-6}
	$^{59}_{26}Fe$	155.1 d	1.8×10^{-6}
	$^{60}_{27}Co$	5.26 a	1.1×10^{-6}

表 6-3　压水堆核电厂废水中每年收集的放射性同位素活度总量

放射性同位素	活度/(3.7×10^{10} Bq)	放射性同位素	活度/(3.7×10^{10} Bq)
$^{51}_{24}Cr$	0.31	$^{95}_{41}Nb$	1.76
$^{54}_{25}Mn$	1.02	$^{99}_{42}Mo$	13 200
$^{56}_{25}Mn$	27.8	$^{132}_{52}Te$	735
$^{59}_{26}Fe$	1.65	$^{131}_{53}I$	6 960
$^{58}_{27}Co$	31.0	$^{132}_{53}I$	295
$^{60}_{27}Co$	3.66	$^{133}_{53}I$	5 100
$^{89}_{38}Sr$	9.57	$^{134}_{53}I$	22.7
$^{90}_{38}Sr$	6.06	$^{135}_{53}I$	2 710
$^{91}_{38}Sr$	2.62	$^{136}_{55}Cs$	911
$^{90}_{39}Y$	1.12	$^{137}_{55}Cs$	88
$^{91}_{39}Y$	22.2	$^{140}_{56}Ba$	182
$^{92}_{39}Y$	5.10	$^{140}_{57}La$	2.10
$^{95}_{40}Zr$	1.78	$^{141}_{58}Ce$	2.17
$^{97}_{40}Zr$	1.11	$^{141}_{58}Ce$	8.23
		总放射性	30 969

除裂变产物和活化腐蚀产物外，一回路冷却剂本身及所含的某些杂质元素也会和中子作用产生放射性，主要的核反应有$^{16}_{8}O(n,p)^{16}_{7}N$、$^{6}_{3}Li(n,\alpha)^{3}_{1}H$ 和$^{10}_{5}B(n,2\alpha)^{3}_{1}H$。$^{16}_{7}N$ 的 γ 射线能量很高($E_\gamma=7.1$ MeV)，但半衰期很短($T_{1/2}=7.1$ s)，排出堆外后很快就消失了。氚的放射性能量较小，但半衰期很长。表 6-4 列出了压水堆核电厂一回路冷却剂中各种来源氚的大致数值。

表 6-4　100 万千瓦压水堆核电站一回路冷却剂中氚的年产量

来　源	产生量/(3.7×10^{10} Bq)
三元裂变	110
可燃毒物棒	10
控制棒	110
冷却剂中的硼	560
$^{7}_{3}Li(n,n\alpha)^{3}_{1}H$	11
$^{6}_{3}Li(n,\alpha)^{3}_{1}H$	6
$D(n,\gamma)\ ^{3}_{1}H$	1
合计	808

6.2.2.2　液态放射性流出物

液态放射性流出物的来源可以分为三个类型。

(1) 能够直接利用的一回路排水

从一回路抽出的含氚的一回路水，没有暴露在空气中，但却有一定的放射性水平。这类水还包括稳压器卸压箱冲洗或排空时产生的水；压力容器和主泵密封环泄漏产生的水。这些排水将被送入硼回收系统。

(2) 可能再利用的排水

在空气中暴露的含氚的和带有一定放射性的水。它们来自：废气处理系统；一回路排水贮存箱水位过高时的溢出水；所有运载一回路水设备的排水；一回路的水样品。这些排水都被送往废液处理系统，它们可以被再利用或排放。

(3) 不再利用的废液

地板排水，它们是非放射性的一般水(或没有去垢的洗涤用水)，在监测后如符合排放标准，直接排放；但如果包容放射性水的设备发生泄漏，则送往废液处理系统。辅助系统设备的去污水、取样等都是带有放射性的化学水。在测量之后如符合排放标准，将其直接排放或过滤之后排放，不能排放时送至废液处理系统。淋浴水、洗涤水和使用去污剂的去污水都属于公用废水。这些废液通常具有较弱的放射性，在测量其活性之后如符合排放标准直接排放，否则送入放射性废液处理系统。

按核电厂系统来分，废液来自以下几个系统：

(1) 核岛排气和疏水系统收集的工艺疏水和地面疏水；

(2) 废液排放系统的再处理的废液；

(3) 放射性废水回收系统收集的实验室废液；

(4) 硼回收系统的浓缩液箱和中间贮存箱的废液；

(5) 固体废物处理系统用于再处理的浓缩液。

按照废液的特点，废液处理系统将废液分为三类：

(1) 工艺疏水：高放射性、低化学性废液；

(2) 化学废液：低放射性、高化学性废液；

(3) 地面疏水：(水平低于排放要求的)低放射性和化学性质不稳定的废液。

6.2.2.3 废气

废气可分为两类。

(1) 含氢废气

这些含氢的放射性气体(裂变气体)来自一回路水容器和一回路排水的储水箱等设备的排气和扫气。所有这些气体将送往废气处理系统。

(2) 含氧废气

它们来自在大气环境下启动的储存箱和一回路的排气系统，后者可能被放射性气体意外污染。这些废气经监测后直接送往烟囱向大气排放。

6.2.2.4 固体废物

固体废物大部分来自前述废物处理系统。这些废物可以分为四类。

(1) 各种离子交换器的废树脂；

(2) 蒸发的浓缩液；

(3) 过滤器的失效滤芯；

(4) 其他带有放射性物质的废物。

属于固体废物的还有：被沾污的零件和工具、现场的各种防护设备。所有这些废物都在生物防护条件下被送往固体废物处理系统，然后储存。

6.3　废物处理

6.3.1　液态废物处理

所有液态废物都将经过某一处理系统的处理。液态废物处理系统由硼回收系统和废物处理系统组成。

6.3.1.1　硼回收系统

硼回收系统主要负责一回路排水的贮存、处理和监测。能够依次实现如下功能：

(1) 排水的前置储存；

(2) 物理特性和放射化学特性的监测；

(3) 排水的去污；

(4) 脱气；

(5) 具有去污监测功能的中间储存；

(6) 使用蒸发方法将两种溶液分离；符合一回路水质要求的水；浓缩的硼酸溶液；

(7) 上述产物在可能被利用前的储存。

该系统的运行示意图如图 6-2 所示。

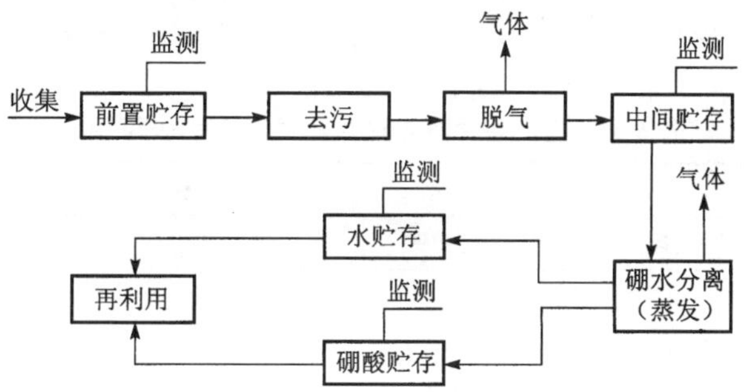

图 6-2　硼回收系统的运行原理图

在废液处理系统和硼回收系统的连接管线上，设有电热元件，用以防止输送硼溶液的过程中的硼结晶。将不再使用的硼酸溶液由硼回收系统送往废液处理系统时，对排入的硼酸溶液进行稀释，可防止硼结晶。

6.3.1.2　废液处理系统

该系统具有如下功能：贮存、监测和处理从反应堆冷却剂系统来的不能复用的废液及可能有放射性的液体下泄流和化学排出液，确保放射性流出物的放射性水平和化学成分符合废液贮存箱下游工艺管线的要求。处理后的废液向环境排放，废液处理系统有个中和站，用于增加废溶液的溶解性、改善废料和混凝土混合的质量及在直接排放废水前调节废水的pH,使其在可以接受的范围内。

总的原则是:分类收集废液,根据不同种类和废液的测量结果进行不同的处理。如果工艺疏水化学特性符合规定,则用除盐法将其除盐;若化学成分高,则通过蒸发处理,当其放射性浓度低于国家标准时,则仅经过滤就可排放;对地面疏水仅经过滤排放。

6.3.1.3 废水处理方法

处理放射性废水的方法很多,行之有效且广泛采用的有如下几种。

(1) 贮存衰变

这是适用于短半衰期的放射性同位素的一种简便而有效的处理方法。例如,几天的贮存时间就能使除^{131}I和^{129}I以外的其他所有碘的放射性同位素衰变掉。但这种方法需要许多大容量的贮存槽,而且对于长半衰期同位素的处理效果不很明显,使用的局限性较大。

核电厂有若干个暂存箱,其中接受工艺疏水的暂存箱维持负压,其目的是防止水中逸出的放射性气体污染放置暂存箱的房间,和避免氢气与空气混合而形成爆炸气体。

(2) 蒸发

这是一种经常使用的有效方法。该法的放射性去污系数可达到1 000以上。蒸发效率主要取决于二次蒸汽夹带的废水雾沫量。因此对于易于起泡的废水,去污效率就要低些。表6-5列出了蒸发各种废水的去污因子。废水的浓缩倍数可以达到几十到几百,将废水分成两类液体:少量的浓缩液浓集了大量的放射性盐类和悬浮物,一般将浓缩液固化处理,使其易于运输和贮存;纯蒸馏水。多数核电厂用水泥或化学凝固剂固化经蒸发后的浓缩液,即向装有浓缩液的桶中加入水泥或化学凝固剂,待其自然硬化后妥善封装,作为固体废物处理。有些核电厂则采用沥青固化。

表6-5 蒸发各种废水时对不同元素的去污因子

废水种类	去污元素				
	碘	铯和铷	钇	钼	其他
一般废水	10^3	10^4	10^4	10^4	10^4
去污、洗衣和洗澡水	10^2	10^2	10^2	10^2	10^2
含硼废水	10^2	10^3	10^3	10^3	10^3

(3) 离子交换

离子交换是一种常见的纯化水的方法,它对于去除含盐低的废水中的放射性是十分有效的。强酸强碱型离子交换树脂对放射性碘、锶、镍、钴和铁等有很好的去除效果,而对铯、铷、钼和钇等元素的去除能力稍差一些。表6-6列出了常用的离子交换树脂在不同情况下的去污因子。

吸附了放射性物质后的树脂的再生效果较差,长期辐照又会使树脂的吸附能力显著降低,再生带放射性的树脂是一个复杂的过程,所以用于处理放射性废液的树脂大多数都不再生,树脂失效后就作为固体废物处理。

表 6-6　混合床(H^-,OH^-)离子交换树脂在不同情况下的去污因子

废水种类	阳离子	阴离子	铯和铷
反应堆冷却剂	10	10	10
冷凝液	103	103	10
干净废液[1]	102(10)	102(10)	1(10)
脏废液[2]	10	10	1

注:1) 指含化学物质量较少的放射性废液;
　2) 指含化学物质量较多的放射性废液。

(4) 过滤

过滤器对放射性的去除是有限的,一方面它不能除去水溶性的放射性物质;另一方面,大多数不溶性活化腐蚀产物的微粒又非常小(直径仅为零点几微米),难以过滤掉。所以,废水处理系统的过滤器往往只起一种辅助作用,如过滤悬浮物;防止破碎树脂的流失,以保证蒸发器和树脂床的正常运行。

运行经验证明,离子交换树脂床具有很好的过滤作用,对废水中微小的悬浮固体颗粒的去除能力远优于一般过滤器,在许多情况下它完全可以兼有离子交换和过滤两种作用。一般由下列设施组成:一个保证悬浮物滞留的细网眼过滤器(床前过滤器);一个床后过滤器,用来滞留除盐器流出液中可能夹带的碎树脂。

(5) 脱气

脱气的功能是去除废液中夹带的放射性气体。

6.3.1.4　含氚液体的控制排放

氚不能用上面所说的方法分离出去。通常压水堆核电厂中产生的含氚水都是不加处理的,而是选择有利的排放条件,直接而有控制地排入环境。核电厂中产生的氚,绝大部分排入水系中,故必须选择有较大稀释能力的江河、海洋进行严格的有控制排放,使水系及广大公众区中的氚浓度低于控制标准。

6.3.2　废气处理

收集核电厂正常运行和预计运行事件中所产生的废气,进行监测、有选择性地加以处理,然后排放。废气处理系统的安全功能是防止废气向环境泄漏,并将它进行贮存衰变,使其放射性浓度符合标准的要求。

6.3.2.1　废气来源

压水堆核电厂放射性气体最主要的来源是从稳压器、减压箱、容积控制箱、脱气塔和暂存箱等设备中排出的工艺废气。在燃料元件破损率较高时,气体中放射性浓度可达几个 3.7×10^{10} Bq·L^{-1}。但这种气体的总体积不大,一般为每年数千立方米。放射性气体的其他来源有:安全壳换气、辅助厂房排风气体、放射性液槽和工作箱室等排出的气体、主冷凝器喷射器的排出气体、蒸汽发生器排污扩容器排出的气体以及汽轮机厂房排风气体。前三种气体中的放射性主要是由于冷却剂泄漏造成的,后几种二回路气体只有当蒸汽发生器管子发生破损、一回路冷却剂渗漏到二回路时才带有放射性。根据不同情况,分别设立各种气体处理装置。

特别应给予重视的是安全壳气体处理系统，它除了能正常地清扫安全壳放射性气体之外，同时还是整个反应堆专设安全设施的一部分。在发生假想的失水事故时与安全喷淋系统相配合，防止放射性向外扩散。由安全壳向外释放的放射性主要是以惰性气体、放射性气溶胶、碘蒸汽和碘的有机化合物等形式出现。

含氢废气来自一回路的卸压箱、化学和容积控制系统的容积控制箱、反应堆疏排水箱、脱气塔、暂存箱；含氧废气来自含放射性气体的容器的放气。

6.3.2.2 工艺废气的处理

由一回路的卸压箱、容积控制箱、反应堆疏排水箱、脱气塔、暂存箱等引来的含氢废气进入废气系统缓冲罐，然后用压缩机加压到约 1 MPa 送至衰变箱，贮存 60～100 d，使废气中短寿命的氪、氙和碘同位素衰变掉 99.9 %以上。衰变以后，废气中的放射性同位素主要是$^{85}_{36}$Kr 和$^{133}_{54}$Xe。然后经由烟囱向大气排放。一般来说通过排风中心有控制地稀释排放是安全的。$^{133}_{54}$Xe 进入大气后很快就会被衰变掉。

含氧废气被送往辅助厂房排风系统，经活性炭吸附器处理后，然后经烟囱排入环境。在含氧分系统中设置有电加热器，使该系统中的空气湿度低于 40%。

图 6-3 给出了典型压水堆核电厂气体处理系统示意图。

6.3.2.3 放射性厂房排风的处理

厂房排风系统中对放射性气溶胶和碘的处理，普遍采用两种方法：用高效粒子空气过滤器除去气溶胶；用活性炭除去碘。

放射性厂房所用的高效粒子空气过滤器的构造，与电子工业超净车间的进风过滤器相似，采用玻璃纤维纸作为过滤介质，能够滤除 99.97%以上直径大于 0.3 μm 的气溶胶颗粒。活性炭对碘蒸汽有很好的吸附作用，几厘米厚的颗粒活性炭层在厂房的温度和湿度下，能够完全吸附空气中的碘蒸气。在放射性厂房中，部分碘以有机化合物（主要是甲基碘）的形式存在，活性炭对有机碘的吸附能力较差。通常用碘化物浸渍活性炭的方法来改善它对有机碘的吸附性能。浸渍在活性炭上的稳定碘与空气中待吸附的放射性有机碘发生同位素交换，从而提高了活性炭对有机碘的吸附能力。

为了改善和维持高效粒子空气过滤器、活性炭过滤器的性能及延长它们的使用周期，通常需要在它们的前部安装除雾器和预过滤器，用以降低被处理气体中的湿度并滤去部分颗粒较大的杂质。

6.3.3 固体废物处理

6.3.3.1 固体废物的种类、数量和放射性水平

固体废物的主要来源是冷却剂净化系统和废水净化系统的废树脂、废过滤器芯子及蒸发残渣的固化体，此外还有各种可压缩性固体废物。这些固体废物的放射性水平较高。在核电厂运行过程中，还会产生少量放射性水平更高的固体废物，如某些活化了的堆内构件、仪表探头、零件等。另一类固体废物是放射性污染物，如沾污的工具、衣服、防护用品等。这些污染物品的体积较大，但放射性水平不高。表 6-7 列出了一座电功率 1 000 MW 典型的压水堆核电厂每年产生的固体废弃物的主要种类和放射性数量。

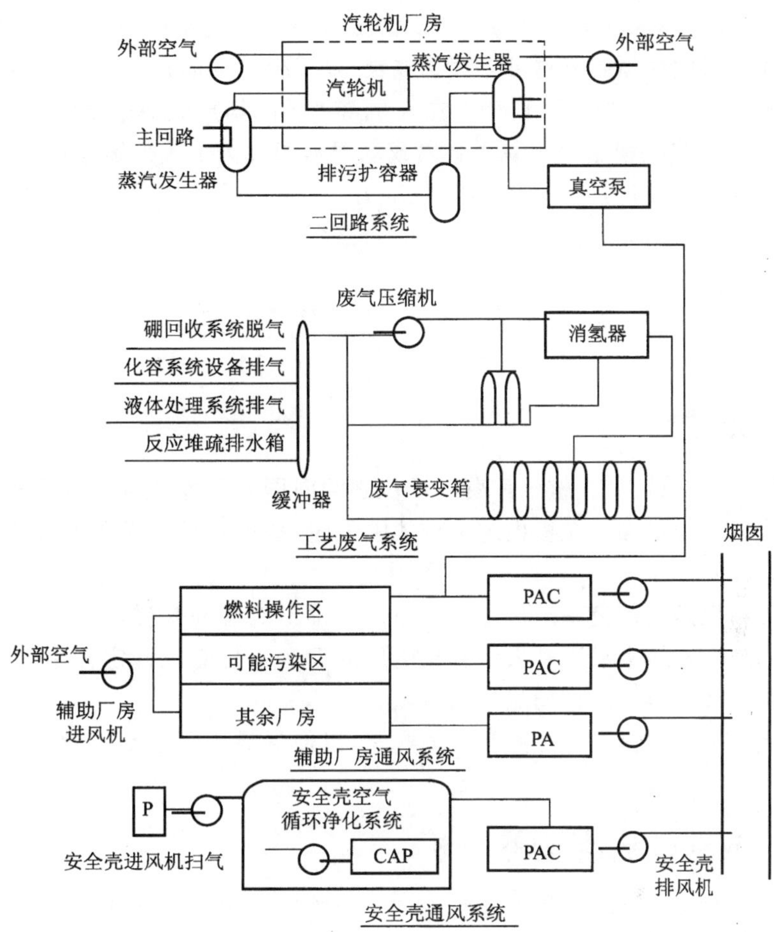

图 6-3　典型压水堆核电厂气体处理系统示意图

表 6-7　典型的压水堆核电厂的固体废物产生量

废物种类		进入固体废物处理系统的量/(m^3/a)	从固体废物系统运出去的贮存量	
			体积/(m^3/a)	活度/(3.7×10^{10} Bq/a)
废树脂		13.3	17.8	6 853
蒸发残渣		30	10.2	68.9
废过滤器芯子		4.25	4.25	546
其他低放固体	可压缩	70.8	11.1	—
	不可压缩	28.1	28.1	—

6.3.3.2　固体废物的处理

一般来说，可将废物处理分为收集和贮存、装桶及处理三个阶段。

对松散的固体废弃物，一般采用压缩装桶的方法。核电厂设有固体废弃物装桶间，用几十吨到上千吨的压缩机，将松散的固体废物压入特制的包装桶中，这样可以减小体积，便于运输和贮存。可燃性固体废物可以焚烧成炭，以减少贮存体积。

一个核电厂 1 年要产生 10 m^3 左右的废树脂，其放射性高达（11.1～14.8）×10^{10} Bq·kg^{-1}。一般将废树脂脱水装入金属或水泥桶中。为了确保运输和贮存的安全，加入粘结剂和催化剂，将树脂固化。废树脂桶封装好后，使用屏蔽的运输车运往固体废物暂存库。对于放射性较高的固体废物也可采用类似的方法处理。

6.4 废物排放

6.4.1 概述

核电厂开始运行以前，核电厂营运单位必须向国家核安全部门提出气体和液体排出流的排放限值以取得批准。在提出这类排放限值时，核电厂营运单位必须遵循国家的有关法规及规定。

批准的限值是用剂量率来规定的。但是对排出流管理来说，批准的限值通常是以 1 年内所排放的放射性核素活度来表示。核电厂的营运单位必须制定控制排放的措施，以确保符合这些限值和可合理达到的尽量低原则。

在排放前对排出流进行一些精确的测量，以便尽最大可能地了解将要排放的排出流的活度。

6.4.2 放射性流出物的分析

向环境中排放的放射性核素为核电厂一回路的裂变产物和活化产物。

6.4.2.1 裂变产物

以固体形式出现的^{137}Cs 和^{90}Sr，前者的半衰期为 30 a，后者的半衰期为 28 a。以气体形式出现的主要是 Xe、Kr 和 I 的同位素，它们主要是一些短寿命的放射性核素，但^{85}Kr 寿命较长，其半衰期为 10 a，它通过扩散穿过包壳材料出现在一回路水中。氚的半衰期为12 a，而且极难处理。

6.4.2.2 活化产物

一回路不锈钢的腐蚀产物经活化后产生下述同位素：半衰期 5 a 的^{60}Co、半衰期 280 d 的^{54}Mn 和半衰期为 45 d 的^{59}Fe。空气中存在半衰期为 1.82 h 氩的活化产物^{41}Ar。一回路水中的氧的活化产生半衰期为 7.1 s 的^{16}N，这种物质是反应堆在运行期间一回路的主要辐射源，但其影响在停堆时即消失，因为它的半衰期很短。溶于水中的 Li 和 B 的活化及易裂变核素的三裂变将产生氚。

上述的各种放射性核素都将在核电厂的各种放射性流出物中出现。制定排放标准的依据，就是这些放射性核素的固有特性，如发射射线的种类；射线的能量；放射性半衰期。这些标准还规定了在空气中和水中放射性核素的浓度不得超过的最大限值。

6.4.3　对放射性流出物的测量

6.4.3.1　在贮存箱上进行的测量

首先对放射性流出物进行搅拌，使之均匀化，然后采取样品进行测量。这些测量包括：总 β 活度测量；使用液体闪烁计数器测量氚的活度；使用 γ 谱仪对放射性流出物中的各种 γ 放射性核素进行定量分析。

6.4.3.2　在排放口进行测量

这些测量是监测排出流的放射性浓度，监测仪表带有异常情况报警装置。

排放液体时，测量 γ 活度。排放气体时，使用安装在烟囱气体取样回路中的差分电离室或带探测器的测量室测量过滤后的 β 活度。

6.4.4　排放标准

为了降低对公众的照射，各国规定了非常严格的排放标准。根据不同的厂址条件、气象条件及其他原因，各个核电厂在设计时，都规定不同的排放设计目标值。对于废液排放和废气排放，应该规定放射性产物在水中和空气中的浓度不得超过的浓度限值。其根据是凡因连续方式和专一方式（即每周 168 h 内）食入和吸入空气和水的公众接受的最大容许剂量为 0.005 Sv/a。

为了使公众所受照射低于管理限值或设计目标值，需要控制放射性物质的排放量。但这个量是与当地的气象、地理、公众的生活习惯等多种因素有关的。

6.4.4.1　废液排放标准

废液排放标准因国家和厂址而异。例如法国的法律规定：向河流排放须使水中的放射性浓度低于 3.7×10^{3} Bq/m^{3}，该值是指各种放射性核素的混合值。法国的卫生部门还要求每个核电厂在上述标准范围内，须考虑地面沉积的影响。例如，对 CHOOE 核电厂，废液排放的限值为 3.7×10^{2} Bq/m^{3}。

我国正在制订的相关标准中拟规定，核动力厂营运单位必须按每堆实施放射性流出物总量的控制，对于 3 000 MW 热功率的反应堆液体放射性流出物的控制值：^{3}H 为 5×10^{13} Bq/a；其他核素为 2×10^{11} Bq/a。

核动力厂营运单位还须对液体放射性流出物实施浓度控制。对于滨海厂址，排放罐出口处的放射性流出物除氚外其他放射性核素浓度不高于 3 700 Bq/L；对于内陆厂址，排放罐出口处的放射性流出物除氚外其他放射性核素浓度不高于 370 Bq/L，且排放口下游 1 km 处收纳水体中总 β 放射性浓度不得超过 1 Bq/L。

6.4.4.2　废气排放标准

核电厂应按照国家有关法规规定废气排放后空气中的放射性浓度的限值。对那些使人关心的放射性核素，如 ^{131}I，限值应更加严格。法国卫生部门从安全出发要求 CHOOE 核电厂周围大气的放射性浓度不得超过 3.7 Bq/m^{3}。

我国正在制定的相关标准中拟规定，核动力厂营运单位必须按每堆实施放射性流出物总量的控制，对于 3 000 MW 热功率的轻水反应堆气载放射性流出物的控制值：惰性气体为

6×10^{14} Bq/a；碘为 2×10^{10} Bq/a；半衰期大于 8 天的粒子为 7×10^{11} Bq/a；^{14}C 为 7×10^{11} Bq/a；^{3}H 为 1.5×10^{13} Bq/a；其他核素为 2×10^{11} Bq/a。

6.4.4.3 固体废物的有关标准

在厂址内，桶的贮存的放射性废物不应导致工作人员受到有损害的剂量；对于运输而言，法国标准规定离容器 1 m 处最大照射量率为 2.58×10^{-6} C/(kg·h)。

6.4.5 排放评价

以两台电功率 900 MW 的压水堆核电机组为例，估算废物的排放量。这种估算取决于反应堆的运行工况和瞬态工况。估计每年有 8 000 m^3 的水量通过硼回收系统。此外，一回路水的放射性还取决于包壳破损率。

6.4.5.1 液体的年度排放量

向水体中排放：$3.7\sim7.4\times10^{11}$ Bq/a，其中包括 Cs、Sr 等；氚的排放量为 6.29×10^{13} Bq/a。各种废液的体积如下：疏排水，300 m^3/a；化学废液，600 m^3/a；地板排水，600 m^3/a；公用废水，1 200 m^3/a。

6.4.5.2 气体年度排放量

主要由 ^{133}Xe 组成，估计年度排入大气中的气体总量约为 7.4×10^{14} Bq/a，其中 7.4×10^{9} Bq 为 ^{131}I。此外，还有 1.85×10^{13} Bq 以上的水蒸气形成的氚。

6.4.5.3 固体年度产生量

装在金属桶和混凝土桶中的年体积约为 50～100 m^3。6 个月以后，其活度平均为 3.7×10^{11} Bq/桶。

复习题

1. 试述废物处理的原则。
2. 试述废物处理设备应具有的功能。
3. 试述核电厂放射性废物按物理形态的分类和来源。
4. 液态放射性流出物的来源可分为哪几个类型及液态废物处理的主要方法？
5. 气态放射性流出物的来源可分为哪几个类型及气态废物处理的主要方法？
6. 固态放射性废物的来源可分为哪几个类型及固态废物处理的主要方法？
7. 简述我国目前对气态废物的排放标准。
8. 在何处对放射性流出物进行测量？

索 引

（本索引按汉语拼音排序，每个词条后面的数字，是它在本书中首次出现地方的页码）

B

C

D

E

F

G

H

J

K

L

N

X

Y

Z

参考文献

[1] 方杰. 辐射防护导论.北京:原子能出版社，1991.
[2] 格伦 F. 辐射探测与测量.李旭译.北京:原子能出版社，1988.
[3] 李士骏. 电离辐射剂量学.第 2 版.北京:原子能出版社，1986.
[4] 王汝赡,卓韵裳. 核辐射测量与防护.第 2 版.北京:原子能出版社，1990.
[5] 李德平,潘自强.辐射防护手册第三分册,辐射安全.北京:原子能出版社，1990.
[6] 杜圣华.核电站.第 2 版.北京:原子能出版社，1992.
[7] 国际放射防护委员会.国际放射防护委员会第 26 号出版物.北京:原子能出版社，1983.
[8] 国际放射防护委员会.国际放射防护委员会第 61 号出版物,工作人员放射性核素年摄入量限值(以 1990 年建议书为根据).李树德译. 北京:原子能出版社，1991.
[9] GB 18871—2002,电离辐射防护与辐射源安全基本标准.
[10] 国家核安全局编.核安全导则汇编.北京:中国法制出版社，1988.
[11] 李德平,潘自强.辐射防护手册第二分册:辐射源与屏蔽.北京:原子能出版社，1990.
[12] 凌球,郭兰英,李冬馀.核电站辐射测量技术.第 1 版.北京:原子能出版社，2001.
[13] 卢玉楷.简明放射性同位素手册.第 1 版.上海:上海科学普及出版社，2004.
[14] IAEA. Preparedness and Reponse for a Nuclear or Radilogical Emergency，IAEA Safety Standards Series，No. SG-R-2. Vienna：IAEA，2002.
[15] American National Standard，Sampling and Monitoring Releases of Airborne Radioactive Substances Fron the Stacks and Ducts of Nuclear Facilities，ANSI/N13. 1-1999.
[16] 潘自强，程建平,等. 电离辐射防护和辐射源安全. 北京:原子能出版社，2007.
[17] 潘自强主编.电离辐射环境监测与评价. 北京:原子能出版社，2007.
[18] GB 3100—3102—93,量和单位.
[19] 国际放射防护委员会.国际放射防护委员会 1990 年建议书.李德平等,译. 北京:原子能出版社，1993.
[20] 李星洪. 辐射防护基础. 北京：原子能出版社，1982.
[21] EJ/T 316-2001,压水堆核电厂厂内辐射分区设计准则.
[22] EJ/T 316-2001,压水堆核电厂辐射屏蔽设计准则.
[23] GB 11806—2004,放射性物质安全运输规程.
[24] 国际放射防护委员会 . 国际放射防护委员会 2007 年建议书. 潘自强等译 . 北京:原子能出版社,2008.